MONOGRAPHIE

DES

COCCINELLIDES

PAR

E. MULSANT

Sous-Bibliothécaire de la ville de Lyon,
Professeur d'histoire naturelle au Lycée,
Correspondant du Ministère de l'instruction publique, etc

Ire Partie

COCCINELLIENS

PARIS

F. SAVY
Rue Hautefeuille, 24

DEYROLLE
Rue de la Monnaie, 19

1866

MONOGRAPHIE

DES COCCINELLIDES

MONOGRAPHIE

DES

COCCINELLIDES

PAR

E. MULSANT

Sous-Bibliothécaire de la ville de Lyon,
Professeur d'histoire naturelle au Lycée,
Correspondant du Ministère de l'instruction publique, etc.

Ire PARTIE

COCCINELLIENS

PARIS

F. SAVY
Rue Hautefeuille, 24

DEYROLLE
Rue de la Monnaie, 19

1866

MONOGRAPHIE

DES

COCCINELLIDES

PAR

M. E. MULSANT.

Présentée à l'Académie impériale des Sciences, Belles-Lettres et Arts dans la séance du 27 mai 1862.

CARACTÈRES GÉNÉRAUX DE LA TRIBU.

Tarses de trois articles; garnis, sous les deux premiers, de poils chargés de remplir les fonctions de brosses ou d'éponges ; à deuxième article plus large, ordinairement obtriangulaire, sillonné en dessus pour loger une partie du dernier : celui-ci offrant à sa base un nodule ou petit article, parfois peu distinct. *Palpes maxillaires* à dernier article visiblement le plus long de tous, et en général fortement sécuriforme, quelquefois gros et subconique. *Antennes* insérées sur les côtés de l'épistome, près du point de jonction de celui-ci avec les joues; repliées ou cachées sous la tête en état de repos; très-rarement aussi longuement prolongées que le bord postérieur du prothorax; le plus souvent de onze articles, quelquefois seulement de dix ou même d'un plus petit nombre; terminées en massue. *Prothorax* deux fois au moins aussi large que long; non creusé de deux sillons. *Premier arceau ventral* offrant presque toujours sous chaque cuisse une ligne en relief, en forme d'arc ou d'espèce de V. *Cuisses* comprimées, longitudinalement sillonnées; sillon des quatre dernières creusé sur le côté latéral postérieur, près de l'arête inférieure et presque parallèlement à celle-ci. *Ongles* rarement simples, plus ordinairement munis d'une dent, ou bifides. *Corps* subhémisphérique dans un grand nombre, en ovale court ou allongé chez les autres, oblong chez quelques-uns de ces insectes (1).

Ils se divisent en deux groupes :

		Groupes.
Elytres	Glabres, parfois cependant exceptionnellement garnies, soit près des épaules seulement, soit plus rarement sur toute leur surface, d'un duvet plus ou moins clair-semé, chez quelques espèces ayant la partie antérieure de la tête en forme de chaperon. . .	GYMNOSOMIDES.
	Couvertes sur toute leur surface d'un duvet plus ou moins court, et plus ou moins épais	TRICHOSOMIDES.

PREMIER GROUPE.

LES GYMNOSOMIDES.

CARACTÈRES. Elytres glabres, ou n'offrant qu'un peu de duvet près des épaules ou plus rarement sur toute leur surface, chez quelques espèces ayant la partie antérieure de la tête en forme de chaperon.

Ils composent trois familles :

			Familles.
Elytres	arrondies ou subarrondies à l'extrémité; non creusées de fossettes profondes sur leur repli, lorsqu'il est étroit. Yeux ordinairement arrondis.	Epistome libre, séparé des joues ; laissant à découvert la base des antennes.	COCCINELLIENS.
		Epistome confondu avec les joues, pas plus saillant qu'elles, et composant avec celles-ci un chaperon en forme de tranche assez large jusqu'à la moitié externe des yeux, que cette sorte de rebord semble couper en deux parties. Antennes courtes, à base voilée par le chaperon, à massue fusiforme	CHILOCORIENS.
	ordinairement obtuses ou obtusément tronquées à l'extrémité; à repli généralement étroit et creusé de fossettes profondes pour loger l'extrémité des cuisses intermédiaires et postérieures. Antennes à peine aussi longues que la largeur du front; à masse fusiforme; à base ordinairement découverte, quelquefois voilée par une sorte de chaperon, mais chez lequel l'épistome s'avance plus que les joues. Yeux ovales, subparallèles à leur bord interne, peu ou point saillants		HYPÉRASPIENS.

(1) Voyez, pour des détails plus étendus relatifs à l'organisation extérieure, etc., de ces insectes, mon *Histoire naturelle des Coléoptères de France* (Sécuripalpes).

PREMIÈRE FAMILLE.

LES COCCINELLIENS

Forment deux divisions :

Elytres	à base souvent anguleuse ou plus avancée au devant du calus qu'à l'angle huméral, d'autres fois presque droite ou un peu courbée en arrière, mais sans former un angle rentrant au devant du calus; à repli subhorizontal, rarement incliné et, dans ce cas, n'offrant pas simultanément le tiers externe de leur base relevé.	1re DIVISION.
	à base jamais anguleusement saillante au devant du calus, toujours relevée dans son tiers externe, qui souvent est avancé de manière à former le côté d'un angle rentrant très-ouvert, au devant du calus; à repli toujours fortement incliné, dépassant l'extrémité des cuisses	2e DIVISION.

PREMIÈRE DIVISION.

Caractères. *Elytres* à base souvent anguleuse ou plus avancée au devant du calus qu'à l'angle huméral, d'autres fois presque droite ou un peu courbée en arrière, mais sans former un angle rentrant au devant du calus; à repli subhorizontal, rarement incliné, et, dans ce cas, n'offrant pas simultanément le tiers externe de la base relevé.

Les Coccinelliens de cette première division ont en général un faciès particulier, qui permet de les distinguer au premier coup d'œil de ceux de la suivante. Ils ont le prothorax parfois sans échancrure bien sensible au bord antérieur, et dans tous les cas la partie médiaire de cette échancrure peu ou point arquée; en arc assez faiblement dirigé en arrière et souvent bissinueux, à son bord postérieur; jamais creusé d'une fossette vers l'angle antéro-interne de son repli. Les élytres sont généralement inclinées aux épaules; elles n'offrent pas le tiers externe de leur base plus avancé, de manière à former un angle rentrant au devant du calus, et, si ce tiers basilaire externe est relevé chez quelques Coccinelliens ayant leur bord latéral en gouttière, le repli subhorizontal ne permet pas de se laisser induire en erreur par cette sorte d'anomalie.

Ce repli est parfois incliné chez un petit nombre d'espèces fallacieuses qui, par là, sembleraient devoir être placées dans la deuxième division, mais que leurs épaules abaissées, et que la direction du bord basilaire des élytres rattachent à la première. Les antennes égalent toujours en longueur au moins la moitié des bords latéraux du prothorax, et n'ont jamais la massue fusiforme comme on en voit des exemples chez les espèces de la division suivante, qui se rapprochent des Chilocoriens. Le mésosternum est souvent entier. Les cuisses, dans le plus grand nombre, dépassent le bord latéral des élytres. Leur corps, rarement suballongé, est parfois oblong, ordinairement en ovale plus ou moins court, quelquefois orbiculaire; mais les antennes sont alors plus allongées, à massue soit subdentelée, soit en partie dentelée avec le dernier article aplati en forme de disque, caractères divers que les antennes présentent très-rarement dans la division suivante.

A cette première coupe appartiennent tous les Coccinelliens d'Europe; elle se divise en cinq branches.

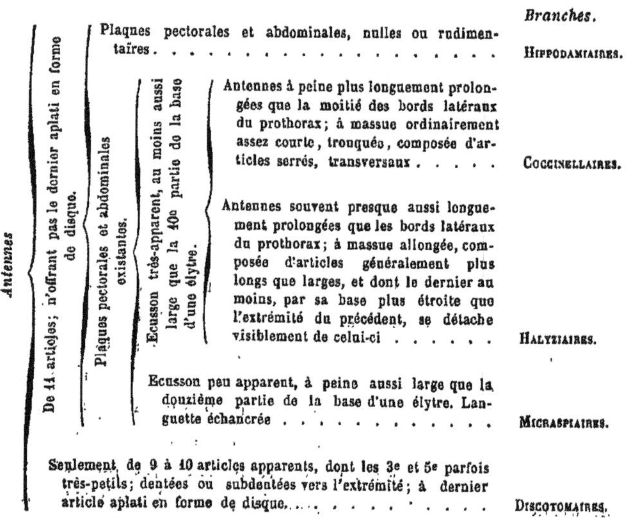

Branches.

Antennes
- De 11 articles; n'offrant pas le dernier aplati en forme de disque.
  - Plaques pectorales et abdominales, nulles ou rudimentaires . . . . HIPPODAMIAIRES.
  - Plaques pectorales et abdominales existantes.
    - Ecusson très-apparent, au moins aussi large que la 10e partie de la base d'une élytre.
      - Antennes à peine plus longuement prolongées que la moitié des bords latéraux du prothorax; à massue ordinairement assez courte, tronquée, composée d'articles serrés, transversaux . . . . . COCCINELLAIRES.
      - Antennes souvent presque aussi longuement prolongées que les bords latéraux du prothorax; à massue allongée, composée d'articles généralement plus longs que larges, et dont le dernier au moins, par sa base plus étroite que l'extrémité du précédent, se détache visiblement de celui-ci . . . . . . HALYZIAIRES.
    - Ecusson peu apparent, à peine aussi large que la douzième partie de la base d'une élytre. Languette échancrée . . . . MICRASPIAIRES.
- Seulement de 9 à 10 articles apparents, dont les 3e et 5e parfois très-petits; dentées ou subdentées vers l'extrémité; à dernier article aplati en forme de disque. . . . . DISCOTOMAIRES.

PREMIÈRE BRANCHE

LES HIPPODAMIAIRES.

Caractères. *Plaques pectorales et abdominales* nulles ou rudimentaires, c'est-à-dire n'offrant les unes ou les autres de leur existence, que de légères traces n'atteignant jamais le bord postérieur de l'arceau. *Mésosternum* généralement étroit, entier ou à peine échancré. *Cuisses* dépassant notablement les côtés du corps, peu faites conséquemment pour se coller à la poitrine, peu creusées de sillons pour recevoir la jambe. *Elytres* sensiblement anguleuses à la base, au-devant du calus. *Partie antéro-médiaire du premier segment ventral* en ogive. *Corps* oblong ou en ovale allongé.

Cette branche comprend les genres suivants :

			Genres.
Ongles	bifides.	Prothorax offrant la partie médiaire de sa base en arc dirigé en arrière, tronqué ou sinueux, au-devant de l'écusson. Elytres arrondies postérieurement. Corps suballongé . . .	*Eriopis.*
		Prothorax offrant la partie médiaire de sa base en arc dirigé en arrière, ni sinueux ni tronqué au devant de l'écusson. Elytres en ogive ou subacuminées postérieurement. Corps oblong ou ovale	*Hippodamia.*
	munis d'une dent à la base interne de chacun de leurs crochets . .		*Megilla*
	entiers ou n'offrant qu'une dent rudimentaire.		*Nœmia.*

Genre *Eriopis*, Eriopis ; Mulsant.

Caractères. *Ongles* bifides. *Prothorax* à peine ou point échancré en devant, arqué et étroitement relevé en rebord sur les côtés ; à peine plus large aux angles postérieurs qu'aux antérieurs ; coupé transversalement sur les côtés de la base ; en arc faible, postérieurement dirigé et subéchancré au-devant de l'écusson, dans le milieu de ladite base ; faiblement convexe en dessus. *Elytres* d'un tiers plus larges en devant que le prothorax; trois fois aussi longues que lui; subarrondies aux épaules; arrondies ou subarrondies postérieurement. *Corps* suballongé.

Les espèces de ce genre semblent, jusqu'à ce jour, particulières à l'Amérique.

1. **Eriopis opposita**; Guérin.

Suballongée. Prothorax et élytres noirs; le premier paré d'une bordure latérale et d'une tache au milieu des bords antérieur et postérieur, jaunes (la postérieure plus large et tronquée ou subéchancrée en devant); les secondes ornées chacune à l'épaule d'une bordure submarginale, et de six taches subponctiformes, jaunes : une au milieu de la base (ordinairement liée à l'humérale), deux aux deux cinquièmes, deux aux trois quarts, une apicale. Rebord et repli noirs.

Hippodamia opposita (Chevrolat), Guérin. — *Eriopis opposita*, Muls. Spec. d. Coléopt. trim. sécur. p. 6.

Long. 0^m,0067 à 0^m,0090 (3 à 4 l.). — Larg. 0^m,0033 à 0^m,0048 (1 l. 1/2 à 2 l. 1/8).

Patrie : le Chili (Guérin, *type;* Dejean, etc.).

Obs. Quand les taches jaunes ont plus de développement, le prothorax est jaune, paré d'un M noire.

Les élytres montrent parfois la première tache séparée de l'humérale. D'autres fois quelques-unes de leurs taches sont liées entre elles.

2. **Eriopis Eschscholtzi**; Mulsant.

Suballongée. Prothorax noir, paré en devant et sur les côtés d'une bordure, et, au devant de l'écusson, d'une tache, d'un blanc flavescent. Elytres de cette couleur, ornées d'une bordure suturale anguleusement dilatée aux quatre cinquièmes de leur longueur, et chacune d'une bande subbasilaire, transversalement étendue jusqu'au calus, liée sur celui-ci à une bande longitudinalement prolongée jusqu'aux trois quarts, anguleuse et ordinairement bifurquée à partir des quatre septièmes de leur longueur :

la branche interne, quand elle existe, prolongée jusqu'à la suture : l'externe, n'atteignant pas le bord extérieur.

Eriopis Eschscholtzi, MULS. Spec. p. 1009.

Long. 0^m,0045 (2 l.). — Larg. 0^m,0028 (1 l. 1/4).

Patrie : le Chili (Muséum de Saint-Pétersbourg).

3. **Eriopis connexa**; GERMAR.

Suballongée. Prothorax et élytres, noirs : le premier paré d'une bordure latérale et d'une tache au milieu des bords antérieur et postérieur, d'un jaune pâle (la postérieure en ogive ou subarrondie en devant) : les secondes, ornées chacune à l'épaule d'une bordure submarginale et de six taches subponctiformes, d'un jaune pâle : une, au milieu de la base (ordinairement liée à l'humérale), deux aux deux cinquièmes, deux aux trois quarts, une apicale. Rebord et repli au moins en grande partie, d'un jaune pâle.

Coccinella connexa, GERMAR, Spec. p. 621. 889. — *Eriopis connexa*, MULS. Spec. p. 8. — HALDEM. et LECONTE, Catal. 1853, p. 129.

Long. 0^m,0045 à 0^m,0040 (2 à 2 l. 3/4). — Larg. 0^m,0018 à 0^m,0027 (7/8 à 1 l. 1/4).

Patrie : le Chili, le Pérou, le Brésil, la Californie (Germar, *type*).

Obs. La tache du milieu du bord antérieur du prothorax est parfois dilatée en forme de bordure, et liée à la bordure latérale.

Quelquefois deux ou un plus grand nombre des taches des élytres sont liées ensemble.

4. **Eriopis heliophila**; MULSANT.

Oblongue. Prothorax noir, orné d'une bordure latérale et de deux taches orbiculaires jaunes ou d'un jaune testacé : l'une, liée au milieu du bord antérieur ; l'autre, au devant du milieu de la base. Elytres jaunes ou d'un jaune testacé ; parées d'une bordure suturale liée, dans sa seconde moitié, à un anneau isolé des bords externe et postérieur, et d'une tache prolongée du calus à cet anneau, noirs.

Eriopis heliophila. Muls. Opusc. 3e cahier. p 9.

Long. 0m,0045 (2 l.) — Larg. 0m,0025 (1 l. 1/5).

Patrie : les environs de Quito (Equateur).

Genre *Hippodamia*, Hippodamie ; Chevrolat.

Caractères. *Ongles* bifides. *Prothorax* peu ou point échancré en devant, paraissant tronqué quand l'insecte est vu perpendiculairement en dessus ; arqué et relevé assez étroitement en rebord sur les côtés ; à peine plus large aux angles postérieurs qu'aux antérieurs ; coupé presque en ligne transversalement droite sur les côtés de la base, en arc postérieurement dirigé dans la partie médiaire de celle-ci ; faiblement convexe en dessus. *Elytres* d'un tiers environ plus larges en devant que le prothorax à ses angles postérieurs ; trois fois au moins aussi longues que lui ; arrondies ou subarrondies aux épaules ; munies sur les côtés d'un rebord étroit ; postérieurement en ogive étroite ou subacuminée. *Corps* oblong ou en ovale allongé.

Le premier article des tarses antérieur est ovale, et muni en dessous de ventouses chez les ♂ ; graduellement élargi de la base à l'extrémité, et dépourvu de ventouses chez les ♀. L'avant-dernier arceau de l'abdomen est échancré en arc chez ceux-là ; sans échancrure chez celles-ci.

Les espèces de ce genre habitent principalement les contrées des deux continents situées sous les zones tempérées et boréales.

1. **Hippodamia tredecim-punctata** ; Linné.

Oblongue. Prothorax noir, avec le bord antérieur et plus largement les latéraux d'un jaune fauve : ceux-ci marqués d'un point noir dans leur milieu. Elytres d'un fauve jaune, parées ordinairement chacune de six taches ponctiformes noires et d'une scutellaire non prolongée jusqu'au niveau de la juxta-suturale antérieure. Jambes et deux premiers articles des tarses d'un fauve jaune.

Coccinella 13-*punctata*, LINNÉ. — *Hippodamia* 13-*punctata*, MULS., Speciès, p. 10, 1. — HALDEM. et LEC., Catal. p. 129.

Long. 0m,0056 à 0m,0067 (2 l. 1/2 à 3 l.). — Larg. 0m,1127 à 0m,0036 (1 l. 1/4 à 1 l. 2/3).

Patrie : l'Europe et les Etats-Unis d'Amérique.

Obs. Parfois les élytres sont sans taches (*H. xanthroptera* (DEJEAN), MULS. Spec. p. 10. 2); souvent un ou plusieurs points des élytres ont disparu ; quelquefois la tache scutellaire seule est effacée.

D'autres fois la tache scutellaire s'unit au 2e point noir; chez d'autres individus, tantôt les 4e et 5e points, constituent une bande parfois anguleuse, tantôt les 4e, 5e et 6e points, ou les 1er, 4e, 5e et 6e points sont unis.

2. **Hippodamia Lecontii**; MULSANT.

Oblongue. Prothorax paré latéralement d'une bordure d'un jaune pâle, rétrécie dans son milieu. Elytres d'un jaune rouge, ornées d'une bande transversale raccourcie extérieurement, et chacune de trois points noirs : la bande, liée à l'extrémité de l'écusson : le 1er point, subdiscal, aux quatre septièmes : le 2e, un peu plus postérieur, près du bord externe : le 3e, discal, presque aux quatre cinquièmes. Pieds noirs.

Hippodamia Lecontii, MULS., Spec. p. 1010. — HALDEM. et LECONTE, Catal. p. 129.

Long. 0m,0061 (2 l. 3/4). — Larg. 0m,0036 (1 l. 2/3).

Patrie : Santa-Fé-di-Bogota. — Etats-Unis.

3. **Hippodamia racemosa**; MULSANT.

Oblongue. Prothorax noir, paré au moins latéralement d'une bordure blanche, étroite. Elytres d'un roux jaune, ornées chacune d'une bordure transversale et de trois taches, noires : la bande, naissant des côtés de l'écusson, prolongée un peu obliquement jusqu'au quart, puis transversalement dirigée jusqu'au rebord, en émettant en avant un rameau assez large sur le calus : les première et deuxième taches, liées vers la moitié de la largeur, divergentes postérieurement : l'interne, plus longue, plus antérieure et moins prolongée en arrière : la troisième, obtriangulaire, aboutissant postérieurement vers les neuf dixièmes de la suture.

Hippodamia racemosa. MULS., Opusc. 3e cah. p. 11.

Long. 0m,0049 (2 l. 1/8). — Larg. 0m,0033 (1 l. 1/2).

Patrie? (V. Motschulsky.)

4. **Hippodamia 7-maculata**; (LINNÉ), DE GEER.

Oblongue. Prothorax noir, paré en devant, et aussi étroitement sur les côtés, d'une bordure d'un jaune flave. Elytres d'un rouge jaune ou d'un fauve jaune, parées ordinairement chacune de six taches ponctiformes noires, et d'une scutellaire commune le plus souvent liée à la juxta-suturale antérieure. Extrémité des jambes et partie des tarses d'un jaune fauve.

Coccinella 7-maculata. DE GEER. — *Hippodamia 7-maculata.* MULS., Spec. p. 11. 4.

Long. 0m,0067 (3 l.). — Larg. 0m,0039 (1 l. 3/4).

Patrie : l'Allemagne, mais plus particulièrement le nord de l'Europe.

Obs. Quelquefois les élytres sont sans taches, ou n'offrent qu'une partie des taches ponctiformes indiquées. D'autres fois, au contraire, quelques-unes de ces taches sont unies ensemble.

5. **Hippodamia quinque-signata**; KIRBY.

En ovale allongé. Prothorax noir, paré aux angles de devant d'une tache obtriangulaire, d'un blanc sale. Elytres d'un jaune rouge, ornées d'une bande subbasilaire transversalement étendue d'un calus à l'autre, et chacune de deux taches, noires : la première, vers les trois cinquièmes du disque, plus grosse, oblique, échancrée en devant : la seconde, ponctiforme, aux quatre cinquièmes de la longueur. Dessous du corps et pieds, noirs. Epimères blanches.

Coccinella quinque-signata. KIRBY. — *Hippodamia quinque-signata*. MULS. Spec. p. 15. — HALDEM. et LECONTE, Catal. p. 129.

Long. 0m,0067 (3 l.). — Larg. 0m,0045 (2 l.).

Patrie : l'Amérique septentrionale (Muséum britannique).

6. **Hippodamia extensa**; MULSANT.

En ovale allongé. Prothorax noir, paré aux angles de devant d'une tache obtriangulaire d'un jaune rouge. Elytres d'un rouge fauve, ornées d'une bande subbasilaire, couvrant sur la suture, à partir de l'écusson, au cinquième de la longueur, graduellement rétrécie et transversalement étendue sur les côtés, jusqu'à la partie postérieure de chaque calus. Dessous du corps et pieds, noirs. Epimères blanches.

Hippodamia extensa, MULS., Spec. p. 17. 6. — HALDEM. et LECONTE, Catal. p. 129.

Long. 0m,0056 (2 l. 1/2). — Larg. 0m,0036 (1 l. 2/3)

Patrie : la Californie septentrionale (Muséum de Saint-Pétersbourg).

7. **Hippodamia leporina**; MULSANT.

En ovale allongé ; peu convexe. Prothorax noir, paré de chaque côté d'une bordure blanche, presque interrompue dans son milieu. Elytres d'un jaune flave ou roux fauve, ornées d'une bande subbasilaire étendue d'un calus à l'autre, et chacune de deux taches, noires : l'antérieure presque en triangle transversal : la postérieure, moins grosse, obtriangulaire, liée à la précédente.

Hippodamia leporina. MULS., Opusc. entom. 7e cah. p. 135.

Long. 0m,0056 (2 l.). — Larg. 0m,0042 (1 l. 7/8)

Patrie : la Californie (Buquet).

8. **Hippodamia glacialis** ; FABRICIUS.

Oblongue. Prothorax noir, paré sur le disque de deux traits obliques, d'un blanc flave, et d'une bordure de même couleur, sur les côtés et en devant : l'antérieure, à peine anguleusement dirigée en arrière dans son milieu. Elytres d'un jaune rouge, ornées chacune de quatre points noirs : un petit, sur le calus : deux gros, généralement liés en forme de bande oblique et raccourcie, après le milieu : un gros, près de l'extrémité. Ventre noir, bordé de fauve. Pieds noirs.

Coccinella glacialis. FABRICIUS. — *Hippodamia glacialis*. MULS. Spec. p. 18. 7. — HALDEM. et LECONTE, Catal. p. 129.

Long. 0m,0078 (3 l. 1/2). — Larg. 0m,0049 (2 l. 1/4).

Patrie : Diverses provinces de l'Amérique du Nord.

Obs. Les élytres manquent parfois du point noir situé sur le calus. Dautres fois leurs 2e, 3e et 4e points noirs sont unis en forme de tache trilobée.

9. **Hippodamia quindecim-maculata** ; MULSANT.

Oblongue. Prothorax noir, paré sur le disque de deux lignes assez courtes, obliques, d'un blanc flave, et d'une bordure de même couleur, sur les côtés et en devant ; l'antérieure, anguleusement dirigée en arrière, dans son milieu, jusqu'au quart ou au tiers de la longueur. Elytres d'un rouge jaune, ornées d'une tache scutellaire linéaire, et ordinairement chacune de six taches ou points, noirs : le juxta-sutural antérieur dilaté, paraissant composé de deux. Ventre et pieds, noirs.

Hippodamia quindecim-maculata, MULS., Spec. p. 20. 8. — HALDEM. et LECONTE, Catal. p. 129.

Long. $0^{m},0067$ (3 l.). — Larg. $0^{m},0045$ (2 l.).

Patrie : les bords du Missouri (Amérique du Nord) (Dejean, Reiche).

Obs. La tache scutellaire des élytres est parfois nulle. D'autres fois, les 4e et 5e taches sont liées ensemble et forment une bande noueuse, et transversalement un peu oblique. Enfin quelquefois la 2e tache est liée à la scutellaire et à la 3e.

10. **Hippodamia ripicola**; MULSANT.

Oblongue. Prothorax noir, paré en devant et sur les côtés d'une bordure d'un blanc flave, d'une ligne sur la moitié antérieure de la ligne médiane et de deux points sur le disque, de même couleur. Elytres d'un jaune orangé, ornées d'une tache scutellaire et chacune de trois taches près de la base (la médiaire allongée, sur le calus), d'une plus grosse, subapicale, et d'une tache transversale, onduleuse, vers la moitié, noires.

Long. $0^{m},0045$ (2 l.). — Larg. $0^{m},0029$ (1 l. 1/3).

Corps oblong ou en ovale allongé. *Tête* d'un jaune orangé, postérieurement parée d'un bandeau noir bidenté. *Palpes* et *Antennes* d'un jaune orangé ou testacé, à peine obscurs à l'extrémité. *Prothorax* noir; paré en devant et sur les côtés d'une bordure d'un blanc flave; orné d'une ligne ou bande longitudinale sur la moitié antérieure de la ligne médiane, et de deux points sur le disque, de même couleur. *Ecusson* noir. *Elytres* offrant vers la moitié ou les quatre septièmes de leur longueur leur plus grande largeur, en ogive étroite ou subacuminées postérieurement; d'un jaune orangé; ornées d'une tache scutellaire et chacune de quatre taches et d'une bande transversale onduleuse, noires : la tache scutellaire, ovalaire, prolongée jusqu'au sixième de leur longueur : les taches situées : trois près de la base : une près de l'extrémité : la médiane des subbasilaires, allongée, subparallèle, située sur le calus : les deux autres ponctiformes, un peu plus postérieures que l'extrémité de celle du calus, formant avec leurs pareilles une rangée transversale, vers le quart de la longueur : la troisième ou externe, liée ou presque liée à l'angle postéro-externe de celle du calus : la première ou interne, située entre l'angle postéro-interne de celle du calus et la suture : la tache subapicale plus grosse, subtransversale, située vers les cinq sixièmes de leur longueur : la bande transversale, située vers la moitié ou un peu plus de la longueur, formée d'un arc dirigé en arrière, dont le côté interne remonte un peu le long de la suture, étendu jusqu'aux deux tiers de la largeur de l'étui, où il se lie par son angle postéro-externe, à une tache arrondie un peu plus postérieure, étendue à peu près jusqu'au bord externe. *Repli* d'un jaune orangé. *Dessous du corps* noir, avec les côtés de l'antépectus d'un jaune orangé : épimères des médi et postpectus, d'un blanc flave. *Pieds* antérieurs d'un jaune orangé, avec la tranche antérieure des cuisses, l'extrémité du dernier article des tarses et les ongles, noirs : les pieds intermédiaires d'un jaune orangé, avec les deux tiers postérieurs des cuisses, l'extrémité des tarses et les ongles, noirs ; les pieds postérieurs, noirs, avec l'extrémité des tibias et la base des tarses, d'un jaune testacé.

Patrie : les Indes-Orientales (Deyrolle).

11. **Hippodamia convergens**; Guérin.

Oblongue. Prothorax noir, paré sur le disque de deux lignes assez courtes, obliques, d'un blanc flave, et d'une bordure de même couleur sur les côtés et en devant : l'antérieure à peine anguleusement dirigée en arrière dans son milieu. Elytres d'un rouge jaune, ornées d'une tache scutellaire linéaire, et ordinairement chacune de six points noirs. Ventre et pieds, noirs.

Hippodamia convergens. (Klug.), Guérin. — Muls., Spec. p. 22. 9. — Haldem. et Leconte, Catal. p. 129.

Obs. Les élytres sont parfois sans taches ; d'autres fois elles n'ont que la tache scutellaire ; chez d'autres individus elles offrent, avec cette dernière, un certain nombre de points noirs au dessous du chiffre normal.

Long. 0m,0051 à 0m,0067 (2 l. 1/4 à 3 l.).— Larg. 0m,0034 à 0m,0048 (1 l. 2/3 à 2 l. 1/8).

Patrie : New-York, les Florides, la Louisiane, la Californie, le Mexique.

M. Leconte a cru devoir réunir les *Adonia* aux *Hippodamia*; mais il est probable, d'après l'état rudimentaire des plaques abdominales, que l'espèce suivante, que je ne connais pas, doit trouver place ici.

12. **Hippodamia spuria**; Leconte.

Ovale, longiuscule. Prothorax noir, paré dans sa périphérie d'une bordure étroite, et sur son disque de deux lignes, blanches. Elytres d'un fauve pâle, ornées d'une tache scutellaire allongée, d'une autre sur le calus huméral, et de trois autres après la moitié de leur longueur, noires : celles-ci placées 2, 1, souvent nulles ; quelquefois unies : angle sutural arrondi. Dessous du corps noir : épimères des médi et postpectus, blanches.

Hippodamia spuria, Leconte, Procced. of the Acad. of Philadelph. 1861. p. 358.

Patrie : l'Orégon.

Cette espèce, que je ne connais pas, a, dit M. Leconte, la taille et la forme de l'*Ad. parenthesis*, avec le prothorax de l'*H. convergens* ; mais les élytres sont en ovale plus allongé que dans l'une et l'autre et plus obtusément arrondies à l'extrémité. L'angle apical au lieu d'être aigu est arrondi. Les taches des élytres varient beaucoup. La tache scutellaire se prolonge quelquefois sur le bord sutural jusqu'aux deux tiers de la longueur des étuis : la première et la deuxième ou la deuxième et la troisième des taches postérieures sont parfois unies, comme dans les variétés de l'*A. parenthesis*, et l'on doit trouver sans doute des individus chez lesquels les trois taches n'en feront qu'une seule en arc ; il est aussi probable que l'*H. sinuata*, Muls. (Spec. 1011) est une forme extrême de cette espèce, ayant toutes les taches unies en une bande sinueuse. Quelquefois les taches manquent entièrement. Les lignes courbes pectorales et abdominales sont obsolètes, et elle appartient par conséquent au même groupe que l'*H. convergens*.

Peut-être faudrait-il alors rayer du nombre des espèces, la suivante, dont voici la diagnose :

13. **Hippodamia sinuata**; Mulsant.

Oblongue. Prothorax noir, paré en devant et sur les côtés d'une bordure, et sur son disque de deux lignes assez courtes, obliques, d'un blanc flave. Elytres d'un jaune orangé, ornées d'une bordure suturale raccourcie, et chacune d'une bande longitudinale, noires : celle-ci, courbée presque en demi-cercle, après la moitié.

Hippodamia sinuata (Motschulsky). Muls. Spec. p. 1011.

Long. 0m,0059 (2 l. 2/3). — Larg. 0m,0033 (1 l. 1/2).

Patrie : la Californie (Motschulsky).

Genre *Megilla*, Megille ; Mulsant.

Caractères. *Ongles* munis d'une dent à la partie interne de la base de chacun des crochets. *Corps* oblong. *Prothorax* bissubsinueusement tronqué en devant, avec la partie médiaire au moins aussi avancée que les angles, quand l'insecte est vu perpendiculairement en dessus ; arqué et relevé assez étroitement en rebord sur les côtés, émoussé aux angles, à peine plus large aux postérieurs qu'à ceux de devant ; bissinueusement en arc dirigé en arrière ; faiblement convexe en dessus. *Elytres* d'un tiers ou de deux cinquièmes plus larges en devant que le prothorax ; trois fois à trois fois et demie aussi longues que lui ; arrondies aux épaules ; élargies presque en ligne droite jusqu'aux quatre septièmes, postérieurement en ogive, à côtés presque droits ou faiblement courbes ; étroitement relevées en rebord sur les côtés, médiocrement convexes en dessus.

1. **Megilla innotata**; Mulsant.

Ovale. Prothorax noir, paré en devant et sur les côtés d'une bordure fauve : l'antérieure anguleusement prolongée en arrière dans son milieu. Elytres d'un rouge jaune ou d'un fauve jaune sans taches. Dessous du corps et pieds, noirs.

Megilla innotata (KLUG), (DEJEAN). MULSANT, Spec. p. 24. 1.

Long. 0m,0061 (2 l. 3/4). — Larg. 0m,0039 (1 l. 3/4).

Patrie : les Antilles (Dejean, Muséum de Paris).

2. **Megilla conterminata**; MULSANT.

Oblongue. Prothorax noir, avec une tache aux angles de devant, d'un rouge pâle. Elytres d'un rouge tirant sur l'orangé, parées d'une bordure suturale dilatée de manière à constituer deux taches communes : l'une, scutellaire, subarrondie; l'autre, subapicale en losange, et chacune d'un point sur le calus et de deux bandes transversales, noirs. Dessous du corps et pieds, noirs. Prosternum d'un blanc rosat.

Long. 0m,0090 (4 l.). — Larg. 0m,0045 (2 l.).

Corps oblong. *Tête* finement ponctuée; noire. *Antennes* noires, à premier article d'un rouge jaune. *Yeux* entiers ou à peine échancrés. *Prothorax* lisse ou superficiellement pointillé; noir, paré d'une bordure d'un rouge pâle, aux angles de devant. *Ecusson* noir. *Elytres* arrondies aux épaules, élargies ensuite en ligne droite jusqu'aux trois cinquièmes, puis rétrécies en ligne peu courbe jusqu'à l'angle sutural; d'un rouge tirant sur l'orangé; parées d'une bordure suturale, d'une tache ponctiforme sur le calus, et de deux bandes transversales, noires : la bordure suturale, dilatée à la base de manière à former une tache scutellaire, subarrondie, prolongée jusqu'au sixième de leur longueur, et une tache subapicale en losange : la première bande, couvrant des deux septièmes à la moitié de leur longueur, en ligne droite à son bord antérieur, irrégulière à son bord postérieur, et plus développée en longueur vers la suture, où elle se lie à la seconde : celle-ci couvrant environ des trois presque aux quatre cinquièmes de leur longueur. *Dessous du corps et pieds*, noirs : *antépectus* et *prosternum* d'un rouge rosat.

Patrie : S. Paulo, Brésil (Deyrolle).

Obs. L'exemplaire présentait, sur chaque élytre, un pli longitudinal naissant du calus et prolongé jusqu'à la moitié de la longueur. Est-il constant chez cette espèce ? ou n'est-il qu'accidentel ?

3. **Megilla quadrifasciata** ; Thunberg.

Oblongue. Prothorax noir, avec les côtés et une ligne médiane interrompue dans son milieu, rouges. Elytres rouges, avec la suture et quatre bandes onduleuses noires.

Coccinella 4-fasciata (Schoenh.). Thunberg. — *Megilla 4-fasciata.* Muls. Spec. p. 25. 2.

Long. $0^m,0057$ à $0^m,0078$ (2 l. 1/2 à 3 l. 1/2). — Larg. $0^m,0039$ à $0^m,0051$ (1 l. 3/4 à 2 l. 1/4).

Patrie : le Brésil (Dejean, etc.).

4. **Megilla octodecim-pustulata** ; Mulsant.

Oblongue. Prothorax noir, avec les côtés et une ligne médiane interrompue dans son milieu, d'un rouge carné. Elytres noires, parées chacune de neuf taches d'un rouge de chair : les huit premières disposées par paires : la dernière, apicale : celle-ci et les autres, internes, à égale distance de la suture : les externes, liées au bord extérieur.

Megilla 18-pustulata (Dejean). Muls. Spec. p. 26. 3.

Long. $0^m,0056$ à $0^m,0071$ (2 l. 1/2 à 3 l. 1/2). — Larg. $0^m,0033$ à $0^m,0039$ (1 l. 1/2 à 1 l. 3/4).

Patrie : Buénos-Ayres, Monte-Video, le Brésil, le Chili.

Obs. La tache humérale est parfois nulle ou très-petite. Quelques-unes des taches des élytres sont d'autres fois dilatées et liées, ou presque confondues ensemble.

5. **Megilla variolosa**; MULSANT.

Oblongue. Prothorax noir ; paré aux angles de devant d'une tache rose, irrégulièrement quadrangulaire. Elytres noires, ornées chacune d'une tache basilaire, de deux taches en rangée transversale presque au quart, d'une bande transversale raccourcie au côté interne, vers la moitié, d'une bande pareille vers les trois quarts de la longueur, et d'une bordure externe, depuis la deuxième bande presque jusqu'à l'angle sutural, roses ; la tache interne de la rangée et chacune des bandes, vers les extrémités internes, varioleuses et nébuleuses.

Long. 0m,0078 (3 l. 1/2). — Larg. 0m,0045 (2 l.).

Corps oblong. *Tête* noire ; finement et densement ponctuée : *Mandibules* et *Palpes* roses, avec l'extrémité un peu obscure. *Prothorax* élargi presque jusqu'à la moitié des côtés, rétréci ensuite en courbe rentrante, jusqu'à la base; arqué en arrière à celle-ci; superficiellement pointillé; noir, paré à ses angles antérieurs d'une tache rose, étendue sur le bord antérieur jusqu'au niveau du bord interne des yeux, prolongée latéralement jusqu'à la moitié de la longueur des côtés, échancrée à son bord postérieur. *Ecusson* noir. *Elytres* à fossette basilaire ordinairement saillante dans son pourtour ; roses, avec quatre bandes transversales, noires, unies sur la suture, ou noires avec des taches et bandes transversales, roses : la première bande noire, formée d'une tache suturale, subarrondie, prolongée jusqu'au quart de la longueur, à peine séparée par une ligne longitudinale rose, d'une autre tache noire, un peu moins grosse, subarrondie, couvrant le calus jusqu'au bord extérieur : la deuxième bande, formée d'une tache suturale subarrondie, unie à une autre tache plus grosse, presque en losange, étendue jusqu'au bord externe : la troisième bande, à peine étendue jusqu'au bord extérieur, échancrée dans le milieu de son bord antérieur, et un peu plus en dedans à son bord extérieur : la quatrième, n'atteignant ni le bord externe, ni l'extrémité, constituant sur chaque élytre une tache en triangle dont la base regarde la suture : ces quatre sortes de bandes laissant de couleur rose sept taches, savoir : 1° une tache obtriangulaire sur le milieu de la base : 2° les deuxième et troisième, formant avec leurs pareilles une rangée en ligne transversale, vers le quart ou un peu en avant de leur longueur : la troisième ou externe, en triangle dont la base repose sur le bord extérieur : la deuxième ou interne, rapprochée de la suture, varioleuse, obscure sur son disque en losange, liée à la première par une ligne longitudinale étroite : 3° les quatrième et cinquième, constituant une bande irrégulière, étendue depuis le bord externe presque jusqu'à la suture : la cinquième ou externe, plus grosse que la troisième, et en triangle comme elle : la quatrième ou interne, liée à la cinquième, varioleuse, obscure sur son disque, en triangle large, irrégulier, entaillé à son bord postérieur : 4° la sixième, varioleuse, obscure dans son milieu, plus petite que la quatrième, aussi rapprochée d'elle que la suture, unie à une tache extérieure, en triangle, mais prolongée en forme de bordure extérieure presque jusqu'à l'angle sutural. *Repli* rose, avec deux taches noires, formant l'extrémité des première et deuxième bandes noires. *Dessous du corps* et *pieds*, noirs.

Patrie : l'Amérique méridionale (Deyrolle).

6. **Megilla maculata**; De Geer.

Prothorax et élytres d'un rouge rosat, roses ou flaves : le prothorax paré de deux taches noires, obtriangulaires ou trilobées, liées chacune au quart externe de la base, et parfois unies, en ne laissant que les rebords antérieur et latéraux, rosats : les élytres, parées d'une tache scutellaire et chacune de cinq autres, noires : la première, sur le calus : la deuxième, en ovale transverse vers les deux cinquièmes : les troisième et quatrième, vers les deux tiers : la cinquième, subapicale : les troisième et cinquième, parfois étendues jusqu'à la suture, et formant avec leurs pareilles une tache suturale

Coccinella maculata. De Geer. — *Megilla maculata*. Muls. Spec. p. 28. 4.

Long. $0^{m},0056$ à $0^{m},0078$ (2 l. 1/2 à 3 l. 1/2). — Larg. $0^{m},0029$ à $0^{m},0045$ (1 l. 1/3 à 2 l.)

Patrie : les deux Amériques, depuis le Chili, jusqu'à New-York, et même plus au nord.

Obs. Les taches offrent un développement variable. Celles du prothorax, ordinairement séparées sur la ligne médiane, couvrent parfois toute la surface de ce segment, moins les bords antérieur et latéraux; souvent les 3e et 5e taches des élytres, au lieu d'être isolées de la suture, constituent avec leurs pareilles des taches communes. Quelquefois celle du calus s'étend jusqu'à la scutellaire. La 2e se dilate du côté externe, de manière à paraître unie à une autre tache, et se rapproche de la suture. Enfin, plus rarement, la 3e s'unit à la scutellaire d'une part, et d'autre part aux 3e et 4e, pour former avec celles-ci une tache commune.

Genre *Nœmia*, Næmie; Mulsant.

Caractères. *Ongles* simples. *Corps* en ovale oblong. *Mésosternum* très légèrement échancré ou creusé d'une fossette plus ou moins apparente, pour recevoir la pointe du prosternum.

Prothorax bissinueusement tronqué en devant, avec la partie médiaire à peine plus avancée que les angles, quand l'insecte est vu perpendiculairement en dessus; arqué et étroitement ou à peine relevé en rebord sur les côtés; à peine plus large aux angles postérieurs qu'aux antérieurs; bissinueusement en arc dirigé en arrière, à la base; faiblement convexe en dessus. *Elytres* d'un tiers environ plus larges en devant que le prothorax à ses angles postérieurs; trois fois ou un peu plus aussi longues que lui, arrondies aux épaules; faiblement élargies et en ligne peu courbe jusques à la moitié ou aux trois cinquièmes de la longueur, postérieurement en ogive à côtés presque droits; médiocrement convexes en dessus; moins finement pointillées que le prothorax.

1. **Næmia seriata**; Melsheimer.

Oblongue. Prothorax paré en devant et sur les côtés d'une bordure, et marqué au milieu de la base d'une tache d'un rouge rosé, noir sur le reste ;

partie noire quadrilobée en devant. Elytres d'un rouge rosé, ornées de trois taches communes, et chacune de trois autres, noires : celles-ci formant le plus souvent une chaîne depuis le calus jusqu'à la suturale postérieure. Epimères du postpectus, roses. Côtés du ventre roussâtres.

Coccinella seriata, MELSHEIM. Proced., of the Acad., of Nat. Sc., of Philadelphia, t. 3. 1848, p. 177. — *Nœmia litigiosa*, MULS. Spec. p. 31. 1.

Long. 0m,0060 à 0m,0067 (2 l. 2/3 à 3 l.). — Larg. 0m,0033 à 0m,0042 (1 l. 1/2 à 1 l. 7/8).

Patrie : la Colombie, le Mexique, diverses parties de l'Amérique du nord (Dejean, etc.).

Obs. Certaines taches des élytres sont parfois isolées de leurs voisines ou parfois unies à celles-ci.

2. **Nœmia fuscilabris**; MULSANT.

Oblongue. Prothorax d'un flave orangé, orné de deux taches longitudinales noires, arquées en dehors, prolongées du tiers jusqu'à la base. Elytres d'un flave orangé, ornées d'une tache scutellaire et chacune de six autres, en partie ponctiformes, noires : la première, sur le calus : la seconde, la plus grosse, transverse, sur le disque, un peu après les deux cinquièmes : la troisième, petite, en dehors de la seconde : les quatrième et cinquième, vers les deux tiers : la sixième, subapicale. Epimères et pieds noirs.

Long. 0m,0052 à 0m,0056 (2 l. 1/3 à 2 l. 1/2). — Larg. 0m,0029 (1 l. 2/5).

Corps oblong. *Tête* noire, avec une tache obtriangulaire d'un flave orangé, située sur le milieu du front et prolongée jusqu'au vertex; épistome d'un flave orangé; labre brun. *Palpes* et *Antennes* d'un flave orangé, avec l'extrémité obscure. *Prothorax* arqué sur les côtés; bissinué à sa base, et tronqué ou légèrement échancré au milieu de celle-ci; d'un flave orangé, orné de deux taches ou bandes longitudinales, un peu arquées en dehors, prolongées du quart ou du tiers de la longueur jusqu'à la base ou à peu près, situées, une de chaque côté de la ligne médiane, plus rapprochées de celle-ci vers leur partie antérieure qu'à la postérieure. *Ecusson* noir. *Elytres* d'un flave orangé, ornées d'une tache scutellaire et chacune de six autres, noires : la tache scutellaire, obcordiforme, bilobée postérieurement, prolongée presque jusqu'au quart de sa longueur : la 1re tache de chaque élytre, suborbiculaire, sur le calus : la 2e, située sur le disque, entre les deux cinquièmes et les trois septièmes de la longueur, transverse, étendue du quart aux deux tiers de la largeur : la 3e, petite, ponctiforme, située près de l'angle antéro-externe de la 2e, et un peu plus antérieure : les 4e et 5e formant avec leurs pareilles une rangée transversale, un peu avant les deux tiers de la largeur : la 4e, ponctiforme, située près de la suture : la 5e, suborbiculaire, plus grosse, rapprochée du bord externe : la 6e, à peine plus grosse que la 4e, située sur le disque, aux sept huitièmes de la longueur des étuis. *Repli* d'un flave orangé. *Dessous du corps* d'un flave orangé sur l'antépectus ; noir, sur le médi et postpectus ; ventre noir, avec les côtés d'un flave orangé. *Pieds* noirs.

Patrie : la Nouvelle-Orléans (Sallé).

3. **Næmia vittigera** ; MANNERHEIM.

Oblongue. Prothorax noir, bordé de jaune pâle en devant et sur les côtés, et paré longitudinalement dans son milieu d'une bande de même couleur, moins étroite dans sa seconde moitié. Elytres d'un jaune pâle, avec la suture et une bande longitudinale sur chacune, noires.

Hippodamia vittigera, MANNERHEIM. — *Næmia vittigera*, MULS. Spec. p. 33. 2.

Long. 0m,0056 à 0m,0061 (2 l. 1/2 à 2. l. 3/4). — Larg. 0m,0028 à 0m,0033 (1 l. 1/4 à 1 l. 1/2).

Patrie : le Mexique, la Californie (Dejean, etc.).

4. **Næmia episcopalis**; Kirby.

Oblongue. Prothorax et Elytres d'un jaune pâle, parés de deux sortes de crosses épiscopales noires, dont la tête repose sur le premier et la tige sur la partie longitudinalement médiaire de chacune des secondes. Pieds d'un fauve flave.

Coccinella episcopalis, Kirby. — *Næmia episcopalis*. Muls. Spec. p. 34. 3.

Long. 0m,0036 (1 l. 2/3). — Larg. 0m,0022 (1 l.).

Patrie : l'Amérique du nord (Muséum de Londres).

SECONDE BRANCHE.

LES COCCINELLAIRES.

Caractères. *Plaques pectorales et abdominales* existantes. *Ecusson* très-apparent, au moins aussi large que la dixième partie de la base d'une élytre. *Antennes* à peine plus longuement prolongées que la moitié des bords latéraux du prothorax; à massue ordinairement assez courte, tronquée, composée d'articles transversaux. *Yeux* peu ou point voilés par le prothorax. *Partie antéro-médiaire* du premier anneau ventral, subarrondie ou arrondie. *Plaques abdominales* rarement effacées à leur côté externe.

Nous les diviserons en deux rameaux :

		Rameaux.
Plaques abdominales.	En arc transversal ou presque en demi-cercle régulier, à peine étendu au delà des deux tiers ou des trois quarts du premier arceau ventral	Adoniates.
	Soit en courbe irrégulière, ayant le côté externe sinueux, oblique ou oblitéré, soit en forme de V; dans le premier cas, généralement liées ou à peu près au bord postérieur du premier arceau ventral	Coccinellates.

PREMIER RAMEAU.

LES ADONIATES.

Caractères. *Plaques abdominales* en arc ou en demi-cercle régulier, ne dépassant pas ordinairement les deux tiers ou les trois quarts de la longueur de l'arceau ventral.

Ces insectes se répartissent dans les genres suivants :

Genres.

- Angles postérieurs du prothorax
  - dirigés en arrière en forme de dent courte. Corps oblong. Ongles simples . . . . *Anisosticta.*
  - non dirigés en arrière en forme de dent.
    - Ongles bifides . . . . *Adonia.*
    - Ongles munis d'une dent à la base de chacun de leurs crochets.
      - Corps oblong. Prothorax bissinueusement tronqué en devant; peu ou point émoussé aux angles postérieurs . . . . *Hysia.*
      - Corps ovale. Prothorax échancré en devant.
        - Mésosternum entier. Elytres subarrondies à l'angle huméral . *Adalia.*
        - Mésosternum creusé d'une fossette. Elytres non émoussées à l'angle huméral; à repli incliné . . . . *Nesis.*
    - Ongles simples. Corps brièvement ovale. Plaques abdominales parfois un peu irrégulières ou presque liées au bord postérieur de l'arceau. . . . . *Bulæa.*

Genre *Anisosticta*, Anisosticte ; Chevrolat.

Caractères. *Angles postérieurs du prothorax* dirigés en arrière en forme de dent courte. *Corps* oblong. *Ongles* simples.

1. **Anisosticta novemdecim-punctata ;** Linné.

Oblongue; peu convexe; flave ou d'un flave rosé, en dessus; parée sur le prothorax de six taches ponctiformes noires, et de dix-neuf sur les élytres, savoir : une scutellaire et neuf sur chaque étui. Pieds d'un flave testacé.

Coccinella 19-*punctata* LINNÉ. — *Anisosticta* 19-*punctata*, MULS. Hist. nat. des Coléopt. (Sécuripalpes) p. 36. — Id. Species, p. 37.

Long. 0m,0027 à 0m,0036 (1 l. 1/4 à 1 l. 2/3). — Larg. 0m,0018 à 0m,0025 (4/5 l. à 1 l. 1/3).

Patrie : La plupart des parties de l'Europe, dans les lieux marécageux.

Obs. Quelques points des élytres se trouvent parfois effacés, d'autres fois quelques-uns sont liés à leurs voisins.

2. **Anisosticta strigata** ; THUNBERG.

Ovale-oblongue. Prothorax noir, paré de deux grosses taches trilobées, laissant les bords antérieur et latéraux de la ligne médiane, flaves. Elytres flaves, ornées d'une bordure suturale et chacune d'une bande longitudinale et d'une ou de deux taches, noires : la bordure à peine prolongée au-delà de la moitié, comme formée d'une tache scutellaire parallèle suivie de chaque côté de deux taches ponctiformes : la bande, naissant sur le calus, inégalement plus large jusqu'aux trois cinquièmes, liée à une ou deux taches ponctiformes plus postérieures : la dernière, parfois isolée, située près de l'angle sutural : l'autre tache ponctiforme, située aux trois quarts, près de la suture.

ETAT NORMAL. Tache ponctiforme des élytres voisine de l'angle sutural, liée à la bande longitudiuale.

Coccinella strigata, THUNB., Dissert. 9. p. 113. édit. Gott. p. 124.

Var. a. *Tache ponctiforme voisine de l'angle sutural, isolée de la tache ponctiforme qui termine la bande longitudinale.*

Anisosticta Dohrniana, MULS., Opusc. entom. 7e cah. p. 136.

Long. 0^m,0033 (1 l. 1/4). — Larg. 0^m,0020 (9/10).

Patrie : La Laponie, la Hongrie (Dohrn). Elle a été prise dans les environs d'Aix (Bouches-du-Rhône), par M. le Dr Grenier.

Genre *Adonia*, Adonie ; Mulsant.

Caractères. *Angles postérieurs du prothorax* non dirigés en arrière en forme de dent. *Ongles* bifides.

Prothorax faiblement échancré ou bissinueusement tronqué en devant, avec la partie médiaire aussi avancèe ou à peine moins avancée que les angles, quand l'insecte est vu perpendiculairement en dessus ; arqué sur les côtés, bissinueusement en arc dirigé en arrière à la base ; étroitement relevé en rebord sur les côtés ; faiblement convexe. *Elytres* d'un quart ou d'un tiers plus larges en devant que le prothorax ; trois fois environ aussi longues que celui-ci dans son milieu, ovales ou en ovale-oblong, en ogive dans leur seconde moitié ; médiocrement convexes en dessus ; un peu moins finement pointillées que le prothorax ; à calus apparent.

1. **Adonia Doubledeayi** ; Mulsant.

Ovale-oblongue. Prothorax noir, paré en devant et sur les côtés d'une bordure blanche, ordinairement d'un trait postérieurement raccourci sur la ligne médiane, et d'un point de chaque côté de celle-ci, blancs. Elytres d'un jaune fauve, ornées d'une tache scutellaire et chacune de quatre points (sur le calus, au-dessous, près de la suture et du bord externe, aux quatre septièmes), et de trois taches (deux transversalement après la moitié, dont l'interne remonte le long de la suture, et une subapicale), noires. Les deux taches postmédiaires souvent unies entre elles et même au point situé sur le calus.

Adonia Doubledeayi, Muls. Spec. p. 36. 5.

Long. 0^m,0075 (3 l. 1/4).

Patrie : L'Indoustan? (Muséum britannique).

2. **Adonia mutabilis**; Scriba.

Ovale-oblongue. Prothorax noir, paré en devant et sur les côtés d'une bordure, d'un trait postérieurement raccourci sur la ligne médiane, et d'un point de chaque côté de celle-ci, blancs. Elytres d'un rouge fauve, marquées d'une tache flave à côté de l'écusson, ordinairement d'une tache scutellaire ovale, et le plus souvent chacune de six points, noirs. Pieds noirs : jambes de devant, partie des intermédiaires et tarses, fauves.

Coccinella mutabilis, Scriba. — *Adonia mutabilis*, Muls., Hist. nat. des Coléopt. (Sécuripalpes), p. 39.

Long. $0^m,0039$ à $0^m,0052$ (1 l. 3/4 à 2 l. 1/4). — Larg. $0^m,0022$ à $0^m,0029$ (1 l. à 1 l. 1/3).

Patrie : La plupart des parties de l'Europe.

Obs. Disposition des points 1 sur (le calus), 2 (en rangée transversale), 1 (le plus gros, sur le disque), 2 (en rangée oblique).

Souvent plusieurs de ces points font défaut, quelquefois même les élytres sont réduites à une tache scutellaire noire, et même sans cette tache.

Quelquefois les 1er, 2e et 3e points des élytres sont dilatés et unis en forme de trèfle ou de tache trilobée, et les 4e et 5e taches sont unies en forme de tache, bilobée postérieurement, ou obcordiforme et réunie par sa partie antérieure à la tache trilobée antérieure.

Voy. aussi Reiche (*Voyage en Abyssinie*, par Ferret et Gallinier (entom.), p. 409. 1. L'*A. corsica* de M. Reiche (*Ann.* de la Soc. entom. 1842, p. 299) semble n'être qu'une variété de cette espèce si variable.

M. Letzner a décrit les premiers états de l'*A. mutabilis* dans le 34e cahier des Mémoires de la Société de Silésie.

3. **Adonia bifurcata**; Mulsant.

Ovale-oblongue. Prothorax noir, paré en devant et sur les côtés d'une bordure, d'un trait raccourci sur la ligne médiane, et de deux points, flaves. Elytres flaves, ornées d'une tache scutellaire, et chacune de deux points formant avec leurs pareils une rangée transversale vers les deux cinquièmes, d'une bande longitudinale large, naissant sur le calus, bifurquée postérieurement : la branche interne, vers la moitié de la longueur des étuis : l'externe, un peu plus longue, et enfin d'une tache vers les trois quarts du disque, noirs.

ETAT NORMAL. *Prothorax* noir; paré en devant et sur les côtés d'une bordure, d'une ligne médiane postérieurement raccourcie, et de deux points, flaves ou d'un flave blanchâtre : la bordure, assez étroite, élargie sur le tiers postérieur des côtés : la ligne médiane prolongée depuis la bordure antérieure jusque vers la moitié de la longueur du segment : les points, situés chacun sur le disque, entre la ligne médiane et la bordure latérale. *Elytres* flaves, ornées d'une tache scutellaire, et parée chacune de deux points, d'une bande longitudinale postérieurement bifurquée, et d'une tache, noirs : la tache scutellaire, ovale, embrassant la moitié postérieure de l'écusson, prolongée jusqu'au septième de la suture ; les points, situés : l'interne, au quart de la longueur, près de la suture, dont il est séparé par un espace égal à son diamètre : l'externe, aux deux septièmes de la longueur des étuis, près du bord externe : ces deux points formant avec leurs pareils une rangée transversale un peu arquée en devant : la bande, naissant sur le calus, un peu moins large vis-à-vis des deux points, puis graduellement élargie et divisée en deux branches renflées et arrondies à leur extrémité : l'interne, offrant vers la moitié de la longueur des étuis sa plus grande largeur, un peu plus rapprochée de la suture, dans cet endroit, que le point interne, prolongée jusqu'aux trois cinquièmes des étuis : l'externe, prolongée presque jusqu'aux deux tiers, étendue presque jusqu'au bord externe; la tache, presque en triangle à côtés curvilignes, située sur le disque, depuis les deux tiers jusqu'aux cinq sixièmes de la longueur des étuis.

Obs. Parfois la branche externe de la bande se lie presque, par sa partie postéro-interne, à la partie discale.

Long. 0m,0045 (2 l.). — Larg. 0,m0033 (1 l. 1/2).

Corps ovale ou ovale-oblong. *Labre*, *Palpes* et *Antennes*, flaves. *Tête* flave, avec le bord postérieur et deux lignes longitudinales, noires. *Prothorax* et *Elytres* colorés et peints comme il a été dit. *Repli* flave. *Dessous du corps*, noir : épimères du médi et du postpectus blanches. *Pieds* flaves ou d'un flave roussâtre : genoux et tranche supérieure des cuisses de devant, moitié postérieure des cuisses intermédiaires, cuisses postérieures et ongles, noirs.

Patrie : L'Abyssinie (Muséum de Munich).

4. **Adonia Kriechbaumii**; Mulsant.

Ovale-oblongue. Prothorax noir, paré en devant et sur les côtés d'une bordure, et d'un trait raccourci sur la ligne médiane, flaves. Elytres flaves, ornées d'une tache scutellaire et chacune d'un dessin irrégulier, noirs : le dessin, composé d'une bande longitudinale naissant sur le calus, croisée vers les deux septièmes par une bande dont la partie interne se lie, en remontant, à la tache scutellaire : la bande, postérieurement divisée en deux branches, dont l'interne plus longue.

Etat normal. *Prothorax* noir, paré en devant et sur les côtés d'une bordure, et d'une ligne médiane postérieurement raccourcie, flaves : la bordure, assez étroite, à peine élargie vers le dernier tiers des bords latéraux : la ligne médiane, prolongée depuis la bordure antérieure jusqu'à la moitié de la longueur. *Elytres* flaves ornées d'une tache scutellaire et chacune d'un dessin irrégulier, noirs : la tache scutellaire, ovale, naissant de la base et prolongée environ jusqu'au sixième de la suture : le dessin, formé d'une bande longitudinale un peu oblique, naissant sur le calus, croisée par une bande d'abord transversale, naissant près du bord externe, vers les deux septièmes de la longueur des étuis, mais dont la partie interne se courbe vers la suture, en se rapprochant graduellement de celle-ci jusqu'à la tache scutellaire avec laquelle elle se lie : la bande, bifurquée postérieurement ou plutôt croisée de nouveau par une branche obliquement transverse, dont la partie antérieure touche presque le bord externe vers les trois cinquièmes de la longueur des étuis, dont la partie interne s'étend jusqu'au sixième interne de la largeur et les deux cinquièmes de la longueur, et se prolonge jusqu'aux cinq sixièmes de la longueur, en se rétrécissant graduellement vers les deux tiers.

Long. 0^m,0051 à 0^m,0056 (2 l. 1/4 à 2 l. 1/2). — Larg. 0^m,0033 (1 l. 1/2).

Corps ovale ou ovale-oblong. *Labre*, *Palpes* et *Antennes* flaves. *Tête* flave, bordée postérieurement d'un bandeau noir, entaillé dans son milieu. *Prothorax* et *Elytres* colorés et peints comme il a été dit. *Repli* flave. *Dessous du corps* noir : épimères du médi et du postpectus, blanches. *Pieds* flaves ou d'un flave roussâtre : genoux et tranche supérieure des cuisses de devant, tranche supérieure des cuisses intermédiaires, cuisses postérieures, tranche externe et tibias postérieurs et ongles, noirs.

Patrie : L'Abyssinie (Muséum de Munich).

Obs. J'ai dédié cette espèce à M. Kriechbaum, entomologiste zélé, attaché au Muséum d'histoire naturelle de Munich.

5. **Adonia interrogans** ; Mulsant.

Ovale-oblongue. Prothorax noir, paré en devant et de chaque côté d'une bordure d'un blanc flavescent, et noté sur son disque de deux lignes de même couleur, obliques, raccourcies, presque convergeantes, postérieurement. Elytres d'un jaune testacé, ornées d'une bordure suturale prolongée à peine jusqu'aux trois quarts, et chacune d'une bande longitudinale naissant du calus, formant postérieurement un arc à son côté externe et un angle rentrant à son côté interne, noirs.

Adonia interrogans. Muls., Opusc. entom. 7e cah. p. 139.

Long. 0^m,0056 (2 l. 1/2). — Larg. 0^m,0033 (1 l. 1/2).

Patrie : La Chine (Buquet).

7. **Adonia parenthesis**; Say.

Ovale. Prothorax noir, paré de bordures antérieure et latérales, et d'une ligne longitudinalement médiaire interrompue, flaves. Elytres d'un jaune flave, ornées d'une tache scutellaire ordinairement obcordiforme, d'une tache sur le calus et d'une tache en ligne oblique sur le disque, noires : la dernière, souvent liée à un arc plus postérieur également noir, avec lequel elle forme, quand cet arc existe, une sorte de parenthèse, n'atteignant pas la suture. Epimères blanches. Côtés du ventre flaves ou carnés.

Coccinella parenthesis (Melsheismer). Say. — *Adonia parenthesis.* Muls., Spec, p. 40. 3.

Long. 0m,0045 à 0m,0051 (2 l. à 2 l. 1/4). — Larg. 0m,0033 (1 l. 1/2).

Patrie : les Etats-Unis, la Californie (Leconte, etc.).

Obs. Quelques-unes de ces taches manquent quelquefois; d'autres fois plusieurs se lient ensemble.

8. **Adonia amœna**; Faldermann.

Ovale. Prothorax noir, paré de bordures antérieure et latérales et d'une ligne longitudinalement médiaire, courte ou très-interrompue, flaves. Elytres d'un jaune flave, ornées d'une tache scutellaire très-dilatée transversalement à son extrémité, suivie d'une bordure suturale graduellement rétrécie, d'une tache sur le calus liée à un point externe, et, après le milieu, d'une sorte de parenthèse atteignant ordinairement la bordure suturale ; noires. Epimères blanches.

Coccinella amœna. Falderm. — *Adonia amœna.* Muls. Sp. p. 42. 4.

Long. 0m,0045 (2 l.). — Larg. 0m,0030 (1 l. 1/3).

Patrie : la Sibérie orientale (Muséum de Saint-Pétersbourg).

Obs. La tache scutellaire s'unit parfois à peine à celle du calus; d'autre fois elle se prolonge jusqu'à la tache antéro-externe de la parenthèse, qui s'unit elle-même à la bordure suturale.

9. **Adonia arctica**; Schneider.

Ovale. Prothorax noir, paré de bordures antérieure et latérales et d'une ligne médiane interrompue, jaune. Elytres jaunes, ornées d'une bordure suturale dilatée en losange vers le quart de la longueur, et postérieurement rétrécie; d'une bande longitudinale passant sur le calus, liée à un point externe au quart, subparallèle au bord externe jusqu'aux trois cinquièmes, où elle forme deux branches réunies en bande à la suture, noires. Epimères noires.

Coccinella arctica (Paykull). Schneider. *Adonia arctica.* Muls. Spec. p. 44. 6.

Long. 0m,0039 (1 l. 3/4). — Larg. 0m,0025 (1 l. 1/8).

Patrie : la Laponie.

Genre *Hysia*, Hysie; Mulsant.

Caractères. *Corps* oblong. *Prothorax* bissinueusement tronqué en devant; peu ou point émoussé aux angles postérieurs : ceux-ci non dirigés en arrière en forme de dent. *Ongles* munis d'une dent à la base de chacun des crochets.

Port des *Megilla;* mais plaques marquées et apparentes.

1. **Hysia endomycina**; Boisduval.

Oblongue. Prothorax d'un noir luisant, paré aux angles de devant d'une tache carrée d'un rouge jaune. Elytres d'un rouge jaune, avec la suture et trois bandes, noires : les deux premières plus larges que les intervalles : l'antérieure n'atteignant pas le bord externe, courbée à sa partie pos-

téro-externe, et parfois au point de s'unir à la seconde : celle-ci, transversale : la dernière, apicale, subponctiforme.

Coccinella endomycina (DUPONT), BOISDUVAL. — *Hysia endomycina,* MULS., Spec. p. 47. 1.

Patrie : Nouvelle-Guinée (Dupont (*type*); Célèbes (Guérin, Westermann).

Genre *Adalia*, ADALIE ; Mulsant.

CARACTÈRES. *Corps* ovale. *Prothorax* échancré en devant, subarrondi aux angles postérieurs. *Ongles* munis d'une dent à la base de chacun de leurs crochets.

Prothorax échancré en devant, c'est-à-dire offrant les angles plus avancés que la partie médiaire de l'échancrure, quand l'insecte est vu perpendiculairement en dessus : subarcuément élargi et étroitement dirigé en arrière, et plus ou moins sensiblement bissinueux, à la base. *Elytres* ordinairement d'un quart ou d'un cinquième plus larges en devant que le prothorax ; offrant, prises ensemble, un ovale plus ou moins régulier, tronqué en arc rentrant, en devant; subarrondies aux épaules, étroitement rebordées ou relevées en rebord ; médiocrement convexes; chargées d'un calus peu saillant, peu ou point anguleuses ordinairement au devant du calus, généralement pointillées moins finement que le prothorax.

La plupart des espèces de ce genre habitent les parties tempérées ou septentrionales de l'Europe et de l'Asie ; quelques autres appartiennent à d'autres pays.

1. **Adalia obliterata** ; LINNÉ.

Corps ovale ou ovale-oblong ; d'un flave cendré, en dessus. Prothorax ordinairement marqué d'une M noire ou noirâtre. Elytres souvent parées de deux bandes longitudinales d'un gris olivâtre, dont l'externe est parfois terminée par une tache noire ; quelquefois même brunes ou noires, avec quelques taches d'un jaune testacé.

Coccinella obliterata, LINNÉ. — *Adalia obliterata*, MULS., Spec. p. 49. 1.

Long. 0m,0033 à 0m,0045 (1 l. 1/2 à 3 l.). — Larg. 0m,0024 à 0m,0031 (1 l. 1/10 à 1 l. 2/5).

Patrie : les parties froides ou tempérées de l'Europe.

Obs. Les élytres sont parfois uniformément d'un flave cendré; d'autres fois elles offrent sur chacune une bande longitudinale plus foncée, ou se montrent brunes ou noires, avec la base et deux ou trois taches d'un flave testacé.

2. **Adalia M-fuscum**; MULSANT.

Corps brièvement ovalaire, élargi jusqu'à la moitié des élytres. Tête et prothorax d'un blanc flavescent : le second, marqué d'une M, brune ou noire. Élytres testacées ou d'un testacé pâle. Poitrine brune. Ventre et pieds d'un flave testacé.

Long. 0m,0033 (1 l. 1/2). — Larg. 0m,0022 (1 l.).

Corps brièvement ovalaire, assez fortement élargi jusqu'à la moitié des élytres, arrondi postérieurement; médiocrement convexe. *Tête* d'un blanc flavescent. *Antennes* et *palpes* d'un flave testacé à extrémité obscure. *Yeux* noirs. *Prothorax* d'un blanc flavescent, paré de quatre taches ponctiformes, figurant une M : deux, attenant à la base, plus rapprochées chacune du milieu de celle-ci que de l'angle externe, et parfois nébuleusement unies entre elles : deux, plus antérieures, vers le milieu de la longueur, plus rapprochées chacune de la ligne médiane et convergeant en arrière sur celle-ci. *Elytres* rayées, ou paraissant rayées au bord externe d'un léger sillon subhuméral; débordant le prothorax de la largeur en dehors de ce sillon; testacées ou d'un testacé pâle ou flavescent. *Dessous du corps* brun sur les médi et postpectus. *Epimères* du médipectus d'un blanc flavescent. *Ventre* d'un flave testacé, avec le bord postérieur des 2e et 3e arceaux parfois obscur. *Pieds* d'un flave testacé.

Patrie : Ceylan (Deyrolle).

Obs. Par ses couleurs cette espèce se rapproche de l'*Adalia obliterata;* mais par sa forme elle a de l'analogie avec l'*Adalia* 11-*notata* ou plutôt avec l'*Harmonia venusta* (*Notulata*, olim.).

3. **Adalia Ludovicæ**; Mulsant.

Brièvement ovalaire. Tête et prothorax d'un blanc flave, la première ornée d'un bandeau postérieur : le second, paré de cinq taches ponctiformes noires. Elytres d'un roux orangé, ornées chacune d'un gros point noir, couvrant au moins le cinquième médiaire de la largeur, avant le milieu de la longueur.

Long. 0^m,0033 (1 l. 1/2). — Larg. 0^m,0022 (1 l.).

Corps brièvement ovalaire; luisant. *Tête* d'un blanc flave; ornée d'un bandeau noir à sa partie postérieure, et d'une ligne longitudinale médiane obtriangulairement chargée vers l'épistome. *Antennes* d'un roux orangé, avec l'extrémité du dernier article obscur. *Palpes* maxillaires d'un roux orangé, avec la moitié postérieure du dernier article, noire. *Prothorax* d'un blanc flave; marqué de cinq taches noires, subponctiformes : deux, triangulaires, liées ou à peu près à la base, vers le quart externe de celle-ci : une, antéscutellaire, la plus petite, un peu plus avancée : deux ovalaires, plus antérieures, rapprochées de la ligne médiane, presque convergentes en arrière, prolongées du tiers aux deux tiers de la longueur. *Ecusson* petit, noir. *Elytres* subarrondies aux épaules, élargies ensuite jusqu'aux quatre septièmes de leur longueur, en ogive postérieurement; point noir, couvrant au moins le cinquième médiaire de la largeur, un peu avant le milieu de la longueur. *Dessous du corps* noir sur la poitrine, avec l'antépectus bordé de flave; épimères noires. *Ventre* d'un roux testacé, avec la majeure partie médiaire des trois premiers arceaux, noire. *Pieds* d'un roux orangé. *Plaques abdominales* en arc régulier aboutissant vers le milieu des épimères, et prolongées jusqu'aux quatre cinquièmes de la longueur de l'arceau.

Patrie : l'Amérique du Nord (Félix).

Obs. J'ai dédié cette espèce à madame Louise Lacène. Puisse cet hommage lui offrir un témoignage de mon respect et de mon dévoûment, et rappeler aussi la mémoire de son époux, l'un de nos amis de la nature les plus zélés et les plus constants.

Elle a beaucoup d'analogie avec l'*A*. *bipunctata*, dont elle se distingue sans peine par le dessin de son prothorax.

4. **Adalia stictica**; MULSANT.

Ovale; médiocrement convexe. Prothorax flave, marqué de sept points noirs. Elytres d'un rouge jaune, parées chacune de huit points noirs : trois près de la base (un, juxta-scutellaire, en forme de trait oblique : un, sur le calus : un, intermédiaire, plus postérieur) : trois en rangée transversale aux trois septièmes : deux, en rangée tranversale un peu après les deux tiers. Pieds et côtés du ventre d'un rouge jaune.

Coccinella stictica (CHEVROLAT). — *Adalia stictica*, MULS., Spec. p. 50. 3.

Long. 0m,0051 (2 l. 1/4). — Larg. 0m,0039 (1 l. 3/4).

Patrie : Trébisonde (Chevrolat).

5. **Adalia bothnica**; PAYKULL.

Ovale; convexe; flave en dessus. Prothorax marqué d'une sorte d'M noire, dont les branches internes, convergentes après leur réunion, se prolongent jusqu'à la base. Elytres flaves, parées d'une bordure suturale dilatée au cinquième et aux trois quarts, et chacune de six taches ayant de la tendance à s'unir, noires. Sternum et épimères, noirs ou bruns. Pieds d'un testacé fauve.

Coccinella bothnica, PAYKULL. — *Adalia bothnica*. MULS., Hist. nat. des Coléopt. de Fr. (Sécuripalpes). p. 48. 2. — Id. Spec. p. 50. 2.

Long. 0m,0042 (1 l. 7/8). — Larg. 0m,0027 (1 l. 1/4).

Patrie : le nord de la France, l'Allemagne, le nord de l'Europe.

Obs. Parfois les élytres sont flaves ou d'un flave cendré, sans taches ; d'autres fois elles sont parées d'une ligne suturale et de quatre ou cinq taches brunes ou brunâtres ; dans les variations par excès, ces taches s'unissent entre elles, ou même les élytres semblent noires, ornées chacune de six taches flaves.

6. **Adalia testudinea** ; Wollaston.

Ovale. Prothorax et élytres d'un jaune flave : le prothorax, paré d'une bordure couvrant les deux tiers de la base, liée à deux taches antérieures situées de chaque côté de la ligne médiane et souvent à un point juxta-marginal, noirs : les élytres, ornées d'une bordure suturale, et chacune d'une bande longitudinale dilatée sur le calus, aux deux cinquièmes et aux cinq septièmes, et courbée dans ce point vers la suture, et de trois taches : deux en rangée transversale aux deux cinquièmes et une aux cinq septièmes, noires.

Coccinella testudinea (Heinecken). Wollaston. *Insecta maderens*. p. 463, 455.

Long. 0^m,0036 (2 l. 1/2). — Larg. 0^m,0033 (1 l. 1/2).

Corps ovale, luisant et comme vernissé en dessus. *Tête* d'un jaune flave, parée postérieurement d'un bandeau noir. *Epistome* et *labre* noirs. *Palpes* et *Antennes* d'un jaune flave : les dernières à extrémité noire ou noirâtre. *Prothorax* d'un jaune flave, paré d'une bordure basilaire noire, couvrant les deux tiers médiaires de la base : cette bordure ordinairement liée, à chacune de ses extrémités, à un point noir plus antérieur, et à deux taches situées de chaque côté de la ligne médiane, carrées depuis le huitième antérieur jusqu'aux trois cinquièmes, obliquement dirigées en dehors, à partir de ce point jusqu'à la bande basilaire : celle-ci marquée d'une petite tache flave antéscutellaire, peut-être parfois nulle. *Ecusson* noir. *Elytres* subarrondies postérieurement; médiocrement convexes ; d'un jaune flave ; parées d'une bordure suturale, et chacune d'une bande longitudinale et de trois taches subponctiformes, noires : la bordure suturale, plus large que l'écusson, un peu dilatée à son extrémité en forme de losange : la bande, naissant de la base, passant sur le calus, longitudinalement prolongée sur le disque jusqu'aux cinq septièmes ou un peu moins, puis courbée vers la bordure suturale à laquelle elle se lie, au moins aussi large que celle-ci, dilatée sur le calus, aux deux cinquièmes et aux trois septièmes : les 1re et 2me taches, disposées en rangée transversale, aux deux cinquièmes de leur longueur : la 1re ou interne, liée à la suture et au deuxième renflement de la bande : la 2e ou externe, irrégulière, plus longue que large, liée au bord externe : la 3e, subtriangulaire, liée au bord externe, vis-à-vis le troisième renflement de la bande : ces bandes et taches, constituant sur chaque étui cinq aréoles d'un jaune flave, dont les deux premières juxta-suturales seules sont à peu près complètement closes. *Repli* et *Pieds* d'un jaune ou roux flave. *Dessous du corps*, noir : épimères du médipectus, blanches.

Patrie : Madère (Deyrolle).

Obs. Quelquefois la bordure basilaire du prothorax peut être isolée de chacune des taches juxta-marginales.

Les taches des élytres, suivant leur développement, doivent aussi se montrer plus sensiblement liées à la bordure suturale, à la bande ou au bord marginal dont elles sont voisines, ou en rester isolées.

7. **Adalia hyperborea**; Paykull.

Ovale. Prothorax flave, paré d'une M et latéralement d'un point, noirs, ou noir avec les côtés bordés de flave. Elytres d'un rouge fauve, bordées de flave, ornées chacune de deux rangées de points noirs : ordinairement trois presque à la moitié, et deux un peu après les deux tiers de la longueur : ces rangées souvent transformées en bandes noires bordées de flave.

Coccinella hyperborea. Paykull. — *Adalia hyperborea.* Muls. Speciès. p. 53, 5.

Long. 0m,0036 à 0m,0048 (1 l. 2/3 à 2 l. 1/8). — Larg. 0m,0022 à 0m,0033 (1 l. à 1 l. 1/2).

Patrie : la Laponie, la Daourie, la Californie septentrionale.

Obs. Les deux rangées de points sont parfois incomplètes ; d'autres fois quelques points de la rangée antérieure sont liés ensemble.

8. **Adalia Revelierii** ; Mulsant.

Ovale. Prothorax tantôt flave, avec une M et un point de chaque côté, noirs ; tantôt noir, avec une bordure étroite sur les côtés et sur le quart médiaire de la base, flave. Elytres d'un flave roussâtre de rougeâtre ; ornées chacune d'un trait près de l'écusson, et de sept taches unies en parties ou en totalité, disposées sur trois rangées transverses : deux pour la première (l'une, sur le calus, un peu plus grosse et un peu plus postérieure, entre celle-ci et le trait) : trois pour la deuxième rangée : l'intermédiaire, la plus grosse, unie à l'interne, parfois à celle du calus, et quelquefois à l'externe : deux pour la rangée postérieure, ordinairement isolées. Dessous du corps et pieds, noirs.

Etat normal. *Prothorax* flave ; paré d'une M et de chaque côté d'un point, noir : l'M, liée à la base, vers chacun du cinquième externe de la largeur, non avancée jusqu'au bord antérieur : le point, situé près du milieu des côtés. *Elytres* d'un flave roussâtre ou rougeâtre ; ornées chacune d'un trait de chaque côté de l'écusson et de sept taches noires, disposées sur trois rangées ou bandes : la 1re, ou plus interne de la première rangée, orbiculaire, presque liée par sa partie antéro-interne à l'extrémité du trait juxta-scutellaire, et par sa partie antéro-externe à la seconde tache, située sur le calus, ponctiforme : le trait et les deux taches précitées constituent une bande arquée en arrière : les 3e, 4e et 5e taches, formant une bande ou rangée transversale, vers la moitié de la longueur : la 3e ou juxta-scutellaire, non liée à la suture, ovalaire, irrégulière, liée à la 2e : celle-ci, la plus grosse de toutes, ovalaire, anguleuse en devant, étendue jusqu'aux cinq septièmes de la longueur : la 5e, ponctiforme ou presque carrée, liée au bord externe, isolée de la 4e : les 5e et 7e constituant une rangée transversale, vers les trois quarts ou un peu plus de la longueur : la 6e, isolée de la suture, en carré plus large que long, étendue au moins jusqu'à la moitié de la largeur : la 7e en triangle tronqué, voisin du bord externe, ordinairement isolée de la 6e.

Obs. Quand la matière colorante a été plus abondante, la ligne médiane flave qui séparait les deux branches internes de l'M jusqu'à la moitié de la longueur, devient plus étroite, la bande transverse flave échancrée en devant qui existait entre les branches externes de l'M vers la base du prothorax, se réduit à une proportion plus restreinte : les points latéraux se lient chacun à la branche latérale de l'M. Avec un plus grand développement de la matière noire, le prothorax finit par se montrer noir, paré d'une étroite bordure latérale et d'un trait transverse sur la partie médiane de la base, flave.

Les élytres se modifient aussi pour le dessin. La 1re tache se lie au trait juxtasutural; la 4e tache se lie à celle du calus; quelquefois même, les trois taches de la seconde rangée constituent une bande étendue jusqu'au rebord externe, et unie par la 4e tache à la 2e ou celle du calus, et par la 3e tache à la 1re : les deux dernières taches s'unissent aussi, mais d'une manière moins intime que celle de la 2e rangée.

Long. 0m,0045 (2 l.). — Larg. 0m,0033 (1 l. 1/2).

Corps ovale; médiocrement convexe; luisant. *Tête* flave, parée sur sa ligne médiane d'une bande noire, marquée d'un point flave et triangulairement dilatée en avant, dans l'état normal; noire, ornée de chaque côté d'un point flave quelquefois presque nul, dans les variétés par défaut. *Antennes* d'un jaune testacé à la base, noires ensuite. *Prothorax*, bissubsinué à la base. coloré et peint comme il a été dit. *Ecusson* petit, noir. *Elytres* subarrondies aux épaules, offrant un peu après le milieu leur plus grande largeur, en ogive postérieurement; colorées et peintes comme il a été dit. *Replis* du prothorax et des élytres, flaves. *Dessous du corps* noir : côtés du ventre roussâtres. *Pieds* noirs.

Patrie : la Corse, découverte par M. Revelière, à qui je l'ai dédiée.

9. **Adalia fasciato-punctata**; FALDERMANN.

Ovale. Prothorax noir, paré sur les côtés d'une bordure plus ou moins large et souvent d'une ligne médiane raccourcie, d'un blanc flave. Elytres d'un rouge jaune, ornées chacune d'une tache sur le calus, ordinairement liée à une scutellaire, et de cinq à six points, noirs : trois, en rangée transversale aux deux cinquièmes : deux, aux deux tiers : ces rangées souvent transformées en bandes : le sixième, apical, souvent nul. Epimères noires.

Coccinella fasciato-punctata. FALDERM. — *Adalia fasciato-punctata.* MULS. Spec. p. 51. 4.

Long. 0m,0056 (2 l. 1/2). — Larg. 0m,0033 (1 l. 1/2).

Patrie : diverses parties de la Sibérie et de la Daourie.

Obs. Les taches ponctiformes des élytres se lient quelquefois entre elles d'une manière variable.

Le prothorax offre parfois une tache flave sur le milieu de la base.

10. **Adalia ophthalmica**; MULSANT.

Ovale ; médiocrement convexe. Prothorax noir, étroitement paré en devant et largement sur les côtés d'une bordure d'un blanc flave : les latérales marquées chacune dans leur milieu d'une tache arrondie, noire. Elytres d'un jaune rouge, ornées chacune de deux points noirs : l'un, moins petit sur le disque, vers les deux cinquièmes : l'autre, à peine plus antérieur, entre celui-ci et la suture.

Adalia ophthalmica. MULS., Spec. p. 56.

Long. 0m,0045 (2 l.). — Larg. 0m,0033 (1 l. 1/2).

Patrie : l'Amérique du Nord (Muséum britannique).

11. **Adalia Hopii**; MULSANT.

Ovale ; médiocrement convexe. Prothorax noir, bordé de blanc en devant sur les côtés : la bordure antérieure étroite : les latérales rétrécies vers les deux tiers par une dilatation anguleuse de la partie noire. Elytres d'un rouge fauve, ornées chacune de deux taches noires, subponctiformes, obliques : l'une, plus petite aux deux cinquièmes, près de la suture : l'autre, sur le disque, vers le milieu. Epimères noires.

Coccinella tetraspilota. HOPE. — *Adalia Hopii*. MULS. Spec. p. 57. 7.

Long. 0m,0045 à 0m,0050 (2 l. à 2 l. 1/4). — Larg. 0m,0036 à 0m,0039 (2 l. 2/3 à 2 l. 3/4).

Patrie : le Népaul (Hope).

12. **Adalia bipunctata** ; LINNÉ.

Ovale ; médiocrement convexe. Prothorax noir, bordé plus ou moins largement de blanc ; parfois paré en outre d'une double tache au milieu de la base. Elytres, soit rouges, avec un point discal ou des dessins, noirs ; soit noires, avec des taches rouges et le rebord rougeâtre. Epimères noires.

Coccinella bipunctata. LINNÉ. — *Adalia bipunctata*. MULS., Hist. nat. d. Coléopt. (Sécuripalpes). p. 51. 3. — Id. MULS., Spec. p. 58. 8.

Long. 0m,0050 à 0m,0056 (2 l. 1/4 à 2 l. 1/2). — Larg. 0m,0036 à 0m,0041 (1 l. 2/3 à 1 l. 7/8).

Patrie : l'Europe, l'Amérique du Nord.

Obs. C'est une des espèces dont les élytres offrent les variations les plus diverses. Dans l'état normal, les étuis sont rouges avec une tache ponctiforme noire sur leur disque ; dans leurs variations par excès, elles sont parfois noires avec diverses espaces ou taches rouges, ou même noires, seulement avec une tache humérale rouge.

13. **Adalia rufo-cincta** ; MULSANT.

Brièvement ovale. Dessus du corps noir, luisant. Prothorax paré en devant, et moins étroitement sur les côtés, d'une bordure testacée. Elytres ornées latéralement d'une bordure d'un jaune roux ou d'un testacé flave occupant plus de la moitié de la largeur à la base, le tiers vers le quart, et peu sensiblement rétrécie ensuite jusqu'à l'angle sutural. Dessous du corps et épimères, noirs.

Adalia rufo-cincta. MULS., Spec. p. 591. 9.

Long. 0m,0033 (1 l. 1/2). — Larg. 0m,0022 (1 l.)

Patrie : les régions élevées des Alpes et des Apennins.

14. **Adalia inquinata**; MULSANT.

Ovale; subacuminée postérieurement. Elytres d'un rouge fauve ou d'un fauve jaune, ornées d'une tache scutellaire dilatée, et chacune de cinq points, noirs : le premier, sur le calus; le deuxième, rond et détaché du bord externe : le troisième, un peu oblique, après le milieu, triangulairement disposé avec les deux postérieurs. Epimères blanches.

Coccinella inquinata (CHEVROLAT). — *Adalia inquinata.* MULS., Hist. nat. des Coléopt. (Sécuripalpes). p. 67. 6. — Id. MULS. Spec. p. 62. 12.

Long. 0m,0056 à 0m,0061 (2 l. 1/2 à 2 l. 3/4). — Larg. 0m,0036 à 0m,0039 (1 l. 2/3 à 1 l. 3/4).

Patrie : les parties orientales de la France, la Suisse, la Styrie, la Hongrie.

15. **Adalia undecim-notata**; SCHNEIDER.

Ovale; subacuminée postérieurement. Elytres d'un rouge fauve, ornées d'une tache scutellaire dilatée, et chacune ordinairement de cinq points, noirs : le premier, sur le calus : le deuxième, réduit à une moitié sur le bord externe : le troisième, le plus gros, en ovale transversal, un peu après le milieu, triangulairement disposé avec les deux postérieurs. Epimères blanches.

Coccinella 11-*notata*. SCHNEIDER. — *Adalia* 11-*notata*. MULS. Hist. nat. d. Coléopt. (Sécuripalpes), p. 63. 5. — *Id.* Spec. p. 62. 13.

Long. 0m,0056 à 0m,0067 (2 l. 1/2 à 3 l.). — Larg. 0m,0036 à 0m,0045 (1 l. 2/3 à 2 l.)

Patrie : la France, l'Allemagne, l'Autriche, etc.

Obs. Le nombre des taches ponctiformes noires des élytres est parfois réduit à deux, trois ou quatre sur chacune. Les étuis sont parfois maculés de taches noires.

16. **Adalia maritima**; MÉNÉTRIÉS.

Ovale; subacuminée postérieurement. Elytres d'un rouge roux ou d'un jaune fauve; parées d'une bordure suturale et de trois bandes transversales liées à celle-ci, noires : la première, prolongée du cinquième de la suture au tiers du bord externe, très-inégale, denticulée, paraissant composée de taches parfois incomplètement unies (celle couvrant le calus la plus longue : les externes, brusquement les plus courtes en devant) : la deuxième, vers les quatre cinquièmes de leur longueur : la troisième, vers les cinq sixièmes, subarrondie, égale à la moitié de la largeur.

Coccinella maritima. MÉNÉTRIÉS. — *Adalia maritima.* MULS., Spec. p. 1014

Long. 0m,0061 (2 l. 3/4). — Larg. 0m,0045 (2 l.).

Patrie : l'île Sara (Muséum de Saint-Pétersbourg).

17. **Adalia luteo-picta**; MULSANT.

Ovale; vernissée. Prothorax noir, marqué aux angles de devant d'une tache presque carrée, flave. Elytres noires, ornées d'une bordure suturale, de la moitié aux quatre cinquièmes, d'une bordure marginale couvrant une gouttière graduellement rétrécie, et chacune de sept taches d'un jaune flave; les 1re et 2e basilaires, unies; l'externe, liée à la bordure, rectangulaire à l'angle postéro-interne : la 3e transverse, au tiers, voisine de la suture; la 4e, vers la moitié, liée à la bordure : la 5e, sur le disque, aux trois cinquièmes : la 6e, aux quatre cinquièmes, voisine de la bordure : la 7e, apicale.

Long. 0m,0056 (2 l. 1/2). — Larg. 0m,0033 (1 l. 1/2).

Corps ovale, un peu plus large un peu après la moitié de la longueur des élytres; luisant et comme vernissé en dessus. *Tête* noire, avec le bord antérieur de l'épistome et deux taches ponctiformes sur le front, flaves. *Palpes maxillaires* noirs. *Antennes* flaves, avec la massue noire. *Prothorax* relevé en rebord sur les côtés, lisse, noir, luisant, paré, aux angles de devant, d'une tache flave, presque carrée. *Elytres* subarrondies aux épaules, en ogive postérieurement; munies latéralement d'un rebord graduellement rétréci et formant une étroite gouttière; d'un noir luisant; parées d'une bordure marginale, d'une bordure suturale raccourcie, et chacune de sept taches d'un jaune flave : la bordure marginale liée, à la base, à la tache juxta-scutellaire et couvrant la gouttière latérale : la bordure suturale étroite, de largeur uniforme, prolongée de la moitié aux quatre cinquièmes de la suture : la sixième tache, joignant l'écusson, en demi-cercle, liée à la base et à la seconde tache : celle-ci, humérale, en ligne droite à son côté interne formant les limites externes du calus, tronquée postérieurement et coupée à angle à peu près droit à son angle postéro-interne, se confondant avec la bordure extérieurement : la troisième tache, la plus grosse, transverse, presque liée à la suture, étendue jusqu'à la moitié de la largeur, vers le tiers de la longueur : la quatrième, carrée, liée à la bordure marginale vers la moitié de la longueur : la huitième, aux trois cinquièmes, sur le disque : la sixième, aux quatre cinquièmes, liée ou presque liée à la bordure marginale : la septième, à l'angle sutural. *Repli* flave. *Dessous du corps* et *Pieds*, noirs : épimères des médi et postpectus, blanches.

Patrie : Les régions boréales des Indes-Orientales (Deyrolle).

18. **Adalia flavo-maculata** ; de Geer.

Ovale. Prothorax noir, orné de deux points sur le dos, et paré en devant, et sur la moitié antérieure des côtés, d'une bordure flave. Elytres flaves, avec le rebord externe, la suture, et sur chacune deux bandes attenant à celle-ci (l'antérieure subbasilaire, onduleuse : l'autre submédiaire, plus courte), et trois taches rapprochées du bord externe, noirs : les deux taches antérieures subponctiformes, avant et après la seconde bande : la postérieure oblongue, réniforme.

Coccinella flavo-maculata. de Geer. — *Adalia flavo-maculata*. Muls., Spec. p. 60. 14. — Reiche, Voy. en Abyssinie, de Ferret et Galinier, p. 410. 1. pl. 26. fig. 3.

Long. 0m,0056 (2 l. 1/2). — Larg. 0m,0041 (1 l. 7/8).

Patrie : Le cap de Bonne-Espérance, l'Abyssinie, les Indes-Orientales, l'Australie.

Obs. Quelquefois la dent de la bande antérieure s'avance jusqu'à la base, en enclosant une tache flave, arrondie, juxta-scutellaire ; la première tache, subponctiforme, s'unit parfois à la seconde bande.

19. **Adalia signifera** ; Reiche.

Prothorax noir, paré d'une bordure antérieure liée de chaque côté à une tache latérale, et de deux taches discales, subponctiformes, flaves. Elytres flaves, ornées d'une bordure suturale, d'une externe, et d'un réseau, noirs : celui-ci, divisant la surface de chacune en sept aréoles.

Micraspis signifera. Reiche. — *Adalia signifera*. Muls., Spec. p. 1012.

Long. 0m,0052 (2 l. 1/3). — Larg. 0m,0039 (1 l. 3/4).

Patrie : l'Abyssinie.

20. **Adalia alpina**; Villa.

D'un noir luisant, en dessus. Prothorax paré aux angles de devant d'une bordure flave étendue sur une partie des bords voisins. Elytres ornées d'une tache bissinueuse et d'une bande postérieure orangées : celle-ci, parfois réduite à une tache. Dessous du corps, cuisses et jambes, noirs.

Coccinella alpina. Villa. — *Idalia alpina.* Muls., Hist. nat. I(Sécuripalpes), p. 61. 4. — *Adalia alpina.* Spec. p. 60. 10.

Long. $0^m,0033$ à $0^m,0045$ (1 l. 1/2 à 2 l.). — Larg. $0^m,0028$ à $0^m,0036$ (1 l. 1/4 à 1 l. 1/2).

Patrie : les Alpes.

Obs. La tache humérale est parfois moins sinueuse et moins développée, et la bande, divisée en deux taches, est réduite à une seule.

21. **Adalia Gemmingeri.**

Brièvement ovale. Prothorax noir, étroitement bordé de blanc flave, en devant, sur les côtés et sur ceux de sa base. Élytres d'un flave jaune, ornées d'une bordure suturale noire, étendue en devant jusqu'au calus, obtriangulairement rétrécie jusqu'à la moitié de leur largeur, puis étroitement obtriangulaire, et enfin dilatée en une bande transversale subapicale; ornées chacune d'une tache semi-circulaire blanche, voisine de l'écusson, et de deux taches ponctiformes, noires : l'une sur le disque : l'autre, un peu plus postérieure, près du bord interne.

État normal. *Prothorax* noir; paré en devant et sur les côtés d'une étroite bordure flave : la bordure latérale prolongée sur les huitième ou sixième externe de chacun des côtés de la base. *Elytres* d'un fauve jaune, ornées d'une bordure suturale noire, et chacune d'une tache blanche et de deux points noirs : la bordure suturale, irrégulière, étendue en devant jusqu'au calus, en enclosant, près de l'écusson, la tache basilaire et presque semi-orbiculaire ou en triangle transverse, blanche : cette bordure constituant ensuite une tache obtriangulaire à peine étendue jusqu'au cinquième interne des étuis, puis fermant presque entièrement, près de l'angle apical, une tache semi-orbiculaire de couleur foncière : la première tache ponctiforme noire, située sur le disque, égale environ au cinquième de la largeur : la 2e tache noire, plus petite, un peu plus postérieure, voisine du bord interne.

Long. 0m,0045 (2 l.). — Larg. 0m,0033 (1 l. 1/2).

Corps brièvement ovale; convexe, lisse et luisant, en dessus. *Tête* noire; parée de deux points blancs. *Antennes*, *Partie antérieure du labre* et *Palpes*, testacés. *Prothorax* arqué en arrière, subarrondi aux angles postérieurs; convexe; à peine pointillé; lisse, luisant; coloré et peint comme il a été dit. *Ecusson* petit; triangulaire; noir. *Elytres* en ogive dans la dernière moitié; convexes : à calus huméral peu saillant; lisses; luisantes; colorées et peintes comme il a été dit. *Repli* un peu incliné. *Dessous du corps* et *Pieds* entièrement noirs.

Patrie : ? (Collection de M. le Dr Gemminger, de Munich, à qui je l'ai dédiée.)

22. **Adalia deficiens**; Mulsant.

Brièvement ovale. Prothorax noir, bordé de jaune pâle en devant et sur les côtés. Elytres d'un rouge jaune, souvent ornées de trois sortes de bandes noires : les deux premières, raccourcies extérieurement, formant sur la suture une tache obtriangulaire commune : la postérieure, linéaire, subapicale, non liée à la suture : l'antérieure, enclosant de chaque côté de l'écusson une tache en ovale transversal d'un jaune pâle : cette bande parfois réduite à une tache suturale cordiforme : les deux autres souvent nulles ou incomplètes. Mésosternum flave.

Adalia deficiens. MULS., Spec. p. 62. 14.

Long. 0m,0045 à 0m,0057 2 l. à 2 l. 1/2). — Larg. 0m,0036 à 0m,0045 (1 l. 2/3 à 2 l.)

Patrie : le Chili, Montevideo, Guatemala (Chevrolat, Deyrolle, etc.).

Obs. Parfois la bande antérieure est raccourcie : la bande intermédiaire nulle ou réduite à deux taches : la bande apicale, nulle.

23. **Adalia angulifera**; MULSANT.

Brièvement ovale. Prothorax noir, paré en devant et sur les côtés d'une bordure et de deux traits obliques sur le disque, d'un jaune pâle. Elytres jaunes, ornées chacune de trois sortes de bandes noires, laissant la suture de couleur foncière : la bande antérieure formée de deux taches : l'une juxta-suturale, obtriangulaire : l'autre subponctiforme sur le calus : ces taches enclosant un espace juxta-scutellaire flave en ovale transversal : la 2e, composée de trois taches : l'interne, obtriangulaire, juxta-suturale : l'intermédiaire, anguliforme, ayant son côté externe parfois prolongé jusqu'à la bande postérieure : l'externe, petite : la 3e bande arquée, subapicale.

Coccinella angulifera (Chevrolat). — *Adalia angulifera*, MULS., Spec. p. 65. 15.

Long. 0m,0033 (1 l. 1/2). — Larg. 0m,0027 (1 l. 1/2).

Patrie : le Chili, l'île de Juan Fernandez (Chevrolat, Deyrolle, etc.).

Obs. Parfois le côté externe de la tache intermédiaire ou angulaire de la 2e bande est prolongé jusqu'à la bande postérieure; ou même la partie saillante de la tache angulaire se lie à la tache du calus.

23. **Adalia gratiosa**; MULSANT.

Brièvement ovale. Prothorax noir, paré aux angles de devant d'une tache flave, presque quadrangulaire. Elytres noires, ornées chacune de cinq grosses taches jaunes : deux, près de la suture : la 1re, tronquée en devant : la 2e, arrondie : trois, liées au bord externe.

Long. 0m,0039 (1 l. 3/4). — Larg. 0m,0029 (1 l. 2/3).

Corps brièvement ovale; convexe; luisant. *Tête* noire. *Antennes* flaves, à extrémité noire. *Prothorax* très-émoussé ou subarrondi aux angles postérieurs, arqué en arrière et sans sinuosités, à la base; noir; marqué aux angles de devant d'une tache d'un jaune flave, couvrant au moins les deux tiers des côtés, étendue, en se rétrécissant jusqu'au niveau du bord interne des yeux. *Ecusson* noir. *Elytres* munies sur les côtés d'un rebord assez étroit subaplani; en ogive postérieurement; convexes; noires, ornées de cinq grosses taches jaunes, savoir: deux situées le long de la suture : la 1re tronquée en devant, située sur les côtés de l'écusson, et aboutissant à la base : la 2e arrondie, de la moitié aux deux tiers environ de la longueur : trois liées, au bord externe : la 1re, presque carrée, à l'épaule : les deux autres, arrondies à leur côté interne, au moins aussi larges que longues, séparées par des espaces noirs une fois moins larges qu'elles : la dernière, voisine de l'angle sutural. *Repli* flave, marqué d'une tache noire. *Dessous du corps* noir; avec le dernier arceau et le bord des deux précédents, fauves. *Cuisses* noirs. *Genoux*, *tibias* et *tarses* d'un jaune roussâtre.

Patrie : les environs de Caracas (Sallé).

Genre *Nesis*, Nésis; Mulsant.

Caractères. *Corps* assez brièvement ovale. *Prothorax* échancré en devant, peu ou point émoussé aux angles postérieurs; élargi d'avant en arrière et peu sensiblement rebordé sur les côtés; en arc dirigé en arrière à sa base. *Elytres* d'un tiers plus larges en devant que le prothorax ; peu ou point émoussées à l'angle huméral; à repli très-incliné, presque creusé d'une fossette, pour recevoir les genoux des pieds postérieurs. *Mésosternum* creusé d'une fossette pour recevoir l'extrémité postérieure du prosternum. *Ongles* munis à la base de chacun de leurs crochets d'une dent parfois peu prononcée.

1. **Nesis sycophanta**; Mulsant.

Ovale. Prothorax d'un noir verdâtre, paré aux angles de devant d'une tache d'un jaune pâle, irrégulièrement quadrangulaire, étendue jusqu'à la moitié des bords latéraux. Elytres d'un violet métallique changeant en vert. Antépectus et pieds de devant d'un noir verdâtre : autres parties du dessous du corps d'un jaune rouge.

Nesis sycophanta, Muls., Spec. p. 68. 1.

Long. 0m,0028 (2 l. 1/8). — Larg. 0m,0039 (1 l. 3/4).

Patrie ? (collect. Dupont).

Genre *Bulæa*, Bulée ; Mulsant.

Caractères. *Prothorax* à angles postérieurs non dirigés en arrière en forme de dent ; à angles de devant inclinés et, par là, à peine plus avancés que la partie médiaire de l'échancrure, quand l'insecte est vu perpendiculairement en dessus ; subarcuément élargi d'avant en arrière et étroitement relevé en rebord sur les côtés ; en arc dirigé en arrière à la base. *Elytres* d'un cinquième plus larges aux épaules que le prothorax ; émoussées aux angles huméraux ; faiblement relevées en devant sur les côtés, en formant une gouttière rudimentaire peu distincte après la moitié de leur longueur. *Mésosternum* entier ou presque entier. *Plaques abdominales* parfois un peu irrégulières ou presque liées au bord postérieur de l'arceau. *Ongles* simples, sans dent à la base. *Corps* brièvement ovale.

1. **Bulæa novemdecim-notata**; Gebler.

Prothorax flave, marqué de sept taches ponctiformes noires (une anté-scutellaire, quatre en rangée sémi-circulaire au devant de celle-ci, deux latérales). Elytres roses ou d'un rose flave; à rebord sutural noir; ornées d'un point juxta-scutellaire et chacune de neuf autres, noirs : un sur le calus et quatre autres voisins du bord externe : trois près de la suture : un entre les troisième externe et deuxième interne. Poitrine et ventre en grande partie noirs.

Coccinella 19-*notata* (Stéven), Gebler. — *Bulæa* 19-*notata*, Muls., Spec. p. 69. 1.

Long. $0^{m},0045$ à $0^{m},0051$ (2 l. à 2 l. 1/4). — Larg. $0^{m},0033$ à $0^{m},0036$ (1 l. 1/2 à 1 l. 2/3).

Patrie : parties méridionales de la Sibérie et de la Russie, la Turquie, la Perse, l'Egypte, etc. (Dejean, Deyrolle, etc.).

2. **Bulæa Bocandei**; Mulsant.

D'un fauve flave livide ou d'un flave rouge livide en dessus. Prothorax marqué de sept taches subponctiformes noires (une anté-scutellaire, quatre en rangée sémi-circulaire au devant de celle-ci, deux latérales). Elytres à rebord sutural noir; ornées d'une tache juxta-scutellaire et chacune de neuf gros points, noirs : un sur le calus, trois autres le long du bord externe, trois le long de la suture, un subapical, un entre les troisième externe et deuxième interne. Dessous du corps d'un flave rougeâtre. Ventre à deux rangées de points noirâtres.

Coccinella Bocandei (Dejean), Muls., Spec. p. 71. 2.

Long. $0^{m},0048$ (2 l. 1/8). — Larg. $0^{m},0036$ (1 l. 2/3).

Patrie : le Sénégal (Dejean, Deyrolle).

Obs. Quelques unes des taches des étuis sont parfois liées ensemble.

3. **Bulæa pallida**; Mulsant.

Brièvement ovale et d'un blanc flave. Prothorax orné de sept points noirs (un anté-scutellaire, quatre moins petits en rangée sémi-circulaire au devant de celui-ci, un près du milieu de chaque bord latéral). Elytres à rebord sutural noir. Dessous du corps d'un blanc flave. Ventre marqué de deux rangées de points obscurs.

Coccinella pallida (Friwaldsky). — *Bulæa pallida*, Muls., Spec. p. 73. 3.

Long. 0m,0045 (2 l.). — Larg. 0m,0036 (1 l. 2/3).

Patrie : la Turquie, l'Égypte (Dejean, Deyrolle, etc.).

Obs. J'ai vu dans la collection de M. Deyrolle une Bulée ayant la plus grande analogie avec la précédente ; mais elle est d'une taille moins faible (0m,0052 — 1 l. 1/3) ; moins brièvement ovale ; d'un roux flave, au lieu d'être d'un blanc flave ; son repli se prolonge jusqu'à l'angle sutural, au lieu de paraître réduit à une tranche à partir du niveau du 4e arceau ventral. Cet exemplaire provient de Sumatra. Par son lieu d'origine et par les différences indiquées ci-dessus, elle semble devoir constituer une espèce particulière *(B. flavidula)* ; mais elle a tant d'analogie avec la *B. pallida* par les taches de la tête, par le nombre, la disposition et la grosseur de celles du prothorax et du ventre, par son rebord sutural noir, qu'on est à se demander si elle en diffère spécifiquement, ou si elle n'en est qu'une variété locale.

SECOND RAMEAU.

LES COCCINELLATES.

Caractères. *Plaques abdominales* soit en courbe irrégulière, ayant le côté externe sinueux, oblique ou oblitéré, soit en forme de V ; dans le premier cas, généralement liées ou à peu près au bord postérieur du premier arceau ventral.

A ce rameau se rapportent les genres suivants :

			Genres.
Ongles	munis d'une dent basilaire.	Mésosternum échancré, rarement entier ou à peu près ; mais alors plaques abdominales en forme de V, c'est-à-dire peu ou point arquées au côté interne, plus ou moins distantes du bord postérieur de l'arceau	*Harmonia.*
		Mésosternum entier. Plaques abdominales à côté interne arqué ; généralement liées au bord postérieur de l'arceau	*Coccinella.*
	simples		*Cisseis.*

Genre *Harmonia*, HARMONIE ; Mulsant.

CARACTÈRES. *Plaques abdominales* parfois arquées à leur côté interne, avec le côté externe sinueux, oblique ou oblitéré, et alors presque liées au bord de l'arceau ; souvent en forme de V, c'est-à-dire peu ou point arquées au côté interne, et plus ou moins distantes du bord postérieur de l'arceau. *Mésosternum* échancré, rarement entier ou à peu près, mais alors plaques abdominales en forme de V, et plus ou moins courtes. *Ongles* munis d'une dent à la base de chacun de leurs crochets.

Prothorax échancré en devant, ordinairement d'une manière peu ou médiocrement profonde ; subarcuément élargi d'avant en arrière, et assez étroitement relevé en rebord sur les côtés ; peu émoussé en général aux angles de devant qui ont la forme d'une sorte de dent, émoussé ou subarrondi aux postérieurs ; en arc assez faible, dirigé en arrière et offrant le plus souvent une bissubsinuosité plus ou moins sensible. *Elytres* d'un quart environ plus larges en devant que le prothorax ; en ovale, de forme et de longueur variable, tronqué assez faiblement en arc rentrant, en devant ; émoussées ou subarrondies aux épaules ; rebordées ou relevées en rebord assez étroit, quelquefois légèrement en gouttière vers l'angle huméral ; médiocrement convexes ; moins finement et moins superficiellement pointillées que le prothorax.

1. **Harmonia Sommeri** ; MULSANT.

Ovale. Prothorax d'un rouge flave, orné ordinairement de sept taches subponctiformes noires ou obscures : une anté-scutellaire : quatre en rangée sémi-circulaire au devant de la moitié médiaire de la base : une de chaque côté. Elytres à bordure suturale noire ; d'un jaune testacé le long de la suture et du bord externe, d'un rouge roux sur le reste de leur surface.

Coccinella Sommeri (DEJEAN). — *Harmonia Sommeri*, MULS., Spec. p. 75. 1.

Long. 0m,0033 (1 l. 1/2). — Larg. 0m,0024 (1 l. 1/10).

Patrie : le Brésil ; Mozambique (Dejean, Deyrolle, etc.).

2. Harmonia rufescens; Mulsant.

Ovale; d'un rouge jaune ou d'un roux testacé luisant, en dessus, avec les bords antérieur et latéraux du prothorax tirant davantage sur le jaune. Dessous du corps et pieds de couleur analogue. Mésosternum peu ou point sensiblement échancré.

Coccinella rufescens (Dejean), Muls., Spec. p. 76. 2.

Long. 0^m,0067 (3 l.). — Larg. 0^m,0036 (1 l. 2/3).

Patrie : le Sénégal, le Sennar (Dejean, Deyrolle, etc.).

3. Harmonia Juliæ; Mulsant.

Ovale. Prothorax et élytres d'un roux flave ou testacé : le prothorax noir sur sa partie longitudinalement médiaire : cette partie noire, aussi large en devant que le bord postérieur de l'échancrure, couvrant la moitié médiaire de la base.

Long. 0^m,0056 (2 l. 1/2). — Larg. 0^m,0033 (1 l. 1/2).

Corps ovale; pointillé. *Tête* noire, marquée d'une tache d'un roux jaune, au côté interne de chaque œil. *Palpes* et *Antennes* d'un roux flave : les dernières à extrémité obscure. *Prothorax* en arc bissubsinueux, à la base; noir sur sa partie longitudinale médiane, d'un roux flave ou testacé sur les côtés : la partie noire, étendue en devant jusqu'au niveau du bord interne des yeux, graduellement un peu élargie d'avant en arrière, couvrant la moitié médiane de la base. *Ecusson* noir. *Elytres* ovales, offrant vers la moitié de leur longueur leur plus grande largeur, en ogive postérieurement; entièrement d'un roux testacé. *Repli* de cette dernière couleur. *Dessous du corps* noir, avec les côtés de l'antépectus d'un roux flave, sur une largeur analogue au repli thoracique. *Pieds* noirs, avec les genoux, une partie de la tranche interne des tibias et quelques parties des tarses, d'un roux flave.

Patrie : les Indes-Orientales (Deyrolle).

Je l'ai dédiée à Mme Julie Laforest.

4. **Harmonia Feliciæ**; Mulsant.

Ovale. Prothorax d'un roux testacé en devant et sur les côtés, noir sur le reste : la partie noire, couvrant les trois quarts médiaires de la base, arrondie et faiblement entaillée en devant, dilatée sur les côtés. Elytres d'un roux testacé, ornées d'une bordure suturale noire, prolongée jusqu'au quart de leur longueur, et chacune d'un point noir ou obscur sur les côtés.

Long. 0m,0051 (2 l. 1/4). — Larg. 0m,0033 (1 l. 1/2).

Corps ovale; pointillé. *Tête* d'un roux testacé, ornée d'une tache noire au milieu de l'épistome. *Palpes* et *Antennes* d'un roux testacé : celles-ci obscures à l'extrémité. *Prothorax* arqué en arrière et à peine bissubsinueux, à la base; d'un roux testacé en devant et sur les côtés, noir sur le reste : la partie noire, couvrant les trois quarts médiaires de la base, dilatées vers les deux tiers de sa longueur, comme si elle était unie à une tache ponctiforme, subarrondie en devant, avancée jusque près du bord antérieur, et faiblement entaillée sur la ligne médiane. *Ecusson* noir. *Elytres* ovales; offrant vers la moitié de leur longueur leur plus grande largeur, en ogive postérieurement; d'un roux testacé; ornées d'une bordure suturale noire, de la largeur de l'écusson, prolongée seulement jusqu'au quart de leur longueur, et chacune d'un point sur le calus, noir ou obscur. *Repli* d'un roux testacé. *Dessous du corps* noir sur la poitrine, avec les côtés de l'antépectus d'un roux testacé, et les épimères des médi et postpectus, blanches. *Ventre* d'un roux testacé sur les côtés, avec la moitié longitudinale médiaire, noire. *Pieds :* cuisses noires, avec l'extrémité, la majeure partie des tibias et des tarses, d'un roux testacé.

Patrie : les Indes-Orientales (Deyrolle).

Je l'ai dédiée à Mme Félicie Gacogne, dont l'époux, professeur distingué, s'est occupé d'entomologie avec un zèle longtemps soutenu.

5. **Harmonia signatella**; Mulsant.

Ovale. Tête et prothorax d'un blanc flavescent : la première, parée sur le vertex d'un bandeau noir bifestonné : le second, marqué de sept points noirs disposés sur deux rangées transverses : 4, 3. Elytres d'un roux pâle ou flavescent. Repli et pieds de la couleur des élytres. Dessous du corps noir : Epimères des médi et postpectus, noires.

Long. 0^{m},0051 (2 l. 1/4). — Larg. 0^{m},0036 (1 l. 2/3).

Corps ovale. *Tête* d'un blanc flavescent, parée sur le vertex de deux points noirs, liés et constituant un bandeau bifestonné en devant et en partie voilé par le bord antérieur du prothorax. *Antennes* et *Palpes* d'un roux flave. *Prothorax* d'un blanc flavescent, orné de sept taches ponctiformes noires, disposées sur deux rangées transverses : quatre, sur la première : trois sur la seconde : l'intermédiaire de celle-ci liée à l'écusson. *Ecusson* noir. *Elytres* ovalaires, en ogive postérieurement, d'un roux pâle ou flavescent, sans taches. *Repli* et *pieds* de même couleur. *Poitrine* et *ventre* noirs : épimères des médi et postpectus, blanches.

Patrie : le régions boréales des Indes-Orientales (Deyrolle).

6. **Harmonia crocea**; Mulsant.

Brièvement ovale. Dessous du corps d'un roux flave. Tête postérieurement parée d'un bandeau noir, parfois peu apparent. Prothorax marqué de sept taches ponctiformes nébuleuses : une anté-scutellaire : quatre en demi-cercle, au devant de celle-ci : une vers le milieu de chaque bord externe. Dessous du corps et pieds d'un roux flave : côtés du postpectus bruns.

Long. 0^m,0045 (2 l.). — Larg. 0^m,0033 (1 l. 1/2).

Corps brièvement ovale; convexe; luisant; superficiellement pointillé; d'un roux flave, en dessus. *Tête* ornée sur sa partie postérieure d'une bande transversale noire. *Antennes* et *palpes* d'un roux flave. *Prothorax* d'un roux flave; orné de sept taches ponctiformes nébuleuses : une anté-scutellaire : quatre disposées en demi-cercle autour de celle-ci : une, rapprochée du milieu de chaque bord externe. *Dessous du corps* d'un roux flave : côtés du postpectus, y compris les postépisternums, mais non les épimères postérieures, bruns. *Pieds* d'un roux flave : hanches postérieures brunes.

Patrie : Manille (Deyrolle).

Obs. J'en ai vu dans la même collection un exemplaire provenant de Luzon, n'ayant point de bandeau noir apparent sur la partie postérieure de la tête ; mais cet exemplaire qui semblerait devoir constituer une espèce particulière (*H. tabida*) n'est vraisemblablement qu'une variété de l'*H. crocea*.

7. **Harmonia arcuata**; Fabricius.

Ovale. Prothorax et élytres d'un rouge jaune, parfois sans taches : le premier, ordinairement paré sur sa partie médiaire d'une grosse tache noire ou réduite à quatre traits rayonnants en demi-cercle : les secondes, ornées de deux points au-dessous de la base, de deux bandes transversales noueuses, d'une tache apicale et d'une bordure suturale, noirs : les bandes, parfois réduites à des taches ponctiformes, ou même variablement ou entièrement nulles, ainsi que les autres signes. Epimères, jambes et tarses d'un rouge jaune.

Coccinella arcuata, Fabric. — *Harmonia arcuata*, Muls., Spec. p. 77. 3.

Long. 0m,0056 à 0m,0073 (2 l. 1/2 à 3 l. 1/3). — Larg. 0m,0045 à 0m,0056 (2 l. à 2 l. 1/2).

Patrie : les Indes-Orientales, Java, Manille, les Philippines, la Chine, etc. (Muséum de Copenhague, Dejean, Deyrolle, etc.).

Obs. Peu de Coccinellides varient autant pour le dessin de la robe. Les élytres sont parfois sans taches; souvent les bandes sont seulement représentées par des points; quelquefois la bande postérieure existe; d'autres fois les bandes antérieures sont indiquées par des points isolés ou en partie liés.

8. **Harmonia viridipennis**; Mulsant.

Ovale-oblongue; médiocrement convexe. Prothorax noir sur sa moitié longitudinalement médiane, d'un flave roux sur les côtés. Elytres d'un vert bleuâtre, ornées d'une petite tache d'un roux flave, près du bord externe, vers les cinq sixièmes de leur longueur. Dessous du corps et pieds d'un roux testacé.

Long. 0m,0067 (3 l.). — Larg. 0m,0042 (1 l. 7/8).

Corps ovale-oblong; médiocrement convexe; un peu luisant en dessus. *Tête* d'un vert bleuâtre : labre d'un flave roux. *Palpes* et *Antennes* d'un flave roux. *Prothorax* pointillé, noir sur sa partie longitudinale médiane, d'un flave roussâtre sur les côtés : la partie noire couvrant en devant le bord postérieur de l'échancrure, la moitié médiaire de la base, graduellement rétrécie dans son milieu : la partie flave latérale, parfois marquée d'un point noirâtre ou obscur. *Ecusson* noir. *Elytres* ovalaires, en ogive étroite postérieurement; munies latéralement d'un rebord étroit; médiocrement convexes; moins finement et plus densement ponctuées que le prothorax; d'un vert bleuâtre; ornées chacune vers les cinq sixièmes de leur longueur, près du bord externe, d'une petite tache d'un roux flave. *Repli* noir, un peu incliné. *Dessous du corps* et *pieds* d'un roux testacé : le postpectus et les deux premiers arceaux du ventre, irisés ou maculés de vert bleuâtre.

Patrie : le Mexique (Sallé). Découverte par M. Nieto.

9. **Harmonia cyanoptera**; MULSANT.

Largement ovalaire. Prothorax d'un flave carné, paré sur son milieu de deux traits noirs, liés à la base et entre eux, sur celle-ci, prolongés en devant presque jusqu'au bord antérieur. Elytres bleues ou d'un bleu verdâtre, ornées chacune d'une tache orangée, en ovale transversal, liée au bord postérieur, près de l'angle sutural. Dessous du corps et pieds orangés.

Coccinella cyanoptera (Chevrolat), MULS. Spec. p. 82. 3.

Long. 0m,0052 (2 l. 1/3). — Larg. 0m,0042 (1 l. 7/8).

Patrie : le Mexique (Chevrolat).

10. **Harmonia ampla**; MULSANT.

Largement ovalaire. Prothorax et élytres d'un flave testacé ou d'un jaune cendré : le premier, paré de chaque côté de la ligne médiane de deux bandes longitudinales noires : les secondes, ornées chacune de deux points près de la base, de trois points aux deux cinquièmes, et de deux taches aux quatre cinquièmes, noirs. Dessous du corps et pieds d'un rouge jaune.

Coccinella ampla (Chevrolat), MULS. Spec. p. 81. 4.

Long. 0m,0056 (2 l. 1/2). — Larg. 0m,0039 (1 l. 3/4).

Patrie : les environs de Mexico (Chevrolat).

11. **Harmonia venusta**; MELSHEIMER.

Largement ovalaire. Prothorax et élytres d'un rouge de chair ou parfois d'un jaune testacé : le premier, ordinairement avec quatre taches noires (deux, obliques, convergeant vers le milieu de la base : deux, plus anté-

rieures, près de la ligne médiane), tantôt noir, avec quelques taches, ou seulement les bords antérieurs et latéraux, couleur de chair. Les élytres ordinairement parées chacune de cinq taches noires : les quatre premières, disposées en carré : l'interne postérieure, en virgule renversée : la 5e, la plus grosse, arrondie, étendue jusque près de l'angle sutural par un prolongement, duquel part une bordure suturale avancée presque jusqu'à la moitié; mais parfois noires, avec une bande transverse couleur de chair, située vers la moitié de leur longueur, paraissant formée de deux taches unies, et plus ou moins raccourcie au côté interne.

Coccinella venusta, MELSH., *in* Proceed of the Acad. of. n. sc. of Philadelph. t. 3 (1848). p. 178. — *Coccinella notulata* (DEJEAN), MULS. Spec. p. 83. 6.

Long. 0m,0059 à 0m,0070 (2 l. 2/3 à 3 l. 1/8). — Larg. 0m,0045 à 0m,0051 (2 l. à 2 l. 1/4).

Patrie : la Louisiane et diverses autres parties de l'Amérique du Nord (Dejean, Deyrolle, Leconte, etc.).

Obs. Dans l'état normal, les taches noires des élytres sont toutes isolées : la 2e sur le calus : la 1re entre celle-ci et la suture : les 3e et 4e vers les trois septièmes de la longueur : la 3e des trois cinquièmes presque aux cinq sixièmes sur le disque. Mais quand la matière colorante noire a envahi les étuis, il ne reste, de la couleur foncière, qu'une bande transverse couleur de chair plus ou moins raccourcie à son côté interne.

12. **Harmonia duodecim-maculata**; GEBLER.

Ovale, médiocrement convexe. Prothorax paré de deux grosses taches noires ne laissant qu'une bordure et une ligne médiane carnées, étroites. Elytres couleur de chair, ornées de trois taches suturales (l'antérieure, subscutellaire : la postérieure, aux cinq huitièmes : la dernière, apicale), et chacune de quatre grosses taches subarrondies, noires : une sur le calus, deux transversalement aux trois huitièmes, une sur la ligne de la suturale postérieure.

Coccinella 12-maculata, GEBLER. — *Harmonia 12-maculata*, MULS. Spec. p. 86. 8.

Long. 0m,0050 à 0m,0056 (2 l. 1/4 à 2 l. 1/2. — Larg. 0m,0042 à 0m,0045 (1 l. 7/8 à 2 l.).

Patrie : la Daourie, l'Amérique-Septentrionale (Muséum de Saint-Pétersbourg, etc.).

Obs. Les élytres, ordinairement couleur de chair, sont parfois flaves. Les taches sont souvent liées ensemble : l'humérale à la suturale antérieure : les 3e et 4e, unies : la suturale postérieure, formant avec sa pareille une tache obcordiforme.

13. **Harmonia Soularyi**; MULSANT.

Ovale. Prothorax flave, marqué de deux bandes longitudinales noires, presque égales chacune au quart de sa largeur, ordinairement séparées par la ligne médiane. Elytres flaves ou d'un flave blanchâtre, ornées chacune de six points et d'une bande plus postérieure, noirs : deux points, près de la base (l'extérieur sur le calus) : quatre, en rangée transversale vers le tiers ou un peu plus de leur longueur (le voisin de la suture et le submarginal, allongés, parfois nuls ou peu marqués) : la bande transversale, située aux deux tiers ou après, paraissant formé de deux taches unies (l'interne, plus grosse).

ETAT NORMAL. *Prothorax* flave ou d'un flave blanchâtre, orné de deux bandes longitudinales noires, étendues en devant jusqu'à la sinuosité postoculaire, en laissant le bord antérieur flave : chacune de ces bandes échancrée en arc, à son côté externe, presque égale au quart de la largeur totale du prothorax, ordinairement séparées sur la ligne médiaire par une ligne étroite de couleur foncière. *Elytres* flaves ou d'un flave blanchâtre, ornées chacune de six taches ponctiformes ou allongées et d'une bande, noires : les 1re et 2e, situées près de la base : la 2e ou externe, arrondie, située sur le calus : la 1re presque en ovale ou ellipse, tronquée en devant, un peu obliquement longitudinale, située entre la 2e et la suture : les 3e, 4e, 5e et 6e en rangée transversale, vers le tiers ou un peu plus de la longueur : la 3e ou voisine de la suture, presque contiguë à celle-ci, étroite, allongée, un peu rétrécie d'arrière en avant, avancée jusqu'au sixième antérieur : les 4e et 5e, ponctiformes : la 4e aux deux septièmes internes : la 5e aux cinq septièmes ou un peu moins : la 6e oblongue, rapprochée du bord externe : la bande transversale, liée à la suture qu'elle couvre au moins depuis les deux tiers jusqu'aux six septièmes ou même plus, étendue jusque près du bord externe, dont elle reste isolée comme la 6e tache, paraissant formée de deux taches, dont l'interne une fois plus grosse que l'autre, arquée ou subarrondie en devant : cette bande échancrée en arc à son bord postérieur.

Variations.

Obs. Quand la matière noire est très-développée, les deux bandes du prothorax se confondent parfois en une seule, et la bande des élytres est plus développée.

Quand au contraire la matière noire a fait défaut, les 3e et 6e taches des élytres sont nulles ou peu marquées, et la bande est moins développée et n'atteint pas tout à fait la suture.

Corps ovale; finement ponctué; médiocrement convexe, en dessus. *Tête* flave ou d'un flave rougeâtre, marquée sur le vertex de deux points noirs, en partie voilés par le prothorax. *Antennes* et *palpes* d'un flave rougeâtre. *Prothorax* coloré et peint comme il a été dit. *Ecusson* noir. *Elytres* ovalaires, offrant après leur moitié leur plus grande largeur ; colorées et peintes comme il a été dit. *Dessous du corps* et *pieds* d'un flave rouge.

Patrie : Playa Vicente, en juin (Sallé).

J'ai dédié cette jolie espèce à mon ami M. Soulary, l'une des gloires littéraires de notre ville, l'auteur si connu des *Sonnets humouristiques* et d'une foule d'autres productions poétiques et gracieuses.

14. **Harmonia V-nigrum** ; Mulsant.

Largement ovalaire. Prothorax et élytres d'un flave testacé : le premier, orné d'un V et de quatre points noirs : les secondes, parées chacune de sept points noirs : quatre en rangée transversale, près de la base : deux aux trois septièmes de leur longueur : l'un, près du bord externe : l'autre, moins rapproché de la suture : le septième, un peu après les deux tiers, rapproché du bord externe.

ETAT NORMAL. *Prothorax* d'un flave testacé, orné sur la ligne médiane d'un Y, dont chacune des branches est dirigée vers la sinuosité post-oculaire, et rapproché de celle-ci. et le pied prolongé jusqu'à la base; orné en outre de quatre taches ou points noirs : deux presque carrés, liés chacun au quart externe de la base : deux plus petits, subarrondis, près du bord externe, vers les deux tiers de sa longueur. *Elytres* d'un flave testacé, parées chacune de sept petits points noirs : les quatre premiers en rangée transversale à peu près parallèle à la base : le 3e sur le calus : le 4e en dehors de ce dernier : les 1er et 2e entre celui du calus et la suture : les 5e et 6e, en rangée transversale, aux trois septièmes de leur longueur : le 5e, en forme de petite virgule transverse, parfois divisé en deux, un peu moins voisin de la suture que le 6e l'est du bord externe : ce 6e, presque en carré oblique, très-voisin du rebord : le 7e, presque triangulaire, situé un peu après les deux tiers de leur longueur, rapproché du bord externe.

Long. 0m,0056 (2 l. 1/2). — Larg. 0m,0045 (2 l.).

Corps largement ovale; presque lisse; luisant; peu fortement convexe. *Tête*, *antennes* et *palpes* d'un flave testacé. *Prothorax* en arc dirigé en arrière à la base; coloré et peint comme il a été dit. *Cuisses* d'un flave testacé. *Elytres* offrant vers la moitié de leur longueur leur plus grande largeur, en ogive postérieurement; colorées et peintes comme il a été dit. *Repli*, *dessous du corps* et *pieds* d'un blanc roussâtre : épimères des médi et postpectus et postépisternums, d'un blanc flave.

Patrie : Oaxaca (Mexique), en juin (Sallé).

15. **Harmonia picta**; RANDALL.

Ovale. Prothorax flave, à sept taches principales, noires : deux, liées à chaque quart externe de la base : une, anté-scutellaire, souvent unie à cha-

cune des dorsales : une de chaque côté, près du bord latéral. Elytres flaves ou d'un flave cendré, ornées chacune d'une ligne prolongée un peu obliquement du calus aux deux tiers de leur longueur, et de deux à cinq taches subponctiformes, noires : deux, vers le tiers, au côté interne de la ligne : trois, vers les deux tiers : deux de celles-ci au côté interne, une au côté externe de la ligne : ces dernières taches tantôt constituant deux bandes incomplètes, tantôt réduites à deux taches : l'antérieure juxta-linéaire et la postérieure juxta-marginale.

Coccinella picta, Rand. *in* Boston Journ. of nat. Hist t. 2. p. 51. 30. — *Coccinella concinnata*, Melsh. *in* Proceed. of the Acad. of Philadelph. t. 3. p. 177. — *Harmonia contexta* (Chevrolat), Muls. Spec. p. 87-9.

Long. 0^m,0056 (2 l. 1/2). — Larg. 0^m,0039 (1 l. 3/4).

Patrie : le Mexique, les parties méridionales des Etats-Unis (Chevrolat).

Obs. Le dessus du corps offre des variétés parfois assez singulières, suivant l'absence ou l'union des taches. Quelquefois les élytres n'ont que deux taches, situées une de chaque côté de la ligne longitudinale.

16. **Harmonia Dionea**; Mulsant.

Ovale. Prothorax et élytres d'un flave testacé : le premier, paré d'une tache noire couvrant les trois cinquièmes médiaires de la base, sémi-circulaire en devant, avancée près du bord antérieur, liée à un point noir situé dans le milieu de chacun de ses côtés : les secondes, parées d'une bordure suturale graduellement réduite au rebord, d'un point sur le calus, et ordinairement d'une très-petite tache située dans la même direction longitudinale, vers le milieu de leur longueur, noirs.

Harmonia Dionea, Muls. Opusc. t. 7. p. 140.

Long. 0^m,0045 (2 l.). — Larg. 0^m,0033 (1 l. 1/2).

Patrie : la Chine (Buquet).

17. **Harmonia luteipennis**; MULSANT.

Ovale. Tête et prothorax d'un blanc flave : le second, paré d'une bordure basilaire et de deux lignes longitudinales anguleuses en dedans, noires. Elytres jaunes, avec une étroite bordure suturale et les deux cinquièmes postérieurs du rebord marginal, noirs. Dessous du corps noir : épimères du médipectus, blanches. Pieds noirs : tarses testacés.

Long. 0^m,0056 (2 l. 1/2). — Larg. 0^m,0039 (1 l. 3/4).

Corps ovale, convexe, luisant, superficiellement pointillé. *Tête* d'un blanc flave; marquée sur le vertex de deux points noirs, parfois en partie voilés par le bord du prothorax. *Antennes* et *palpes* d'un flave testacé. *Prothorax* en angle ouvert et dirigé en arrière à la base; d'un blanc flave; paré d'une bordure basilaire et de deux lignes noires : la bordure, amincie sur les côtés : les lignes, naissant chacune de la sinuosité postoculaire et prolongées jusqu'à la base, plus près du milieu que des angles postérieurs, et anguleusement rapprochées de la ligne médiane vers le milieu de leur longueur. *Ecusson* noir. *Elytres* en ogive dans leur seconde moitié; rebordées; convexes; jaunes, parées d'une bordure suturale et d'un rebord basilaire nul dans les trois cinquièmes antérieurs, noirs : la bordure, à peu près réduite au rebord, ainsi que la bordure extérieure. *Repli* flave, avec la partie postérieure noire. *Dessous du corps* noir : épimères du médipectus, blanches. *Pieds* noirs : tarses et parfois extrémité des jambes testacées ou d'un flave testacé.

Patrie : Oaxaca (Mexique) (coll. Sallé. — Envoi de M. Adolphe Boucard).

18. **Harmonia quinque-lineata**; MULSANT.

En ovale allongé, médiocrement convexe. Prothorax et élytres d'un flave jaune ou d'un jaune flave : le premier, orné de quinze à dix-neuf taches ponctiformes noires, dont quatre disposées en demi-cercle, au devant de la moitié médiaire de la base, et une au devant de l'écusson : les secondes, parées d'une ligne suturale et chacune de deux autres longitudinales, noires : l'interne de celles-ci, naissant du calus, plus large et liée avec l'autre, aux sept huitièmes de la longueur.

Coccinella 15-lineata (Chevrolat). — *Harmonia quinque-lineata*, MULS., Spec. p. 89. 11.

Long. 0^m,0056 (2 l. 1/2). — Larg. 0^m,0039 (1 l. 3/4).

Patrie : Le Mexique (Chevrolat).

21. **Harmonia margine-punctata**; SCHALLER.

Brièvement ovale, peu convexe. Dessus du corps variant du flave cendré au roussâtre, paré de neuf points noirs sur le prothorax, et de huit au plus sur chaque élytre, un sur le calus, trois en rangée transversale au tiers : trois en rangée transversale aux quatre septièmes : les deux externes des rangées fixés au bord externe et plus constants : plusieurs des autres souvent effacés. Dessous du corps et pieds d'un fauve testacé. Sternums, épimères et postépisternums flaves.

Coccinella margine-punctata, SCHALLER. — *Harmonia margine-punctata*, MULS., Hist. nat. des Col. p. 108. 1. — Id. Sp. p. 88. 10.

Long. 0^m,0056 à 0^m,0067 (2 l. 1/2 à 3 l.). — Larg. 0^m,0039 à 0^m,0052 (1 l. 3/4 à 2 l. 1/3).

Patrie : la plus grande partie de l'Europe, sur les pins et les sapins.

Obs. Les élytres sont parfois sans taches, ou avec un ou deux points latéraux noirs. — Dans les variétés par excès, les points noirs sont parfois unis.

20. **Harmonia buphthalmus**; MULSANT.

Ovale ; couleur de chair livide, en dessus ; ornée sur le prothorax de sept taches, et de huit sur chaque élytre, indiquées par leur pourtour nébu-

leux ou d'un roux brunâtre : quatre de celles du prothorax disposées en demi-cercle au devant de l'anté-scutellaire : six de celles des élytres disposées par paires : deux au dessous de la base, deux vers le tiers, deux vers les deux tiers, formant une rangée oblique avec la juxta-suturale postérieure ; une plus grosse près du milieu de la suture. Côtés du ventre et pieds, d'un fauve jaune ou testacé.

Coccinella buphthalmus (Fischer-Dejean). — *Harmonia buphthalmus*, MULS., Spec. p. 90. 13. — *Coccinella contaminata*, MÉNÉTRIÉS, Mém. de l'Acad. de St-Pétersb. Sc. nat. t. VI. p. 272. 701. pl. V. fig. 16.

Long. 0^m,0033 à 0^m,0042 (1 l. 1/2 à 1 l. 7/8). — Larg. 0^m,0026 à 0^m,0028 (1 l. 1/5 à 1 l. 1/4).

Patrie : la Bouckharie (Dejean).

21. **Harmonia punctata**; MULSANT.

Tête, antennes, palpes et côtés du prothorax d'un jaune un peu vif. Partie longitudinalement médiaire du prothorax et élytres, noires : les dernières, marquées de points assez gros, séparés par d'autres plus petits. Dessous du corps et pieds en partie au moins d'un rouge flave.

Harmonia punctata, MULS., Opusc. t. III. p. 15.

Long. 0^m,0052 (2 l. 1/3). — Larg. 0^m,0039 (1 l. 3/4).

Patrie : les parties boréales de l'Inde (Deyrolle).

22. **Harmonia impustulata**; LINNÉ.

Ovale ; tantôt flave ou rose, en dessus, avec sept points noirs sur le prothorax, et huit, dont six disposés par paires, sur chaque élytre (l'externe postérieur au moins toujours lié à son voisin) ; tantôt noire, avec les côtés du prothorax flaves, marqués d'un point noir, et quelques taches flaves sur les élytres, ou avec celles-ci noires. Dessous du corps noir. Épimères du médipectus et pieds, de couleur variable.

Coccinella impustulata, LIN. — *Harmonia impustulata*, MULS., Coléopt. de Fr. (Sécuripalpes). p. 112. 2. — Id., Spec. p. 90. 12.

Long. 0m,0033 à 0m,0045 (1 l. 1/2 à 2 l.). — Larg. 0m,0025 à 0m,0033 (1 l. 1/8 à 1 l. 1/2).

Elle se trouve dans la plus grande partie de l'Europe, surtout dans les parties tempérées et boréales.

Obs. Quelquefois un ou plusieurs points des élytres font défaut. Plus ordinairement un certain nombre de points sont confluents ; enfin, parfois les élytres sont entièrement noires. Dans ce cas, le point noir, sur les côtés flaves du prothorax, sert à distinguer cette espèce des variétés noires de la *Coccinella hieroglyphica*.

23. **Harmonia Doublieri** ; MULSANT.

Ovale ; d'un flave rose, en dessus, avec sept points noirs sur le prothorax, et neuf sur chaque élytre : les six premiers de ceux-ci, disposés par paires : l'huméral postérieurement et obliquement prolongé au côté interne : ceux de la troisième paire unis en un demi-cercle, de l'extrémité interne duquel part un prolongement dirigé vers l'écusson : les trois derniers en rangée obliquement transversale. Dessous du corps fauve.

Harmonia Doublieri, MULS., Coléopt. de Fr. (Sécuripalpes). p. 118. 3. — *Id.*, Spec. p. 92. 14.

Long. 0m,0033 à 0m,0039 (1 l. 1/2 à 1 l. 3/4). — Larg. 0m,0025 à 0m,0028 (1 l. 1/8 à 1 l. 1/4).

Patrie : le midi de la France, l'Italie et l'Espagne.

Dédiée à feu mon ami Doublier, dont on pleurera longtemps la perte prématurée.

24 **Harmonia duodecim-pustulata** ; FABRICIUS.

Brièvement ovale. Dessus du corps noir. Prothorax paré, en devant, d'une étroite bordure flave faiblement tridentée et prolongée presque jusqu'aux angles postérieurs. Elytres ornées chacune de six taches flaves : trois marginales, dont la dernière apicale, liée à une bordure extérieure flave : trois, internes, suborbiculaires, sur une rangée longitudinale et en quinconce avec les précédentes. Trochanters, tarses, partie au moins des jambes, testacés.

Coccinella 12-punctata, Fabr. — *Harmonia 12-punctata*, Muls., Coléopt. de Fr. (Sécuripalpes) p. 121. 4. — Id., Spec. p. 92. 15. — *Coccinella agnata*, Rosenhauer. Beitr. p. 64 (♀).

Elle habite la plus grande partie de l'Europe, surtout les parties tempérées et méridionales.

25. **Harmonia lyncea**; Olivier.

Brièvement ovale. Prothorax noir, paré d'une ligne médiane postérieurement raccourcie, d'une bordure antérieure étroite et d'une bordure latérale large, formant une tache irrégulièrement quadrangulaire, prolongée jusqu'aux angles postérieures, flaves. Elytres ornées d'un réseau noir étroit, enclosant six taches d'un jaune pâle : trois marginales ou liées au bord externe qui reste flave : trois internes (la deuxième subréniforme), en quinconce avec les précédentes. Trochanters, jambes et tarses, d'un flave testacé.

Coccinella lyncea, Olivier. — Muls., Spec. p. 92. 16.

Patrie : l'Europe méridionale (Dejean).

26. **Harmonia Billieti**, Mulsant.

Ovale. Prothorax d'un jaune flave sur les côtés, avec la partie médiane noire. Elytres d'un jaune flave, ornées d'une bordure suturale et chacune de trois bandes transverses, noires : la première, fortement arquée en arrière, étendue depuis l'écusson jusqu'au calus huméral : la deuxième, vers la moitié, rétrécie près de la suture, puis anguleusement dilatée : la troisième, près de l'extrémité : cette sorte de réseau divisant la surface de chacune en six aréoles : quatre, suborbiculaires, près de la suture : deux, liées au bord externe : l'humérale, irrégulière : l'autre, triangulaire.

Harmonia Billieti, Muls., Opusc. t. 3. p. 16.

Long. 0^m,0042 (1 l. 7/8). — Larg. 0^m,0030 (1 l. 1/3).

Patrie : les provinces boréales des Indes-Occidentales (Deyrolle).

27. **Harmonia ambitiosa**; Mulsant.

Ovalaire ; flave ou d'un flave testacé, en dessus. Prothorax orné d'une tache noire, couvrant les deux tiers médiaires de la base, avancée au moins jusqu'au tiers antérieur, quadrilobée à sa partie antérieure. Elytres parées d'une bordure suturale ovalairement renflée vers le tiers et à partir des deux tiers, et chacune de deux taches, noires : la première, orbiculaire, sur le calus : la deuxième, plus grosse, rétrécie postérieurement, située dans la même direction longitudinale, des trois septièmes aux deux tiers.

Long. 0^m,0036 (1 l. 2/3). — Larg. 0^m,0029 (1 l. 1/3).

Corps ovalaire; médiocrement convexe; luisant. *Tête* flave ou d'un flave testacé, ornée sur sa partie postérieure d'un bandeau noir presque entièrement voilé par le bord du prothorax. *Palpes* et *Antennes* d'un flave testacé. *Prothorax* flave ou d'un flave testacé, paré d'une tache noire, couvrant les deux tiers médiaires de la base, avancée au moins jusqu'au tiers antérieur, entaillée sur la ligne médiane, dilatée de chaque côté vers les deux tiers de sa longueur ou comme unie dans cet endroit à un point noir. *Ecusson* noir. *Elytres* munies d'un étroit rebord subhorizontal; d'un flave testacé; parées d'une bordure suturale et chacune de deux taches, noires; la bordure, de la largeur de l'écusson en devant, un peu ovalairement renflée du quart aux deux cinquièmes et des deux tiers à l'angle sutural : la 1re tache, sur le calus, orbiculaire : la 2e, située dans la même direction longitudinale, plus grosse, prolongée des trois septièmes aux deux tiers, couvrant de la moitié aux cinq sixièmes de la largeur, rétrécie postérieurement. *Dessous du corps* d'un flave testacé sur l'antépectus et sur le quart de sa largeur sur les côtés du ventre, noir sur le reste : mésosternum, épimères des médi et pospectus, blanches. *Pieds* d'un flave testacé.

Patrie : la Chine (coll. Chevrolat).

28. **Harmonia nigrilabris**; (DEYROLLE).

Ovale. Tête et prothorax d'un roux testacé : yeux et labre noirs. Elytres d'un jaune orangé. Antépectus roux flave. Médi et postpectus noirs, avec les épimères rousses. Ventre noir sur la partie médiane des premiers arceaux, roux sur le reste. Pieds roux.

Harmonia nigrilabris (DEYROLLE).

Long. 0m,0045 (2 l.). — Larg. 0m,0033 (1 l. 1/2).

Patrie : Manille (Deyrolle).

Genre *Coccinella*; COCCINELLE ; Linné.

CARACTÈRES. *Ongles* munis d'une dent basilaire. *Mésosternum* entier. *Plaques abdominales* courbées à leur côté interne, et généralement liées ou à peu près au bord postérieur de l'arceau, offrant leur côté externe, oblique, généralement apparent.

Prothorax en arc dirigé en arrière et généralement bissinueux à la base. *Elytres* un peu plus larges que le prothorax ; étroitement rebordées ou relevées en rebord.

Les espèces de ce genre sont disséminées sur tout le globe.

1. **Coccinella sinuato-marginata**; FALDERMANN.

Ovale. Prothorax noir, paré en devant et sur les côtés d'une bordure flave : l'antérieure, tridentée en arrière. Elytres noires, ornées chacune de sept taches jaunes : les six premières disposées par paires : les deux antérieures liées à la base, incomplètement séparées entre elles : le réseau noir non étendu jusqu'au bord externe, laissant les trois taches externes et la dernière incomplètement séparées : la 7e, subapicale, sémi-circulaire, non échancrée à son bord interne.

Coccinella sinuato-marginata, Faldermann. MULS., Spec. p. 1018.

Patrie : le Caucase (Motschulsky).

Obs. Le mésosternum paraît presque indistinctement échancré. Sous ce rap port, elle semble lier les *Harmonia* aux *Coccinella*.

2. **Coccinella quatuordecim-pustulata**; LINNÉ.

Ovale. Prothorax noir, paré en devant et sur les côtés d'une bordure jaune ou flave : l'antérieure tridentée en arrière : les latérales, graduellement rétrécies jusqu'aux angles postérieurs. Elytres noires, ornées chacune de sept taches jaunes : les six premières disposées par paires : les deux antérieures liées à la base, séparées jusqu'à cette dernière par le réseau noir : l'interne, sémi-circulaire : le réseau noir étendu jusqu'au bord marginal : la 7e, subapicale, échancrée ou tronquée à son côté interne.

Coccinella 14-pustulata LINN. MULS, Hist. nat. d. col. (Sécuripalpes). p. 93. 6. — Id. Sp. p. 94. 1.

Long. $0^{m},0033$ à $0^{m},0045$ (1 l. 1/2 à 2 l.). — Larg. $0^{m},0027$ à $0^{m},0033$ (1 l. 1/4 à 1 l. 1/2).

Patrie : la plupart des parties de l'Europe.

Obs. Quelquefois le réseau noir des élytres est moins complet, de telle sorte que deux ou plusieurs taches jaunes sont en partie unies.

3. **Coccinella obliquata**; Reiche.

Brièvement ovale; médiocrement convexe. Prothorax d'un jaune fauve marqué de cinq sortes de points noirs : un, anté-scutellaire : quatre, disposés en demi-cercle au devant de la moitié médiaire de la base : les basilaires triangulaires. Elytres noires, ornées chacune de cinq taches d'un jaune fauve : la 1re, oblique, en forme de virgule, près de l'écusson : la 2e, humérale, dilatée à son côté interne : la 3e, subarrondie, vers le milieu de la suture : la 4e, presque carrée, vers le milieu du bord marginal : la 5e, apicale; chargée, près de l'extrémité, d'une sorte de pli transverse.

Coccinella obliquata. Reiche, Ann. de la Soc. entom. de Fr. 1862. p. 300. 13.

Long. 0m,0033 (1 l. 1/2). — Larg. 0m,0028 (1 l. 1/4).

Patrie : la Corse.

Obs. Cette espèce, que je n'ai pas vue, diffère de la *C. 14-pustulata*, avec laquelle elle a beaucoup d'analogie, par son prothorax à cinq points noirs; par la tache juxta-suturale des élytres en forme de virgule, par le pli transverse et subapical de ses élytres.

4. **Coccinella boliviana**; Mulsant.

Brièvement ovale. Prothorax et élytres noirs : le premier, orné en devant et sur les côtés d'une bordure flave, assez étroite : les secondes parées chacune d'une bordure externe postérieurement élargie, et de cinq taches flaves : deux basilaires : l'interne, subarrondie, juxta-scutellaire : l'externe, allongée, sur le calus, liée à la bordure : deux subarrondies, en rangée transversale, un peu avant la moitié de leur longueur : la 5e, au milieu de la largeur, aux trois quarts de leur longueur. Epimères du médipectus, blanches.

♂ Tête presque entièrement d'un blanc flave en devant, jusqu'à la moitié du front, noire postérieurement : cette partie bidentée en devant.

♀ Tête noire, ornée d'une tache d'un blanc flave au côté interne de chaque œil.

Long. 0m,0033 à 0m,0045 (1 l. 1/2 à 2 l.). — Larg. 0m,0022 à 0m,0033 (1 l. à 1 l. 1/2).

Corps brièvement ovale ; médiocrement convexe. *Tête* colorée comme il a été dit. *Mandibules* en majeure partie d'un blanc flave. *Antennes* noires ou obscures. *Palpes* en majeure partie noirs : base du dernier article flavescent. *Prothorax* noir, paré en devant et sur les côtés d'une bordure presque uniformément assez étroite. *Ecusson* noir. *Elytres* noires, parées chacune d'une bordure d'un flave roussâtre et de cinq taches flaves : la bordure, naissant vers la moitié de la base, liée ou à peu près à la tache juxta-scutellaire, prolongée jusqu'à l'angle sutural, renflée ou dilatée sur les deux derniers septièmes de sa longueur latérale, de manière à constituer une tache allongée : la 1re tache suborbiculaire, juxta-scutellaire : la 2e allongée, située sur le calus, liée à la bordure humérale : les 3e et 4e taches, subarrondies, constituant avec leurs pareilles une rangée transversale vers les trois septièmes de la longueur des étuis : la 3e ou interne, rapprochée de la suture : la 4e ou externe, un peu plus grosse, liée ou presque liée à la bordure : la 3e, suborbiculaire, sur le disque, vers les trois quarts. *Repli* flave. *Dessous du corps* et *pieds*, noirs : épimères du médipectus, d'un blanc flave.

Patrie : la Bolivie (Deyrolle).

5. **Coccinella biscutellata** ; Mulsant.

Brièvement ovale. Prothorax d'un roux flave, marqué de cinq points noirs. Elytres d'un roux orangé : chargées postérieurement d'un pli transversal ; marquées chacune de huit taches noires : une, obtriangulaire, près de l'écusson : trois en rangée transversale vers les deux cinquièmes de la longueur (l'interne plus grosse et suturale) : une vers les deux tiers de la longueur, rapprochée de la suture : deux, très-petites, vers les deux tiers du bord interne. Pieds d'un roux testacé.

Etat normal. *Prothorax* d'un roux pâle ou testacé, orné de cinq taches noires : deux, liées à la base, chacune vers le quart externe de celle-ci, presque en triangle à côté interne anguleux, à côté externe échancré ou arqué en dedans : une, la plus petite, située un peu au devant de l'écusson : deux, plus antérieures, rapprochées chacune de la ligne médiane, en ovale-oblong, postérieurement presque convergentes, prolongées chacune du cinquième presque aux deux tiers de sa longueur. *Elytres* d'un roux orangé, ornées chacune de huit taches noires : la 1re, obtriangulaire, étroite, voisine de l'écusson : les 2e, 3e et 4e, formant avec leurs pareilles une rangée transversale : la 2e ou interne, la plus grosse, formant avec sa pareille une tache orbiculaire un peu élargie, couvrant du quart à la moitié de sa suture : la 3e, suborbiculaire, liée à la précédente, presque aussi prolongée en arrière, près de moitié moins avancée, dépassant à peine les trois cinquièmes de la largeur de l'étui, à son côté externe : la 4e, suborbiculaire, un peu plus petite, liée ou à peu près au bord externe, de moitié plus antérieure que la 3e : la 6e presque en triangle tranversal à base dirigée en dehors, située vers les deux tiers de sa longueur, étendue du septième interne à la moitié de sa largeur : les 7e et 8e très-petites, ponctiformes : la 8e, ou externe attenante au bord extérieur, vers les deux tiers au moins de la longueur : la 7e, plus antérieure, vers les deux tiers de la largeur.

Long. 0m,0045 (2 l.). — Larg 0m,0033 (1 l. 1/2).

Corps brièvement ovale; médiocrement convexe; luisant. *Tête* d'un flave roussâtre, postérieurement marquée d'une ligne transversale noire, interrompue dans son milieu. *Antennes* et *palpes* flaves ou d'un flave roussâtre. *Prothorax* en arc dirigé en arrière et à peine bissinué, à la base; coloré comme il a été dit. *Ecusson* petit, noir. *Elytres* en ovale assez court, en ogive postérieurement; colorées et peintes comme il a été dit; chargées vers les cinq sixièmes de leur longueur d'un pli transversal. *Dessous du corps* noir : épimères des médi et postpectus, blanches. *Pieds* d'un roux orangé ou testacé.

Patric : le Brésil (Deyrolle).

6. **Coccinella multiplicata**; MULSANT.

Ovalaire. Prothorax flave, paré d'un M et d'un point anté-scutellaire, noirs. Elytres d'un jaune rouge, souvent à peine marquées chacune d'un trait juxta-scutellaire et de neuf taches subponctiformes, noires : la 2e sur le calus : la 1re près du côté interne de celle-ci : les 3e, 4e et 5e, constituant au tiers ou un peu plus une rangée arquée en arrière : les 6e, 7e et 8e, constituant des trois cinquièmes ou un peu plus, une rangée transversale : la 9e en arc oblique, à peine courbe. Dessous du corps et pieds, en partie fauves.

ETAT NORMAL. *Prothorax* flave, orné d'un M et d'un très-petit point anté-scutellaire, noirs : l'M formé de plusieurs taches parfois désunies. *Elytres* d'un jaune rouge ou d'un fauve jaune, ornées chacune d'un trait juxta-scutellaire, souvent nébuleux ou peu marqué, et de neuf taches, noires : les huit premières taches ponctiformes : les 1re et 2e, en rangée transverse : la 2e ou externe, sur le calus : la 1re au côté interne de celle-ci et très-rapprochée d'elle : les 3e, 4e et 5e constituant une rangée transverse, arquée en arrière : la 3e ou interne, au tiers, rapprochée de la suture : la 5e à peu près sur la même ligne transversale, voisine du bord extérieur : la 4e, petite, située entre les deux précédentes, mais un peu plus en arrière : les 6e, 7e et 8e, constituant vers les deux tiers une rangée transverse : les 6e et 8e, plus grosses que l'intermédiaire, isolées, l'une de la suture, l'autre du bord interne : la 9e en forme de ligne ou d'arc à peine courbé, oblique, dans la direction des quatre cinquièmes de la suture, aux cinq sixièmes du bord interne, mais presque également distante de l'un et de l'autre.

Long. 0m,0061 à 0m,0064 (2 l. 3/4 à 2 l. 7/8). — Larg. 0m,0051 à 0m,0052 (2 l. 1/4 à 2 l. 1/3).

Corps ovalaire; convexe; luisant. *Tête* noire, avec le bord antérieur de l'épistome, flave. *Antennes* testacées, avec l'extrémité noire. *Prothorax* bissinueusement arqué en arrière; coloré et peint comme il a été dit.

Ecusson noir. *Elytres* colorées et peintes comme il a été dit. *Repli* d'un roux jaunâtre ou d'un roux fauve. *Dessous du corps* noir sur la poitrine et sur la région médiane du ventre, fauve ou testacé sur le reste. *Epimères* du médipectus, blanches : les postérieures d'un blanc testacé. *Pieds* fauve ou d'un fauve testacé.

Patrie : les environs de Canton (Chine) (Deyrolle). Elle a été rapportée par M. Vesco.

7. **Coccinella variabilis**; ILLIGER.

Ovale; variablement colorée en dessus. Elytres chargées, vers l'extrémité, d'une ligne transversale élevée; tantôt d'un roux flave ou cendré, soit sans taches, soit marquées de un à sept points, noirs; tantôt ornées de cinq taches subarrondies d'un roux flave, séparées par un réseau noir; tantôt noires avec une lunule humérale d'un rouge jaune. Epimères du médipectus, blanches. Pieds, en grande partie au moins, d'un fauve livide.

Coccinella variabilis, ILLIGER. — MULS., Hist. nat. de Coléopt. (Sécuripalpes). p. 95. 7. — Id. Spec. p. 94. 2.

Patrie : la plupart des parties de l'Europe, le nord de l'Afrique, etc.

Obs. Le prothorax, dans les premières variétés, est tantôt d'un roux flave marqué de sept ou seulement de cinq points noirs : dans les dernières, il est noir, avec une bordure en devant et sur les côtés, d'un flave cendré.

8. **Coccinella transgressa**; MULSANT.

Ovale. Prothorax noir, paré, sur les côtés et en devant, d'une bordure d'un blanc sale ou flavescent : l'antérieure linéaire : chacune des latérales large, ovalaire. Elytres d'un flave cendré, ou flave testacé, ornées d'une bordure suturale et d'une bande transversale, noires : la bordure aussi large en devant que l'écusson, postérieurement réduite au rebord : la bande couvrant des trois septièmes presque aux trois cinquièmes du bord interne, un peu plus postérieure à la suture; bissinuée à son bord postérieur, échancrée sur la moitié interne de l'antérieur.

Coccinella transgressa, MULS., Opusc. t. III. p. 17.

Long. 0m,0036 (1 l. 2/3). — Larg. 0m,0026 (1 l. 2/5).

Patrie : les régions boréales de l'Inde (Deyrolle).

9. **Coccinella ancoralis**; GERMAR.

Brièvement ovale. Prothorax noir, paré en devant et sur les côtés d'une bordure étroite et de deux points sur le disque, flaves. Elytres flaves, ornées d'une bordure suturale et chacune de deux grosses taches, noires : la bordure suturale dilatée, après l'écusson, jusqu'aux deux cinquièmes de sa largeur et avancée souvent jusqu'à la base (de manière à enclore une tache flave juxta-scutellaire) obtriangulaire, graduellement rétrécie en courbe rentrante jusque vers la moitié de la suture, puis élargie en courbe rentrante vers l'extrémité : les taches situées l'une après l'autre : l'antérieure subarrondie, sur le calus : la postérieure plus grosse, subarrondie, un peu anguleuse en devant ou parfois liée à la précédente.

Coccinella ancoralis, GERM. — MULS., Spec. p. 94. 3.

Long. 0m,0039 (1 l. 3/4). — Larg. 0m,0025 (1 l. 1/8).

Patrie : le Chili (Chevrolat); Buenos-Ayres (Dejean, etc.); Monte-Video (Trobert); le Brésil (Germar) (type), Deyrolle, etc.

10. **Coccinella Lucasi**; MULSANT.

Ovale. Prothorax noir; paré en devant, et moins étroitement sur les côtés, d'une bordure et de deux points sur le disque, flaves. Elytres jaunes, vernissées, ornées d'une bordure suturale et chacune de trois taches, noires : la bordure assez étroite, mais dilatée en forme de losange, à l'extrémité : la première tache subponctiforme, sur le calus : la deuxième en forme de bande transverse, liée à la bordure suturale vers le tiers, étendue jusqu'à la moitié de leur largeur : la troisième, située vers les deux tiers, paraissant composée de deux taches, dont l'externe plus grosse.

Coccinella Lucasi, Muls., Spec. p. 96. 4.

Long. 0^m,0039 (1 l. 4/7). — Larg. 0^m,0029 (1 l. 1/4).

Patrie : les Cordillières (Muséum de Paris).

Dédiée à mon ami M. Lucas, auteur de la partie entomologique de l'exploration scientifique de l'Algérie, et de divers autres travaux.

11. **Coccinella emarginata** ; Mulsant.

Un peu largement ovale. Prothorax paré en devant et moins étroitement sur les côtés d'une bordure, et de deux points sur le disque, flaves. Elytres d'un jaune rouge, ornées sur la moitié interne de la base d'une bande ou d'un trait flave.

Coccinella emarginata (Dejean). — Muls., Spec. p. 97. 5.

Larg. 0^m,0036 (1 l. 2/3). — Larg. 0^m,0026 (1 l. 1/5).

Patrie : le Mexique (Dejean) ; Guatemala (Sallé).

12. **Coccinella Petiti** ; Mulsant.

Ovale. Prothorax noir, paré en devant, et moins étroitement sur les côtés, d'une bordure, et de deux sortes de points allongés sur le disque, flaves Elytres d'un jaune ou flave roussâtre, ornées d'une sorte de réseau noir, formant une bordure suturale inégale, et divisant la surface de chacune en cinq aréoles : deux basilaires : deux, obliquement disposées :

une apicale ou trois liées au bord externe qui n'atteint pas le réseau, noir : la seconde des juxta-scutellaire subarrondies, les autres, irrégulières.

Coccinella Petitii (DEJEAN). — MULS., Spec. p. 98. 6.

Patrie : l'Amérique méridionale (Dejean, etc.).

13. **Coccinella antipodum** ; WHITE.

Ovale. Prothorax d'un jaune orangé, paré de deux lignes noires longitudinalement obliques, postérieurement divergeantes, liées à la base, vers chaque tiers externe de celle-ci. Elytres d'un vert grisâtre, ornées chacune d'une tache obtriangulaire situées près de l'écusson, d'une bande longitudinale, et d'une bordure externe, jaunes.

Coccinella antipodum, WHITE. — MULS., Spec. p. 1019.

Long. 0^m,0056 (2 l. 1/2).

Patrie : la Nouvelle-Zélande (Muséum britannique).

14. **Coccinella ærata** ; MULSANT.

Ovale. Prothorax noir, bordé de jaune flave sur les côtés et plus étroitement en devant. Elytres noires, parées dans leur périphérie d'une bordure et chacune de quatre taches subarrondies, d'un flave testacé : la première, subarrondie, basilaire et juxta-scutellaire : les deuxième suarrondie et troisième irrégulière, presque contiguës, en rangée transversale un peu avant la moitié de la longueur : la quatrième irrégulière , des deux tiers aux quatre cinquièmes.

Coccinella ærata, MULS., Spec. p. 99. 7.

Long. 0^m,0036 (1 l. 2/3). — Larg. 0^m,0026 (3 l. 1/5).

Patrie : Chuquisaca (Muséum de Paris).

15. **Coccinella eryngii**; Mulsant.

Brièvement ovale; médiocrement convexe. Prothorax noir, paré à ses bords antérieur et latéraux d'une bordure flave presque uniforme. Elytres jaunes ou d'un jaune orangé, ornées chacune de deux taches ou bandes raccourcies, noires, situées : l'une, au tiers : l'autre, aux deux tiers, assez brusquement renflées près de la suture. Epimères du médipectus, blanches.

Coccinella eryngii (Eschscholtz, Dejean). — Muls., Spec. p. 100. 8.

Long. $0^{m},0025$ à $0^{m},0053$ (2 l. à 2 l. 1/3). — Larg. $0^{m},0033$ à $0^{m},0039$ (1 l. 1/2 à 1 l. 3/4).

Patrie : le Chili (Dejean, Trobert, etc.).

Obs. Parfois la tache antérieure est unie par son angle postéro-interne à l'angle antéro-interne de la postérieure.

16. **Coccinella fulvipennis**; Mulsant.

Brièvement ovale. Prothorax noir, paré en devant et sur les côtés d'une bordure d'un blanc flave, presque d'égale largeur, égale en devant au quart de la longueur médiaire : partie noire coupée en ligne droite en devant (♀) ou offrant deux entailles (♂). Élytres d'un roux ou d'un fauve jaune, sans taches. Epimères du médipectus, blanches. Pieds noirs.

Coccinella fulvipennis (Reiche). — Muls., Spec. p. 101. 9.

Long. $0^{m},0052$ (2 l. 1/3). — Larg. $0^{m},0039$ (1 l. 3/4).

Patrie : Montevideo (Reiche); le Chili (Melly, Perroud).

17. **Coccinella bacchata**; Mulsant.

Brièvement ovale; convexe. Prothorax noir, paré d'une bordure basi-

laire d'un rouge roux ou d'un rouge fauve, couvrant la moitié postérieure des côtés, plus courte vers le milieu de la base. Elytres d'un rouge roux, ornées chacune de trois taches noires : la première paraissant formée de deux taches unies : l'interne elliptique, liée au côté de l'écusson, prolongée jusqu'aux deux septièmes : l'externe ovale, accollée à sa moitié postérieure : la deuxième tache, sur le calus, aussi longuement prolongée, étendue jusqu'à l'épaule : la troisième tache la plus grosse, presque obtriangulaire, couvrant plus de la moitié submédiaire de la largeur, prolongée depuis les trois septièmes jusqu'aux neuf dixièmes.

Long. 0m,0052 (2 l. 1/3). — Larg. 0m,0036 (1 l. 2/3).

Brièvement ovale ou presque hémisphérique ; convexe ; luisant, en dessus. *Tête* noire. *Antennes* fauves, avec l'extrémité noire. *Prothorax* arqué en arrière à la base ; noir, brièvement fauve aux angles de devant ; noir, avec la base d'un rouge roux : la partie noire, prolongée jusqu'aux trois quarts sur sa ligne médiane, graduellement raccourcie sur les côtés jusqu'à la moitié ou aux deux cinquièmes antérieurs. *Ecusson* noir. *Elytres* d'un rouge roux, parées chacune de trois taches noires : la 1re comme composées de deux taches accolées. *Repli* d'un rouge roux. *Dessus du corps* en majeure partie d'un fauve testacé. *Pieds* noirs.

Patrie : la Jamaïque (Deyrolle).

18. **Coccinella pulchella**; Mulsant.

Presque orbiculaire. Prothorax noir sur ses trois cinquièmes longitudinalement médiaires, paré sur les côtés d'une large bordure d'un blanc flave, rétrécie vers les trois cinquièmes, par une dent latérale de la partie noire. Elytres rouges ou d'un rouge jaune, parées chacune de trois taches orbiculaires d'un blanc flave, entourées d'un cercle noir : la première, à côté de l'écusson : les deuxième et troisième, liées au bord postérieur, l'une vers la moitié de la longueur, l'autre près de l'angle apical.

Coccinella pulchella (LATREILLE, DEJEAN), MULS., Spec. p. 102. 10.

Long. 0m,0045 (2 l.). — Larg. 0m,0042 (1 l.7/8).

Patrie : le Brésil (Dejean, Deyrolle, etc.).

19. **Coccinella Menetriesi**; MULSANT.

Ovalaire. Prothorax noir, paré sur les côtés d'une bordure d'un blanc flave, plus large en devant, plus étroite sur les deux cinquièmes. Elytres d'un jaune rouge, flaves sur les côtés de l'écusson; parfois unicolores, ordinairement marquées d'une tache sutcellaire et chacune de cinq points, noirs : un sur le calus, et deux paires obliques, d'avant en arrière, de dehors en dedans : les externes, vers les deux septièmes et deux tiers de la longueur. Epimères des médi et postpectus, blanches.

Coccinella Menetriesi, MULS., Spec. p 104. 11.

Long. 0m,0045 à 0m,0056 (2 l. à 2 l. 1/2). — Larg. 0m,0036 à 0m,0045 (1 l. 2/3 à 2 l.).

Patrie : la Californie septentrionale (Muséum de Saint-Pétersbourg); parties boréales de l'Asie (Muséum de Paris).

Obs. Les élytres manquent souvent d'une partie et parfois de tous les points indiqués et n'en offrent que de faibles traces : le point du calus paraît le plus sujet à faire défaut.

20. **Coccinella undecim-punctata**; LINNÉ.

Ovale, Prothorax noir, paré aux angles de devant d'une tache flave irrégulièrement quadrangulaire; prolongée latéralement en se rétrécissant jusqu'aux trois cinquièmes. Elytres d'un rouge jaune, flaves sur les côtés de l'écusson, marquées d'une tache scutellaire ovalaire ou obcordiforme, et chacune de cinq points, noirs : le premier sur le calus : les autres disposés par paires obliques : plusieurs de ces points sujets à faire défaut. Epimères des médi et postpectus, blanches.

Coccinella 11-punctata, Linné. — Muls., Hist. nat. des Coléopt. (Sécuripalpes), p. 71. 1. — Id. Spec. p. 105. 12.

Long. $0^m,0036$ à $0^m,0052$ (1 l. 2/3 à 2 l. 1/3). — Larg. $0^m,0028$ à $0^m,0036$ (1 l. 1/4 à 1 l. 2/3).

Patrie : diverses parties de l'Europe, du nord de l'Afrique et de l'Asie occidentale, surtout le voisinage des mers.

Obs. La plupart des points noirs des élytres sont sujets à faire défaut. Quelquefois il n'en reste qu'un, ordinairement l'interne de la deuxième paire.

21. **Coccinella ægyptiaca** ; Reiche.

Ovalaire. Prothorax noir, paré aux angles de devant d'une tache flave ou d'un blanc flave, irrégulièrement quadrangulaire, prolongée en bordure étroite, sur la seconde moitié des côtés, jusqu'aux angles postérieurs. Elytres d'un jaune rouge, flaves sur les côtés de l'écusson; marqués d'une tache scutellaire obcordiforme, et chacun de cinq points noirs : un sur le calus, et les autres disposés par paires obliques : plusieurs de ces points ou même tous sont parfois sujets à faire défaut. Epimères blanches.

Etat normal. *Elytres* d'un jaune rouge ou d'un jaune roux fauve, avec les côtés de l'écusson flaves ; ornées d'une tache scutellaire obcordiforme, ou formée de deux taches ovales, en majeure partie unies, et chacune de cinq points noirs : le 1er sur le calus : les 2e et 3e, constituant avec leurs pareils, une rangée transversale arquée en arrière : le 2e, ou interne, le plus gros, orbiculaire ou en ovale transverse, située vers les trois septièmes de la longueur, couvrant environ du 6e à la moitié de la largeur : le 3e plus antérieur, situé aux deux septièmes, dans la direction longitudinale de celui du calus : les 4e et 5e formant avec leurs pareils une rangée transversale peu arquée en arrière : le 4e située presque aux quatre cinquièmes, dans la direction longitudinale du 2e : le 5e, un peu plus antérieur dans la direction de celui du calus.

Long. $0^m,0052$ (2 l. 1/3). — Larg. $0^m,0035$ (1 l. 3/4).

Patrie : la Syrie, l'Egypte (Deyrolle) ; Sumatra (Chevrolat).

Ovalaire. Tête noire, avec deux points jaunes. *Dessous du corps* et *pieds* noirs : les deux premiers des tarses souvent moins obscurs.

Obs. Elle a beaucoup d'analogie avec la *Cocc. 11 punctata ;* mais elle en diffère par la tache blanche des angles antérieurs du prothorax prolongée, en se rétrécissant, jusqu'aux angles postérieurs. Plusieurs des points noirs des élytres ou même tous sont parfois sujets à faire défaut. Les épimères du postpectus sont quelquefois noires.

22. **Coccinella hieroglyphyca** ; Linné.

Ovale ; convexe. Prothorax noir, paré aux angles de devant d'une tache flave ou jaune, obtriangulaire. Elytres d'un roux jaune, ornées d'une tache suturale et ordinairement chacune de cinq autres, noires : la tache ou bordure suturale prolongée jusqu'au quart : la première tache en forme de trait naissant du calus, prolongée jusqu'aux six septièmes, souvent unie à une tache ponctiforme externe, et à une tache transversale interne, un peu plus postérieure, constituant une tache naissant du calus et postérieurement bifurquée : les 4e et 5e, en rangée transverse, vers les deux tiers, souvent unies : l'interne, grosse : l'externe ponctiforme : plusieurs de ces taches parfois nulles : d'autres fois, la branche interne de celle du calus unie à la suturale, et la 4e unie à la branche précitée. Elytres parfois entièrement noires.

Coccinella hieroglyphica. Linné. — Id. Muls, Hist. nat. d. Coléopt. (Sécuripalpes). p. 87. 5. — Id. Spec. p. 105. 13.

Long. 0m,0039 à 0m,0045 (1 l. 3/4 à 2 l.). — Larg. 0m,0027 à 0m,0033 (1 l. 1/4 à 1 l. 1/2).

Patrie : les parties froides ou tempérées de l'Europe, sur la bruyère.

Obs. Elle est une de celles dont le dessin des élytres varie le plus. Parfois la tache bifurquée est réduite à un point, sur le calus ; d'autrefois elle est presque nulle sur ce dernier; chez divers individus, cette tache bifurquée est formée de trois taches isolées, plus ordinairement elles sont unies, ou l'externe fait défaut : la branche interne se lie souvent à l'extrémité de la tache ou bordure suturale : la grosse tache ou l'interne des deux postérieurs est parfois nulle ; d'autrefois elle s'avance jusqu'à la branche transverse de la tache bifurquée en arrière ; avec un plus grand développement de la matière colorante foncée, les élytres sont entièrement noires ou n'offrent que de légères traces d'une bordure extérieure d'un jaune rouge.

23. **Coccinella Mannerheimii**; Mulsant.

Ovale; médiocrement convexe. Prothorax noir, paré aux angles de devant d'une tache flave obtriangulaire ou presque obtriangulaire. Elytres d'un jaune ou roux orangé, ornées d'une tache postscutellaire et chacune d'une bande transverse, unie à celle-ci extérieurement raccourcie, postérieurement limitée au tiers de leur longueur, et postérieurement d'une suite de bande raccourcie à ses deux extrémités, noires : la bande, anguleusement avancée sur le calus, unie ou confondue à la tache postscutellaire un peu moins prolongée en arrière : la bande postérieure, paraissant formée de deux taches unies, situées des quatre septièmes aux trois quarts de leur longueur.

Coccinella Mannerheimii (Dejean). Muls., Spec. p. 106.

Long. $0^m,0051$ (2 l. 1/4). — Larg. $0^m,0033$ (1 l. 1/2).

Patrie : la Daourie (Dejean, Deyrolle, etc).

Dédiée par feu Dejean au comte Mannerheim, l'un des gloires entomologiques de la Russie.

24. **Coccinella tricuspis**; Kirby.

Ovale. Prothorax noir, paré aux angles de devant d'une tache quadrangulaire, et, entre chacune de celles-ci, d'une bordure étroite, flaves. Elytres d'un fauve jaune, ornées d'une bande noire, commune, extérieure-

ment raccourcie, postérieurement presque droite et limitée au tiers de la longueur, tricuspide en devant, et chacune d'une tache de même couleur, obtriangulaire, située des trois aux quatre cinquièmes de la longueur. Epimères du médipectus, blanches.

Coccinella tricuspis. KIRBY. — Id. MULS., Spec. p. 105. 17.

Long. $0^{m},0039$ à $0^{m},0045$ (1 l. 3/4 à 2 l.). — Larg. $0^{m},0029$ (1 l. 1/3).

Patrie : l'Amérique septentrionale (Muséum britannique, *type*).

25. **Coccinella Whitii**; MULSANT.

Subhémisphérique. Prothorax noir, paré aux angles de devant d'une tache blanche inégalement quadrangulaire, étendue sur les côtés jusqu'aux trois cinquièmes de la longueur. Elytres d'un rouge ou roux jaune, ornées d'une tache scutellaire, et chacune de deux autres subovalaires, un peu inégalement grosses, noires : l'antérieure oblique : la postérieure transversale.

Coccinella Whitii. MULS., Spec. p. 108. 16.

Long. $0^{m},0061$ à $0^{m},0067$ (2 l. 3/4 à 3 l.). — Larg. $0^{m},0027$ à $0^{m},0030$ (1 l. 1/4 à 1 l. 2/5).

Patrie : ? (Muséum britannique).

Dédiée à M. White, ancien conservateur-adjoint au Muséum britannique.

26. **Coccinella nivicola**; MULSANT.

Subhémisphérique. Prothorax noir, paré aux angles de devant d'une tache flave, subtriangulaire ou très-inégalement subquadrangulaire. Ely-

tres d'un jaune rouge, ornées d'une tache flave près de l'écusson, d'une tache scutellaire subcordiforme noire, et chacune de deux taches de même couleur : l'antérieure en triangle allongé et obliquement renversé ; la postérieure, subarrondie ou obtriangulaire.

Coccinella nivicola (Eschscholtz, Dejean). — Muls., Spec. p. 109. 17.

Long. 0^m,0061 à 0^m,0067 (2 l. 3/4 à 3 l.). — Larg. 0^m,0045 à 0^m,0049 (2 l. à 2 l. 1/8).

Patrie : le Kamtschatka (Dejean, Chevrolat, Deyrolle, etc.); Sitka (Muséum de Saint-Pétersbourg).

27. **Coccinella Brucki**; Mulsant.

Subhémisphérique. Prothorax noir, paré aux angles de devant d'une tache flave, inégalement quadrangulaire. Elytres d'un rouge roux, ornées d'une tache flave près de l'écusson, d'une tache scutellaire en ovale transverse, et chacune de trois grosses taches, noires : les 1re et 3e rapprochées du bord externe : la 1re subarrondie, aux deux cinquièmes : la 3e transverse, aux cinq septièmes : la 2e rapprochée de sa suture, un peu avant la moitié, en ovale transverse.

Long. 0^m,0078 (3 l. 1/2). — Larg. 0^m,0056 (2 l. 1/2).

Corps subhémisphérique. *Tête* noire, avec le bord antérieur de l'épistome et une tache ponctiforme joignant le côté interne de chaque œil, jaunes ou flaves. *Antennes* d'un roux testacé, à extrémité obscure. *Prothorax* noir, paré en devant d'une tache irrégulièrement quadrangulaire, couvrant la moitié antérieure des côtés, prolongé jusqu'aux deux cinquièmes à son côté interne, un peu onduleuse au postérieur. *Ecusson* noir. *Elytres* d'un rouge roux, ornées d'une tache flave au côté de l'écusson, d'une tache scutellaire en ovale transverse et chacune de trois grosses taches, noires. *Repli* d'un flave orangé. *Dessous du corps* et *pieds* noirs. *Epimères* du médipectus, blanches.

Patrie : le Japon. Communiquée par M. De Bruck, de Crefeld, entomologiste plein de zèle et de talent, à qui je l'ai dédiée.

Obs. Quelquefois on voit près de l'angle sutural un très-petit point noir, qui paraît accidentel.

28. **Coccinella californica** ; Mannerheim.

Subhémisphérique. Prothorax noir, paré aux angles de devant d'une tache d'un blanc flave, irrégulièrement quadrangulaire. Elytres d'un roux fauve avec les côtés de l'écusson flaves, ornées d'une tache scutellaire ovale ou en losange, noire, avec le reste du rebord sutural obscur. Epimères du médipectus, flaves.

Coccinella californica (Eschscholtz, Dejean). — Mannerh., Bull. de Moscou. 1843. p. 312. 298. — Muls, Spec. p. 110. 18.

Long. 0m,0063 à 0m,0067 (2 l. 7/8 à 3 l.). — Larg. 0m,0045 (2 l.).

Patrie : la Californie (Dejean, Doubleday, Deyrolle, etc.)

Obs. Parfois la tache scutellaire noire est peu apparente.

Peut-être la *Cocc. franciscana*, Muls. (Opusc. t. III, p. 19), n'est-elle, comme je l'ai dit, qu'une variété de celle-ci. Elle en diffère par l'existence d'une bordure linéaire au bord antérieur du prothorax, et par les épimères du postpectus, blanches. La tache scutellaire même est un peu plus longuement prolongée.

29. **Coccinella tripunctata** ; Rossi.

Tête noire à deux points blancs. Prothorax noir, paré aux angles de devant d'une tache inégalement triangulaire prolongée jusqu'aux deux tiers des côtés, étendus en devant jusqu'à la sinuosité. Elytres d'un rouge ou roux jaune, avec une tache flave près de l'écusson ; ornés sur les côtés de celui-ci d'une tache ovalaire divergents d'avant en arrière avec sa pareille et d'une tache ponctiforme sur le disque, un peu avant les trois quarts de leur longaeur. Dessous du corps et pieds noirs.

Coccinella tripunctata, Rossi. — Motschulsky, Mém. de la Soc. des nat. de Moscou, t. V. p. 424. 44. pl. XVI. fig. *f*.

Long. 0m,0036 (2 l. 1/2). — Larg. 0m,0033 (1 l. 1/2).

Patrie : Arménie (Motschulsky).

30. **Coccinella quinque-punctata** ; Linné.

Subhémisphérique. Prothorax noir, paré aux angles de devant d'une tache flave irrégulièrement quadrangulaire, prolongée latéralement jusqu'aux trois quarts. Elytres d'un rouge roux ou d'un roux fauve, flaves sur les côtés de l'écusson ; ordinairement marquées d'une tache scutellaire et chacune de deux points, noirs : l'un, presque à la moitié, sur le disque, plus rapproché de la suture que du bord externe : l'autre, voisin de ce bord, aux deux tiers : l'un de ces points parfois nul. Epimères du médipectus, blanches.

Coccinella quinque-punctata. Linné. — Id. Muls., Hist. nat d. Coléopt. de Fr. (Sécuripalpes). p. 76. 2. — Id. Spec. p. 111. 19.

Long. 0m,0039 à 0m,0056 (1 l. 3/4 à 2 l. 1/2). — Larg. 0m,0029 à 0m,0039 (1 l. 1/3 à 1 l. 3/4).

Patrie : dans la plupart des parties de l'Europe.

Obs. Quelquefois les élytres présentent chacune un ou deux petits points noirs, en dehors du nombre normal. Rarement le point discal se dilate de manière s'étendre jusqu'à la suture et à s'unir à son pareil.

31. **Coccinella Saucerottii**; MULSANT.

Subhémisphérique. Prothorax noir, paré aux angles de devant d'une tache blanche, irrégulièrement quadrangulaire, extérieurement prolongée jusqu'aux deux tiers des bords latéraux. Elytres d'un rouge fauve, ornées d'une tache scutellaire suborbiculaire, et chacune de quatre autres, noires: la première, ponctiforme, sur le calus : la deuxième, grosse, en ovale transversal, une fois plus voisine de la suture que du bord externe, un peu avant le milieu : les troisième et quatrième, ponctiformes, en rangée transversale un peu oblique : la troisième, aux deux tiers, rapprochée du bord externe : la quatrième, un peu plus postérieure, au quart interne. Epimères noires.

Coccinella Saucerottii. MULS., Spec. p. 111. 20.

Long. 0m,0056 à 0m,0067 (2 l. 1/2 à 3 l.). — Larg. 0m,0045 à 0m,0051 (2 l. à 2 l. 1/4).

Patrie : Kiakhta (Muséum de Saint-Pétersbourg).

Dédiée à feu Saucerotte, de Lunéville, naturaliste distingué, versé dans la connaissance de la plupart des branches de l'histoire naturelle.

32. **Coccinella divaricata**; OLIVIER.

Brièvement ovale. Prothorax noir; peu émoussé aux angles; paré à ceux de devant d'une tache quadrangulaire, subéquilatérale, blanche, prolongée jusqu'aux trois cinquièmes des côtés. Elytres subacuminées postérieurement; d'un rouge jaune, flaves sur les côtés de l'écusson, marquées d'une tache scutellaire et chacune de trois autres, irrégulières, noires : deux également rapprochées du bord externe : l'une, ordinairement en losange, aux deux septièmes, l'autre aux deux tiers : la troisième, voisine de la suture, presque aux deux cinquièmes : ces taches souvent étendues. Epimères du médipectus, blanches.

Coccinella divaricata. Oliv. — Muls., Spec. p. 112. 21.

Long. 0m,0056 à 0m,0078 (2 l. 1/2 à 3 l. 1/2). — Larg. 0m,0045 à 0m,0056 (2 l. à 2 l. 1/2).

Patrie : l'île de Naxos (Chevrolat, *type* d'Olivier) ; la Grèce (Dejean); l'Orient, les Indes (Deyrolle, Hope, Perroud, Westmann, etc.).

Obs. Les taches s'unissent d'une manière variable, et la matière colorante noire, en s'étendant, rend plus irrégulière la forme des taches et constitue les dessins les plus capricieux. La 1re tache de la juxta-marginale antérieure est ordinairement en losange.

33. **Coccinella septem-punctata**; Linné.

Subhémisphérique. Prothorax noir, peu émoussé aux angles ; paré à ceux de devant d'une tache quadrangulaire subéquilatérale, blanche. Elytres d'un rouge fauve, flaves sur les côtés de l'écusson, ornées d'une tache scutellaire, et chacune ordinairement de trois points noirs : deux, également rapprochés du bord externe : l'antérieur, aux deux septièmes : le postérieur, aux deux tiers : le 3e aux deux cinquièmes de leur largeur, plus rapproché de la suture que du bord externe. Epimères du médipectus, blanches.

Coccinella 7-punctata. Linné. — Muls., Hist. nat. d. Coléopt. d. Fr. (Sécuripalpes). p. 79. 3. — Id. Spec. p. 115. 22.

Long. 0m,0051 à 0m,0078 (2 l. 1/4 à 3 l. 1/2). — Larg. 0m,0045 à 0m,0067 (2 à 3 l.)

Patrie : l'Europe, l'Orient, le nord de l'Afrique, Madère, etc.

Obs. Un ou plusieurs points noirs des élytres font quelquefois défaut; d'autres fois les étuis montrent chacun un ou deux points noirs, en sus du nombre normal.

34. **Coccinella magnifica**; REDTENBACHER.

Subhémisphérique. Prothorax noir, subarrondi aux angles, paré à ceux de devant d'une tache blanche, quadrangulaire, iniquilatérale, prolongée latéralement jusqu'aux deux tiers. Elytres d'un rouge jaune, flaves sur les côtés de l'écusson, marquées d'une tache scutellaire et chacune ordinairement de trois points, noirs : deux inégalement rapprochés du bord externe : l'antérieur, plus extérieur, au tiers : le postérieur, aux deux tiers de leur longueur : le 3e, aux trois septièmes, plus rapproché de la suture que du bord externe. Extrémité du postépisternum, épimères des médi et postpectus, blanches.

Coccinella magnifica. REDTENB. — *Coccinella labilis.* MULS. Hist. nat. d. Coléopt. (Sécuripalpes). p. 84. 4. — Id. Spec. p. 113. 25.

Patrie : la France, l'Allemagne, etc.

35. **Coccinella Eugenii**; MULSANT.

Subhémisphérique. Prothorax noir, paré en devant d'une bordure d'un blanc flave, liée à ses extrémités à une tache quadrangulaire de même couleur, couvrant les deux tiers antérieurs des côtés. Elytres d'un roux jaune, ornées d'une tache scutellaire, et chacune d'un point sur le calus et de deux bandes un peu obliquement transverses et raccourcies à leurs extrémités, noires.

Long. 0^m,0051 (2 l. 1/4). — Larg. 0^m,0045 (2 l.).

Corps subhémisphérique. *Tête* blanche ou d'un blanc flave, avec le bord postérieur et une bande transversale près du bord antérieur de l'épistome, noirs : labre d'un fauve testacé. *Antennes* testacées, à extrémité obscure. *Palpes maxillaires* noirs ou obscurs. *Prothorax* en arc légèrement bissinué à la base ; noir, paré à son bord antérieur d'une bordure d'un flave blanchâtre, égale au moins au cinquième de la longueur, sur la ligne médiane : cette bordure liée à chacune de ses extrémités d'une tache de même couleur, irrégulièrement quadrangulaire, étendue en devant jusqu'à la sinuosité postoculaire, offrant un angle postéro-interne dirigé en arrière jusqu'à la moitié de leur longueur, étendue en devant jusqu'à la sinuosité postoculaire, prolongée latéralement jusqu'aux deux tiers des côtés. *Ecusson* noir. *Elytres* d'un fauve jaune ou d'un roux jaune ou orangé, ornées d'une tache scutellaire et chacune d'un point et de deux bandes, noires : la tache scutellaire, obcordiforme ou obtriangulaire, prolongée jusqu'au sixième de la suture : la tache ponctiforme, sur le calus, un peu étendue au côté interne : la 1re bande, un peu obliquement transverse, étendue du cinquième externe, vers les deux cinquièmes de la longueur, aux trois septièmes de la longueur, non liée à la suture : la 2e bande, étendue depuis le sixième externe de la largeur, vers les deux tiers de la longueur, jusqu'au cinquième interne de la largeur, vers les trois quarts de la longueur. *Dessous du corps* et *pieds* noirs : épimères du médipectus, blanches.

Patrie : la Californie (Félix).

Je l'ai dédiée à mon ami Eugène Félix, qui sait unir au génie commercial les goûts les plus éclairés pour l'entomologie.

Obs. La tête manque parfois de la bordure noire, située près du bord antérieur de l'épistome. La tache ponctiforme du calus est souvent dilatée au point de se rapprocher de la tache scutellaire.

36. **Coccinella monticola** ; Mulsant.

Subhémisphérique. Prothorax noir, paré aux angles de devant d'une tache irrégulièrement quadrangulaire, d'un blanc flave, prolongée jusqu'aux deux tiers des bords latéraux. Elytres d'un fauve jaune, ornées d'une tache scutellaire obcordiforme, et chacune de deux bandes raccourcies, noires : l'antérieure, plus large, oblique, vers le tiers ; la postérieure, droite, un peu après les deux tiers. Epimères du médipectus, blanches.

Coccinella monticola. Muls., Spec. p. 115. 24.

Long. 0m,0072 (3 l. 1/4). — Larg. 0m,0056 (2 l. 1/2).

Patrie : les Montagnes-Rocheuses (Leconte).

37. **Coccinella nugatoria**; Mulsant.

Subhémisphérique. Prothorax noir, paré aux angles de devant d'une tache irrégulièrement quadrangulaire, d'un blanc flave ; à peine prolongée après le milieu de la longueur des bords latéraux. Elytres d'un fauve jaune, ornées d'une tache scutellaire et chacune de quatre autres, noires. La première, ponctiforme, sur le calus : la deuxième, ponctiforme, vers le tiers externe : les troisième et quatrième, deux fois aussi larges que longues : la troisième, juxta-suturale, vers la moitié : la quatrième, vers les deux tiers, plus rapprochée du bord externe que de la suture. Epimères du médipectus, blanches.

Coccinella transvasalis (Chevrolat). Muls., Spec. p. 117. 25. — *Coccinella nugatoria.* Muls., Spec. p. 1021.

Long. 0m,0060 à 0m,0072 (2 l. 3/4 à 3 l. 1/4). — Larg. 0m,0033 à 0m,0048 (2 l. à 2 l. 1/3).

Patrie : le Mexique (Chevrolat).

38. **Coccinella transverso-guttata**; Faldermann.

Subhémisphérique. Prothorax noir, paré aux angles de devant d'une tache irrégulièrement quadrangulaire, d'un blanc flave, à peine prolongée après le milieu de la longueur des bords latéraux. Elytres d'un fauve jaune, ornées d'une bande subbasilaire, s'étendant d'un calus à l'autre, et chacune de trois taches, noires : la première, ponctiforme, vers le tiers externe : les deuxième et troisième, deux fois aussi larges que longues : la deuxième, juxta-suturale, vers la moitié : la troisième, vers les deux tiers, plus rapprochée du bord extérieur que de la suture. Epimères du médipectus au moins, blanches.

Coccinella transverso-guttata. Fald. — Id. Muls., Spec. p. 117. 26.

Long. 0m,0056 à 0m,0078 (2 l. 1/2 à 3 l. 1/2). — Larg. 0m,0045 à 0m,0056 (2 l. à 2 l. 1/2).

Patrie : la Sibérie, les îles Behring et Kouriles (Muséum de Saint-Pétersbourg); le Groënland (Dejean, Deyrolle, Westmann, etc.); le Canada (Muséum de Londres).

39. **Coccinella trifasciata** ; Linné.

Subhémisphérique. Prothorax noir ; paré aux angles de devant d'une tache sinueusement triangulaire, prolongée jusqu'aux trois cinquièmes des bords latéraux, et (♂) d'une bordure antérieure, flaves. Elytres d'un jaune rouge, ornées chacune d'une tache flave sur les côtés de l'écusson, et de trois bandes noires, extérieurement raccourcies et dont l'antérieure seule est prolongée jusqu'à la suture. Epimères blanches.

Coccinella trifasciata. Linné. — Id. Muls., Spec. p. 119. 27.

Long. 0m,0045 à 0m,0056 (2 à 2 l. 1/2). — Larg. 0m,0036 à 0m,0042 (1 l. 2/3 à 1 l. 7/8).

Patrie : diverses parties de la Sibérie, du nord de l'Europe et de l'Amérique (Dejean, Deyrolle, etc.).

Obs. La bande du milieu est parfois divisée ou raccourcie.

40. **Coccinella novem-stigma** ; Mulsant.

Subhémisphérique. Front noir, à deux points blancs. Prothorax noir, paré en devant d'une bordure flave étroite, liée de chaque côté à une tache de même couleur, irrégulièrement quadrangulaire, couvrant les angles antérieurs jusqu'aux deux tiers des bords latéraux. Elytres d'un jaune rouge, ornées d'une tache scutellaire et chacune de quatre autres, noires : une sur le calus : deux presque également rapprochées du bord externe : l'antérieure au tiers : la postérieure grosse, orbiculaire vers les deux tiers : une autre subdiscale aux trois septièmes, rapprochée de la suture. Epimères du médipectus, blanches : celles du postpectus, blanchâtres.

Coccinella novem-stigma. MULS., Spec. p. 121. 28.

Long. 0^m,0067 (2 l.). — Larg. 0^m,0052 (2 l. 1/4).

Patrie : la province d'Irkutsk (Muséum de Saint-Pétersbourg).

Obs. La tache du calus est parfois liée à la partie antéro-interne de la tache subdiscale.

41. **Coccinella novem-notata**; HERBST.

Subhémisphérique. Prothorax paré en devant d'une bordure flave, liée de chaque côté à une tache quadrangulaire flave, couvrant les angles antérieurs jusqu'aux trois cinquièmes des bords latéraux. Elytres d'un jaune rouge, avec le rebord sutural noirâtre, ornées d'une tache scutellaire et chacune de quatre sortes de points noirs : un sur le calus ; deux également rapprochés du bord externe : l'antérieur au tiers, plus petit, le postérieur transversal aux deux tiers : un plus gros placé près de la suture, aux trois septièmes. Epimères des médi et postpectus, blanches.

Coccinella 9-notata. HERBST. — Id. MULS., Spec. p. 123. 29.

Long. 0^m,0060 à 0^m,0067 (2 l. 3/4 à 3 l.). — Larg. 0^m,0047 à 0^m,0052 (2 l. 1/8 à 2 l. 1/4).

Patrie : les États-Unis (Dejean, Deyrolle, Doubledeay, Guex, etc.); le Mexique (Westwood) ; Guatemala (Sallé).

Obs. Quelquefois le point noir du calus est lié à l'antérieur.

42. **Coccinella repanda**; THUNBERG.

Subhémisphérique. Prothorax noir, paré aux angles de devant d'une tache irrégulièrement quadrangulaire, prolongée jusqu'aux trois cinquièmes des côtés, et d'une bordure antérieure (♂), jaune. Elytres jaunes ou d'un rouge jaune, flaves sur les côtés de l'écusson ; ornées d'une bordure suturale constituant une tache postscutellaire et une tache subapicale, et chacune de deux sortes de bandes raccourcies en forme d'accent circonflexe, et d'une tache ponctiforme liée aux cinq sixièmes du bord externe, noires : ces bandes et taches, surtout les deux postérieures, souvent liées à la bordure.

Coccinella repanda. THUNBERG. — Id. MULS., Spec. p. 124. 30.

Long. 0m,0059 (2 l. 2/3). — Larg. 0m,0042 (1 l. 7/8).

Patrie : les Indes (Dejean, Germar, Perroud, etc.); Java (Buquet, etc.; Triton-Bay (Muséum de Paris); Nouvelle-Hollande (Chevrolat, Deyrolle, Melly, Reiche, etc.); Van Deimen (Westermann); autres îles de l'Australie (Westwood).

Obs. Dans les variations par excès, la bordure suturale est moins étroite, les bandes et les taches ponctiformes s'unissent variablement à cette bordure.

43. **Coccinella leonina**; FABRICIUS.

Subhémisphérique, d'un noir brillant, en dessus. Prothorax paré aux angles de devant d'une tache flave ou jaune en carré large, couvrant la moitié du bord externe. Elytres parées chacune de huit taches jaunes ou orangées de formes variées : les 1re et 2e liées à la base, obtriangulaires (la 1re oblique, juxta-suturale, la 2e humérale), les 3e, 4e et 5e, en rangée transversale, un peu avant la moitié de leur longueur (la 3e rapprochée de la suture : les 4e et 5e, ponctiformes, rapprochées sur le tiers externe de leur largeur) : les 6e et 7e vers les trois quarts (la 6e rapprochée de la suture : la 7e, marginale), la 8e, apicale. Epimères noires.

Coccinella leonina. FABR. — Id. MULS., Spec. p. 128. 31.

Long. 0m,0045 à 0m,0051 (2 l. à 2 l. 1/4). — Larg. 0m,0036 à 0m,0039 (1 l. 2/3 à 1 l. 3/4).

Patrie : la Nouvelle-Hollande (Banks (*type*), Deyrolle), Nouvelle-Zélande (Hope, Melly, Muséum britannique).

Genre *Cisseis*, CISEIS, Mulsant.

CARACTÈRES. *Ongles* simples. *Antennes* ne paraissant avoir que dix articles. *Epistome* à côtés parallèles. *Mésosternum* entier.

1. **Ciseis furcifera**; GUÉRIN.

Subhémisphérique. Prothorax et élytres noirs : le premier, orné d'une bordure antérieure à cinq dents dirigées en arrière : les secondes, parées d'une bordure marginale, postérieurement liée à une ligne irrégulièrement juxta-suturale, bifurquée en devant ou plutôt en forme de boucle entière, ou interrompue dans le milieu de ses côtés, et d'un trait longitudinal postérieurement raccourci, situé entre cette ligne et la bordure, d'un flave rouge ou testacé.

Coccinella furcifera. GUÉRIN. — *Ciseis furcifera*. MULS., Spec. p. 130. 1.

Long. 0m,0056 (2 l. 1/2). — Larg. 0m,0042 (1 l. 7/8).

Patrie : la Nouvelle-Hollande (Guérin, type, Deyrolle, etc.)

TROISIÈME BRANCHE.

LES HALYSIAIRES.

CARACTÈRES. *Plaques pectorales* et *abdominales* existantes. *Ecusson* très-apparent, au moins aussi large que la dixième partie de la base d'une élytre. *Antennes* ordinairement grêles et prolongées au moins jusqu'aux trois quarts des côtés du prothorax, assez souvent plus longuement prolongées que ceux-ci ; à massue plus ou moins allongée, composée d'articles généralement plus longs que larges, et dont le dernier au moins, par sa base plus étroite que l'extrémité du précédent, se détache visiblement de celui-ci. *Yeux* habituellement en partie voilés par le bord antérieur et souvent translucide du prothorax : côtés de celui-ci généralement peu déclives et relevés en rebord. *Elytres* ordinairement en gouttière plus ou moins large, sur les côtés ; souvent rousses ou blondes, parées de gouttes blanches, parfois d'une couleur claire, soit d'un blanc flavescent, flave ou jaune, soit plus rarement de l'une des nuances du rouge, ornées de points ou de taches noires.

Cette branche se partage en deux rameaux :

		Rameaux.
Antennes	parfois à peine aussi longuement prolongées que les côtés du prothorax ; à dernier article tronqué (presque toujours en biseau), ordinairement un peu écointé, c'est-à-dire obliquement coupé sur l'un des côtés ou sur tous les deux	Myziates.
	en général plus longuement prolongées que les côtés du prothorax, à massue allongée, à dernier article soit arrondi, soit obliquement coupé à son extrémité et terminé par un angle	Halyziates.

PREMIER RAMEAU.

LES MYZIATES.

Caractères. *Antennes* parfois aussi longuement prolongées que les côtés du prothorax; à dernier article tronqué (presque toujours en biseau), ordinairement un peu écointé, c'est-à-dire obliquement coupé sur l'un des côtés ou sur tous les deux.

Ces insectes se répartissent dans les genres suivants :

Genres.

Massue des antennes

- à articles courts : les premier et deuxième de ladite massue ou les neuvième et dixième de l'antenne obtriangulaires, en forme de dent ou sensiblement plus dilatés au côté interne qu'à l'externe. Prothorax assez fortement échancré, à angles antérieurs sensiblement incourbés, à angles postérieurs peu émoussés. Mésosternum échancré jusqu'au tiers. . . . . *Anatis*.
- à articles ordinairement assez allongés; quelquefois courts, mais alors neuvième article de l'antenne peu sensiblement plus dilaté au côté interne et non en forme de dent. Prothorax à angles antérieurs peu inclinés, à angles postérieurs subarrondis; mésosternum non échancré jusqu'au tiers.
  - Ongles à crochets courts, dépassant peu notablement la dent située à la base de chacun d'eux. . . . . *Clynis*.
  - Ongles munis d'une dent basilaire.
    - Ongles bifides. . . . . *Vodella*.
    - Ongles à crochets allongés et dépassant au moins de la moitié de leur longueur la dent dont ils sont armés.
      - Massue des antennes à articles assez allongés : le premier de ladite massue généralement plus long que large.
        - Ongles armés d'une dent naissant vers le milieu de leurs crochets. Prothorax arrondi aux angles postérieurs. . . . . *Mysia*.
        - Ongles armés d'une dent basilaire. Elytres ornées de gouttes blanches.
          - Mésosternum entier.
            - Plaques abdominales atteignant le bord postérieur de l'arceau. . . . . . *Sospita*.
            - Plaques abdominales n'atteignant pas le bord postérieur de l'arceau. . . . . . *Myrrha*.
          - Mésosternum échancré. . . . . . *Calvia*.
      - Massue des antennes à articles assez courts. Elytres à taches ou à signes noirs ou obscurs.
        - Plaques abdominales atteignant à peu près vers le quart de la largeur, le bord postérieur de l'arceau. Corps brièvement ovale . . . . *Egleis*.
        - Plaques abdominales n'atteignant que vers les côtés, le bord postérieur de l'arceau. Corps ovale-oblong . . . . . . *Cleodora*.

Genre *Anatis*, Anatis ; Mulsant.

Caractères. *Massue des antennes*, à articles courts ; le premier de ladite massue ou le neuvième de l'antenne, obtriangulaire, en forme de dent ou sensiblement plus dilaté au côté interne qu'à l'externe. *Prothorax* assez profondément échancré en devant ; peu émoussé aux angles antérieurs et postérieurs : les premiers sensiblement incourbés ; subcurvilinéairement élargi, muni d'un rebord étroit et relevé, sur les côtés ; en arc dirigé en arrière, à la base et d'une manière légèrement sinueuse près des angles de derrière. *Elytres* d'un sixième environ plus large en devant que le prothorax ; ovalaires, tronquées en arc rentrant, en devant ; rebordées et relevées sur les côtés, de manière à former une gouttière déclive, indistincte après la moitié de la longueur ; convexes. *Mésosternum* échancré jusqu'au tiers et déprimé plus postérieurement. *Ongles* munis d'une dent basilaire. *Corps* ovalaire.

1. **Anatis quindecimpunctata** ; Olivier.

Ovale. Prothorax noir, paré de deux taches à la base, et d'une bordure latérale flave ou jaune : celle-ci notée d'un point noir. Elytres d'un rouge obscur, marquées d'une tache juxta-scutellaire et chacune de sept autres ponctiformes noires, une sur le calus : trois en rangée transversale au tiers : trois en rangée analogue aux deux tiers. Jambes et tarses roux.

Coccinella 15-punctata. Olivier, Muls., Spec. p. 133. 1.

Long. $0^m,0078$ à $0^m,0090$ (3 l. 1/2 à 4 l.). — Larg. $0^m,0061$ à $0^m,0072$ (2 l. 3/4 à 3 l. 1/8).

Patrie : l'Amérique du nord et quelques îles des Antilles.

Obs. Les points des élytres sont parfois peu apparents et d'autres fois entourés d'un cerle flave.

2. **Anatis ocellata** ; Linné.

Brièvement ovale. Prothorax noir, paré de deux taches basilaires, et d'une bordure de chaque côté, blanches : celles-ci notées d'un point noir. Elytres d'un roux ou rouge fauve bordées de noir ; marquées d'une tache scutellaire, et ordinairement chacune de sept à neuf autres, ponctiformes, noires ; généralement entourées d'un cercle flave.

Coccinella ocellata. Linné. — Muls., Hist. nat. des Coléopt. (Sécuripalpes). p. 133. 1. — Id. Spec. p. 135. 2.

Patrie : l'Europe.

3. **Anatis mobilis**; Mulsant.

Ovale. Prothorax d'un blanc flavescent, marqué sur son disque d'une M noire. Elytres d'un jaune d'ocre testacé, ornées chacune de neuf points noirs assez petits : deux, subbasilaires (l'externe sur le calus) : trois, en rangée transversale, faiblement arquée en arrière vers le tiers : quatre, en rangée transversale aux deux tieurs : les deux internes de ceux-ci, liés ou presque confondus.

Coccinella mobilis. V. de Motschulsky. — *Anatis mobilis*. Muls., Spec. p. 1022. 3.

Long. 0^m,0067 (3 l.). — Larg. 0^m,0048 (2 l. 1/8).

Patrie : la Daourie (Motschulsky).

4. **Anatis circe**; Mulsant.

Ovale; médiocrement convexe. Prothorax d'un blanc flavescent, marqué sur son disque d'une sorte d'M noire. Ecusson blanc. Elytres chargées d'un pli transverse, vers les cinq sixièmes de leur longueur; d'un jaune testacé, ornées de neuf points noirs : deux près de la base (l'externe sur le calus) : trois, en rangée arquée en arrière vers les tiers de leur longueur : trois, en rangée transversale, vers les deux tiers : le neuvième sur le milieu du pli.

Anatis circe. Muls., Opusc. t. VII. p. 142.

Long. 0^m,0078 (3 l. 1/2). — Larg. 0^m,0061 (2 l. 3/4)

Patrie : la Chine (Buquet).

5. **Anatis thibetina**; MULSANT.

Ovale. Prothorax noir, paré de chaque côté, d'une tache flave, étendue en devant jusqu'à la sinuosité postoculaire, et prolongée jusqu'aux deux tiers de sa longueur. Elytres d'un jaune testacé, ornée d'une bordure suturale et de trois bandes transversales (la 1re ordinairement interrompue au côté interne : la dernière apicale) et d'une bande longitudinale passant sur le calus et prolongée jusqu'à la 2e bande transversale, noires : ce réseau, partageant la surface des élytres en cinq aréoles, dont les première et deuxième juxta-scutellaires sont unies.

Anatis thibetina. MULS., Opus. t. III. p. 20.

Long. 0^m,0056 (2 l. 1/2). — Larg. 0^m,0039 (1 l. 3/4).

Patrie : le Thibet (Chevrolat).

Genre *Vodella*, VODELLE ; Mulsant.

CARACTÈRES. *Massue des antennes* à articles allongés. *Ongles* bifides. *Plaques* abdominales en demi-cercle prolongé jusqu'à l'extrémité de l'arceau.

1. **Vodella impressa**; MULSANT.

Subhémisphérique. Prothorax marqué d'une fossette longitudinale sur les côtés : noir, avec les angles de devant livides. Elytres ornées, vers les deux septièmes de leur longueur, d'une bande transversale noire ou brune, presque linéaire, arrivant à peine jusqu'à la suture, d'un jaune roux, au devant de cette bande, et d'un roux rougeâtre postérieurement à celle-ci.

Vodella impressa. MULS., Opusc. t. III. p. 21.

Long. 0^m,0051 (2 l. 1/4). — Larg. 0^m,0045 (2 l.).

Patrie : Cayenne (Deyrolle).

Genre *Clynis*, Clynis.

Obs. J'ai formé ici une coupe, avec l'espèce suivante, quoique je n'aie pu en étudier qu'imparfaitement les caractères, l'exemplaire unique, dont j'ai eu la communication, étant privé de ses antennes. Cet individu se rapproche des Mysies par son prothorax faiblement échancré en devant et surtout de la *M. notans*, par sa forme ; mais il s'en éloigne par ses ongles ; il a les crochets de ceux-ci à peine moins courts que la dent basilaire. Il diffère des Anatis par la faiblesse de l'échancrure prothoracique, par les angles antérieurs du même segment très-émoussés et les postérieurs subarrondis.

1. **Clynis humilis** ; Mulsant.

Assez brièvement ovale. Prothorax d'un flave tirant sur le rougeâtre, en devant et plus largement sur les côtés, et presque insensiblement d'un rouge fauve inégalement, brunâtre sur le reste de sa surface, marqué d'un point obscur sur les bordures latérales. Elytres d'un rouge brun ou d'un rouge roux obscur, ou inégalement brunâtre, parées sur les côtés d'une bordure flave, sinueusement élargie vers l'extrémité, égale au moins au quart de la largueur, vers la moitié de la longueur.

Clynis humilis. Muls., Spec. p. 136. 1. — *Clynis humilis*. Id. Append. p. 1023.

Genre *Mysia*, Mysie ; Mulsant.

Caractères. *Ongles* armés d'une dent naissant vers le milieu de chacun de leurs crochets. *Antennes* à massue assez allongée. *Prothorax* faiblement ou peu profondément échancré en devant, avec les sinuosités postoculaires peu prononcées; subarrondi aux angles postérieurs, ordinairement émoussé aux antérieurs; arqué ou subarqué et relevé en rebord latéralement; bissubsinueusement en arc dirigé en arrière, à la base : médiocrement convexe. *Elytres* arrondies ou subarrondies aux épaules; en ovale tronqué en arc rentrant, en devant, et de forme un peu variable suivant les espèces; relevées latéralement en rebord. formant une gouttière plus ou moins prononcée; médiocrement convexes. *Corps* ovalaire.

1. **Mysia pullata**; SAY.

Ovale. Prothorax noir, paré, étroitement en devant, et largement sur les côtés, d'une bordure flave : chacune des latérales marquées dans son milieu d'une tache subponctiforme, noire. Elytres d'un roux fauve, avec les côtés de l'écusson, et les côtés externes, sur la largeur du repli, jaunes ou d'un jaune testacé.

Coccinella pullata. SAY, Journ. of the Acad. of nat. sc. of Philadelphia, t. V. p. 301. 1.
Coccinella notans. RANDALL. — *Mysia notans.* MULS., Spec. p. 137. 1.
Mysia pullata. MULS., Spec. p. 1023.

Long. $0^m,0067$ (3 l). — Larg. $0^m,0056$ (2 l. 1/2).

Patrie : l'Amérique septentrionale (Melly).

2. **Mysia subvittata**; MULSANT.

Brièvement en ovale, et en ogive postérieurement. Prothorax paré sur les côtés d'une large bordure flave, orné sur le dos de deux bandes noires longitudinalement en angle rentrant, prolongées chacune de la sinuosité postoculaire au quart externe de la base; d'un blond testacé entre les bandes. Elytres d'un blond testacé, ornées chacune de trois bandes longi-

tudinales noirâtres : les deux internes interrompues vers le cinquième : l'interne prolongée jusqu'à la moitié : l'intermédiaire, jusqu'aux cinq sixièmes ; la troisième, jusqu'aux quatre cinquièmes, antérieurement raccourcie.

Coccinella subvittata (Reiche). Muls., Spec. p. 138.

Long. 0m,0078 (3 l. 1/2). — Larg. 0m,0070 (3 l. 1/8).

Patrie : les parties occidentales de l'Amérique du nord (Reiche).

3. **Mysia ramosa** ; Faldermann.

Ovale ; noire, en dessus. Prothorax largement bordé de blanc flave sur les côtés, et étroitement en devant. Elytres ornées chacune d'une tache ponctiforme juxta-scutellaire, d'une bordure marginale assez large, et de trois lignes antérieurement raccourcies, d'un blanc flave : la ligne interne, juxta-suturale : les deux autres, obliquement longitudinales, liées à celle-ci la voisine, vers les deux tiers : l'externe à l'angle sutural.

Coccinella ramosa (Mannerheim). Faldermann. — *Mysia ramosa.* Muls., Spec. p. 139. 3.

Long. 0m,0059 à 0m,0072 (2 l. 2/3 à 3 l. 1/4.). — Larg. 0m,0040 à 0m,0045 (1 l. 3/4 à 2 l.).

Patrie : la Sibérie (Dejean) ; la Daourie (Muséum de Saint-Pétersbourg).

4. **Mysia lignicolor** ; Mulsant.

Ovale. Prothorax largement bordé de blanc flave sur les côtés, noir ou brun sur la moitié longitudinale médiaire. Elytres d'un roux fauve ou couleur de bois, parsemées de petites taches ponctiformes noirâtres, et parées chacune de trois ou quatre lignes en partie interrompues, d'un blanc flavescent : la première ligne, formée de deux taches (à la base et vers le tiers) et d'une ligne non prolongée jusqu'à l'extrémité : la deuxième réduite à une tache voisine de la deuxième de la première ligne : la troisième naissant après le calus, ordinairement unie postérieurement à l'extrémité de la tache linéaire de la première ligne, annexée à une tache presque unie située à son côté externe, sur la moitié de la longueur des étuis : la quatrième sur la gouttière raccourcie postérieurement.

Long. 0m,0067 (3 l.). — Larg. 0m,0056 (2 l. 1/2).

Patrie : le Brésil (Collect. Chevrolat).

Obs. Elle a tant d'analogie avec la *M. oblongo-guttata*, qu'elle semble n'en être qu'une variété. Elle s'en distingue principalement par son corps plus court, arrondi postérieurement; par la partie médiane de son prothorax complétement noire, excepté près du bord antérieur; par la couleur des élytres plus foncées, couleur de bois et parsemé sur cette couleur foncée ou de points noirs ou noirâtres. La disposition des lignes ou taches d'un blanc flavescent est la même. Le dessous du corps et les pieds sont fauves, comme chez la suivante.

5. **Mysia oblongo-guttata**; Linné.

Ovale. Prothorax largement bordé de blanc sur les côtés, d'un roux fauve vers la moitié médiaire et marqué sur celle-ci d'une M noirâtre plus ou moins distincte. Elytres blondes ou d'un roux fauve, parées chacune de trois ou quatre lignes en partie interrompues, d'un blanc flavescent : la 1re ligne formée de deux taches (à la base et vers le tiers) et d'une ligne non prolongée jusqu'à l'extrémité : la 1re, souvent réduite à une tache vers le tiers, et parfois d'une autre vers la base : la 3e naissant après le calus, ordinairement unie postérieurement à l'extrémité de la 1re, souvent annexée vers la moitié de la longueur des étuis à une tache extérieure presque carrée : la 4e sur la gouttière.

Coccinella oblongo-guttata. Linné. — Muls., Hist. nat. (Sécuripalpes). p. 129. 1. — Id. Spec. p. 141. 4.

Long. 0m,0061 à 0m,0084 (2 l. 3/4 à 3 l. 3/4(. — Larg. 0m,0045 à 0m,0057 (2 l. à 2 l. 1/2).

Patrie : diverses parties de l'Europe. — Sur les pins.

Obs. L'M noire du prothorax est plus ou moins marquée. Les lignes blanches des élytres varient dans leur développement. La 2e tache de la 1re ligne est parfois unie à la tache linéaire qui la suit. La 2e ligne est tantôt réduite à une tache voisine de la 2e, de la 1re ligne ou accolée à celle-ci, tantôt elle offre en outre une tache basilaire et parfois un trait à la suite de celle-ci. La 3e ligne s'unit ordinairement à son extrémité à la partie postérieure de la tache linéaire de la 1re ligne, tantôt en est isolée : la 4e située sur la gouttière, commence à l'épaule et se prolonge parfois jusqu'à l'extrémité, ou se montre plus ou moins raccourcie.

La *Mysia Vogeli*, Schauffuss (Sitzungs-Bericht de Gesell. Isis, 1861, p. 50) et la *Mysia Mulsanti*, Schauffuss (loc. cit. p. 52), ne semblent être que des variations par défaut de la *M. oblongo-guttata*. Chez la *M. Vogeli* le prothorax est noir, paré, de chaque côté, d'une tache ovalaire blanche couvrant toute leur longueur : les élytres sont d'un jaune d'ocre; le dessous du corps noir ou d'un brun noir, avec les tarses roux. Chez la *M. Mulsanti*, le dessus du corps est entièrement d'un jaune d'ocre, en dessus, et d'un jaune d'ocre pâle, en dessous : palpes et antennes noirs à l'extrémité.

Patrie : l'Espagne méridionale. Dans les pays chauds, la matière colorante n'a souvent pas le temps de se développer par suite de la dessiccation trop prompte de l'enveloppe tegumentaire et des autres organes cornés, quand l'insecte passe de l'état de nymphe à celui d'insecte parfait. On trouve d'ailleurs diverses transitions qui semblent confirmer l'opinion que j'émets, relativement à la valeur spécifique de ces individus.

Genre *Sospita*, Sospita; Mulsant.

Caractères. *Massue des antennes* à articles assez allongés. *Prothorax* médiocrement ou peu profondément échancré en devant; subcurvilinéairement élargi et étroitement relevé en rebord sur les côtés; subarrondi aux angles postérieurs; bissubsinueusement en arc dirigé en arrière, à la base. *Elytres* d'un quart plus larges en devant que le prothorax; ovalaires, tronquées en arc rentrant, en devant; subarrondies aux épaules, plus large vers la moitié ou les quatre septièmes, en ogive postérieurement; assez étroitement relevées en rebord sur les côtés, ou en gouttière graduellement peu marquée après la moitié. *Mésosternum* entier ou à peu près. *Plaques abdominales* courbes à leur côté interne, prolongées ou à peu près jusqu'au bord postérieur de l'arceau. *Ongles* munis d'une dent basilaire. *Corps* ovale, médiocrement convexe.

1. **Sospita tigrina**; LINNÉ.

Subhémisphérique. Noire, brune ou rousse, en dessus. Prothorax orné de chaque côté d'une bordure réniforme, de deux taches au milieu de la base, et d'une au bord antérieur, blanches. Elytres parées chacune de dix taches de même couleur : les quatre antérieures en croix : les six suivantes sur deux rangées transversales : la dernière, terminale.

Coccinella tigrina. LINNÉ. — MULS., Hist. nat. des Colépt. (Sécuripalpes). p. 137. — Id. Spec. p. 142. 1

Long. 0m,0045 à 0m,0061 (2 l. à 2 l. 3/4). — Larg. 0m,0036 à 0m,0048 (1 l. 2/3 à 2 l. 1/8).

Patrie : la plupart des parties de l'Europe, sur l'aulne.

2. **Sospita Chinensis**; MULSANT.

Ovale. Dessus du corps d'un roux testacé. Prothorax paré aux angles de devant d'une tache subarrondie, blanches. Elytres ornées chacune de cinq gouttes ovalaires également blanches : deux rapprochées de la suture, à la base, et un peu après le milieu : deux, près du bord externe, l'une presque au tiers, l'autre presque aux deux tiers : la cinquième, aux cinq sixièmes, à égale distance de la suture et du bord externe.

Coccinella chinensis (DEJEAN). — *Sospita chinensis.* MULS., Spec. p. 142. 2.

Long. 0m,0056 à 0m,0061 (2 l. 1/2 à 2 l. 3/4). — Larg. 0m,0039 à 0m,0045 (1 l. 3/4 à 2 l.)

Patrie : la Chine (Dejean, Vestermann).

3. **Sospita flavo-lineata**; Mulsant.

Ovale. Prothorax noir, avec les bords antérieur et latéraux, flaves : la partie noire, quadrilobée en devant. Elytres noires, ornées chacune d'une bordure marginale et de deux bandes longitudinales, flaves : la plus rapprochée de la suture naissant de la base, marquée d'un gros point noir, vers le cinquième de sa longueur, graduellement rétrécie et unie près de l'angle sutural à la bordure marginale : l'autre bande ou ligne naissant vers le quart de sa longueur, aux deux septièmes externes de sa largeur prolongée un peu plus en dedans, jusqu'aux trois quarts de sa longueur.

Long. 0m,0056 (2 l. 1/2). — Larg. 0m,0054 (2 l.).

Patrie : l'Australie (Deyrolle).

Genre *Myrrha*, Myrrha ; Mulsant.

Caractères. *Massue des antennes* à articles allongés. *Prothorax* peu profondément échancré en devant ; subcurvilinéairement élargi et assez étroitement relevé en rebord sur les côtés ; subarrondi aux angles postérieurs ; bissinueusement en arc dirigé en arrière, à la base. *Elytres* d'un tiers plus larges en devant que le prothorax ; en ovale échancré dans ses deux tiers médiaires, en devant ; subarrondiés aux épaules, en ogive dans les trois derniers septièmes ; munies sur les côtés d'un rebord faiblement relevé. *Mésosternum* entier. *Plaques abdominales* non prolongées jusqu'au bord postérieur de l'arceau, ordinairement peu courbées à leur côté interne. *Ongles* munis d'une dent basilaire. *Corps* ovale ou ovale-oblong.

1. **Myrrha octodecim-guttata**; Linné.

Ovale. Dessus du corps d'un roux ou fauve testacé foncé ou pâle. Prothorax paré latéralement d'une bordure lunulée et à la base de deux gout-

tes, jaunes ou blanches : une dorsale, au tiers : trois transversalement placées vers le milieu : deux, aux quatre cinquièmes : une subterminale.

Coccinella 18-*guttata*. LINNÉ. — *Myrrha* 18-*guttata*. MULS., Hist. nat. des Coléopt. (Sécuripalpes). p. 125. — Id. Spec. p. 243.

Long. 0m,0039 à 0m,0051 (1 l. 3/4 à 2 l. 1/4). — Larg. 0m,0026 à 0m,0033 (1 l. 1/5 à 1 l. 1/2).

Elle habite presque toute l'Europe et même diverses autres contrées, sur les pins. Elle est commune.

Obs. Les élytres manquent parfois du trait blanc. D'autres fois quelques taches sont liées ; parfois les taches sont en partie déformées, dilatées et presque toutes liées les unes aux autres.

Il faut, je crois, rapporter à cette dernière variété, ou du moins à ce genre, l'espèce suivante, que je n'ai pas vue.

Coccinella Andersoni ; WOLLASTON.

Rotundato-ovalis, nitida, levissime punctulata ; capite rufescenti lurido, in fonte vix flavescentiore ; prothorace antico et ad latera (rotundato) subpellucide marginato apice truncato (angulis anticis haud porrectis) luride subflavescenti rufo, ad utrumque latus nec non in maculis duabus basalibus parvis dilute flavo : elytris marginatis, margine circa humeros (valde rotundatos) versus scutellum continuato sed longe antè scutellum abrupte terminato, luride subflavescenti rufis, sed maculis maximis confluentibus diluto flavis marmoratis ; antennis pedibusque infuscato testaceis : illis tarsisque ad apices paulo obscurantibus.

Coccinella Andersoni. WOLLASTON, *in* Ann. of nat. Hist. 3e série, t. X (1862). p. 227.

Long. 0m,0033 (1 l. 1/2).

Patrie : Madère.

Genre *Calvia*, CALVIE ; Mulsant.

CARACTÈRES. *Plaques abdominales* prolongées ou à peu près jusqu'au bord de l'arceau ; arquées à leur côté interne, souvent oblitérées ou peu apparentes à l'extrémité. *Ongles* munis d'une dent basilaire. *Elytres* sans bordure apparente de duvet vers l'extrémité de la suture. *Mésosternum* échancré en demi-cercle, pour recevoir la partie postérieure du prosternum.

1. **Calvia hololeuca** ; MOTSCHULSKY.

Subhémisphérique ; entièrement d'un flave blanchâtre, en dessus.

Coccinella hololeuca (MOTSCH.). — *Calvia hololeuca.* MULS., Spec. p. 1024.

Long. 0m,0056 (2 l. 1/2). — Larg. 0m,0045 (2 l.).

Patrie : les montagnes du Caucase (Motschulsky).

2. **Calvia quatuordecim-guttata** ; LINNÉ.

Brièvement ovale. Dessus du corps d'un roux fauve. Prothorax paré latéralement d'une bordure blanche. Elytres ornées chacune de sept gouttes blanches : une juxta-scutellaire : trois, disposées transversalement un peu après le quart de leur longueur : deux aux trois cinquièmes : une près de l'extrémité.

Coccinella 14-*guttata.* LINNÉ. — *Calvia* 14-*guttata.* MULS., Hist. nat. des Coléopt. (Sécuripalpes). p. 140. 1. — Id. Spec. p. 144. 1.

Long. 0m,0039 à 0m,0056 (1 l. 3/4 à 2 l. 1/2). — Larg. 0m,0033 à 0m,0045 (1 l. 1/2 à 2 l.).

Patrie : les diverses parties de l'Europe.

3. **Calvia septenaria**; Mulsant.

Ovale. Prothorax d'un blanc flavescent, marqué d'une sorte d'M noirâtre ou obscure et d'un point noir près du milieu de chaque bord externe. Elytres rousses, ornées d'une bordure suturale, d'une bordure externe, et chacune de sept taches subarrondies d'un blanc flavescent : deux à la base (l'externe sur le calus, parfois nulle) : les 3e et 4e obliquement situées (l'interne, plus postérieure, presque aux deux cinquièmes) : les 5e et 6e parallèles, aux précédentes (l'interne, plus postérieure, presque aux deux tiers) : la dernière, subapicale.

Long. 0^m,0047 (3 l.). — Larg. 0^m,0051 (2 l. 1/4).

Patrie : les Indes-Orientales (Deyrolle).

Obs. Elle a beaucoup d'analogie avec la *Calvia bis-7-guttata;* mais elle a une taille plus grande et elle offre sur son prothorax un M et deux points latéraux, noirs ou obscurs.

4. **Calvia decem-guttata**; Linné.

Subhémisphérique. Dessus du corps d'un roux jaune. Elytres ornées chacune de cinq taches blanches ou d'un blanc flave, assez grosses, la plupart subarrondies : deux près de la base : deux un peu après le milieu : une presque carrée et subterminale : les internes des deux paires un peu plus rapprochées de la suture, que les autres du bord externe.

Coccinella 10-guttata. Linné. — Muls., Hist. nat. des Coléopt. (Sécuripalpes). p. 143. 2. — Id. Spec. p. 144. 2.

Long. 0^m,0057 (2 l. 1/2). — Larg. 0^m,0045 (2 l.).

Patrie : l'Europe et quelques parties voisines.

Dans la collection de M. Reiche j'ai vu une *Calvia* provenant de Batoum, ayant la taille, la forme de la *C. 10-guttata;* le prothorax peint de même ; les élytres ayant le même nombre de taches et disposées de la même manière ; mais ces taches sont d'une teinte qui se confond presque avec la teinte foncière affaiblie. Cet individu, qui semblerait à première vue constituer une espèce particulière (*Calv. imperfecta*), n'est vraisemblablement qu'une *C. 10-guttata* chez laquelle la matière colorante n'a pas eu le temps de se développer.

5. **Calvia bis-septem-guttata**; SCHALLER.

Subhémisphérique; d'un roux fauve, en dessus. Prothorax paré latéralement d'une bordure lunulée blanche. Elytres ornées chacune de sept taches subarrondies d'un blanc flave : deux à la base (l'externe souvent nulle) : deux, obliquement situées (l'interne plus postérieure aux deux cinquièmes) : deux autres un peu moins obliquement placées (l'interne plus postérieure aux trois cinquièmes) : une, subterminale.

Coccinella bis-septem-guttata. SCHAL. — *Coccinella bis-79 guttata*. MULS., Hist. nat. des Coléopt. (Sécuripalpes), p. 144. 3. — Id. Spec. p. 145. 3.

Long. 0m,0057 à 0m,0067 (2 l. 1/2 à 3 l.). — Larg. 0m,0037 à 0m,0045 (1 l. 2/3 à 2 l.).

Patrie : l'Europe.

6. **Calvia flaccida**; MULSANT.

Subhémisphérique. Prothorax d'un flave roux sur le dos, graduellement et largement d'un blanc flavescent sur les côtés. Elytres d'un roux flave, ornées chacune d'un nœud juxta-marginal, au tiers de leur longueur, formé par le croisement de quatre lignes blanches, et parées d'une ligne raccourcie et oblique de même couleur.

Calvia flaccida. MULS., Opusc. entom. t. III. p. 23.

Long. 0m,0036 à 0m,0039 (1 l. 2/3 à 1 l. 3/4). — Larg. 0m,0045 (2 l.).

Patrie : les régions septentrionales de l'Inde (Deyrolle).

7. **Calvia albolineata**; GYLLENHAL.

Subhémisphérique; d'un rouge roux ou d'un rouge testacé en dessus.

Elytres parées chacune de quatre lignes longitudinales subparallèles : les deux internes unies entre elles à la base et vers les deux tiers de leur longueur : la 3e divisée autour du calus qu'elle enclôt, et postérieurement, en forme de carré, avant l'angle sutural où elle se termine : la 4e juxta-marginale, prolongée à peine jusqu'aux deux tiers. Dessous du corps et pieds plus pâles.

Coccinellata albolineata (SCHOENHERR). GYLLENH. — *Calvia albolineata*. MULS., Spec. p. 146. 4.

Long. 0m,0051 à 0m,0056 (2 l. 1/4 à 2 l. 1/2). — Larg. 0m,0045 (2 l.).

Patrie : la Chine (Dejean, Schœnherr, (type), Westermann, etc.).

8. **Calvia Blanchardi** ; MULSANT.

Subhémisphérique. Prothorax d'un blanc flave sur les côtés, avec sa partie médiaire d'un roux testacé, sinueusement très-rétrécie dans son milieu. Elytres d'un blanc flave, avec une bordure suturale, et chacune de trois bandes irrégulièrement sinueuses, d'un roux testacé : l'antérieure isolée de la suture : les deux autres liées à celle-ci.

Calvia Blanchardi. MULS., Spec. p. 147. 5.

Long. 0m,0059 (2 l. 2/3). — Larg. 0m,0048 (2 l. 1/8).

Patrie : Valle-Grande (Muséum de Paris).

Dédiée à M. Blanchard, membre de l'Institut, professeur au Jardin des Plantes de Paris, et dont l'obligeance m'a toujours été si utile.

9. **Calvia cajennensis** ; GMELIN.

Subhémisphérique, d'un rouge roux en dessus. Prothorax paré latéralement, d'un angle à l'autre, d'une tache ovale d'un blanc flave. Elytres ornées chacune d'un cercle huméral un peu incomplet ; lié à un demi-cercle plus interne et plus postérieur, et de six taches ponctiformes, d'un blanc flave : la 1re tache juxta-scutellaire : les 2e, 3e et 4e en rangée obliquement transversale des quatre septièmes internes aux trois cinquièmes externes : la 5e aux quatre cinquièmes près de la suture : la 6e liée au bord postérieur, subapicale.

Coccinella cajennensis. Gmelin. — *Calvia cajennensis*. Muls., Spec. p. 148. 6.

Long. 0m,0056 (2 l. 1/2). — Larg. 0m,0045 (2 l.).

Patrie : Cayenne.

10. **Calvia fulgurata**; Mulsant.

Subhémisphérique. Prothorax d'un roux testacé, paré en devant et sur les côtés d'une bordure, et sur le disque de deux traits obliques, d'un blanc flave. Elytres d'un rouge roux ou d'un roux testacé, ornées chacune d'un réseau d'un blanc sale, formé d'une bordure basilaire et marginale, d'une ligne juxta-suturale, liée au devant de l'angle sutural à un autre partant du calus, et de quelques lignes irrégulièrement transversales, divisant la surface en six mailles inégales, l'antéro-interne très-anguleusement prolongée en arrière.

Coccinella fulgurata (Reiche). — *Calvia fulgurata*. Muls., Spec. p. 150. 7.

Long. 0m,0055 (2 l. 2/3). — Larg. 0m,0050 (2 l. 1/4).

Patrie : Cayenne (Reiche, Buquet).

Genre *Egleis*, Egleis; Mulsant.

Caractères. *Massue des antennes* à articles assez courts, mais dont le premier de ladite massue ou le neuvième de l'antenne est peu dilaté, et ne forme pas une dent au côté interne. *Prothorax* médiocrement échancré en devant, avec les angles antérieurs avancés, et le paraissant d'une manière d'autant plus sensible, qu'ils sont en général peu ou point incourbés ; subcurvilinéairement élargi et relevé en rebord sur les côtés ; émoussé d'une manière plus ou moins prononcée, aux angles postérieurs; en arc assez faible et plus ou moins sensiblement bissinueux, à la base; moins long ou à peine plus long dans son milieu que sur les côtés; deux fois et demie à trois fois aussi large à la base que long dans son milieu; médiocrement convexe. *Elytres* presque en ovale ou en hémisphère ogival, au moins dans ses deux derniers cinquièmes, tronqué en devant en arc faible ou en angle rentrant très-ouvert; d'un tiers au moins plus larges en devant que le prothorax; de deux tiers plus larges que lui dans leur plus grande largeur; arrondies ou subarrondies aux épaules; relevées latéralement en gouttière étroite, graduellement et sensiblement plus rétrécie après le milieu. *Mésosternum* faiblement ou peu profondément échancré. *Plaques abdominales* arquées au côté interne, atteignant ou à peu près vers le quart de la longueur le bord de l'arceau. *Ongles* munis d'une dent. *Corps* brièvement ovale; assez médiocrement convexe.

1. **Egleis Fischeri**; Mulsant.

Ovale. Prothorax flave, marqué de sept taches noires ou brunâtres assez grosses : trois basilaires : quatre plus antérieures en rangée transversale, disposée en quinconce avec les basilaires. Elytres ornées d'un réseau flave, inégalement étroit; parées d'une bordure suturale, remontant de l'angle apical jusqu'au cinquième postérieur du bord externe, et chacune de sept à neuf taches d'un brun roux, irrégulières : trois subbasilaires (la juxta-suturale presque carrée, l'externe allongée, liée sur le calus à l'intermédiaire : celle-ci unie par son extrémité interne à la deuxième juxta-suturale) : trois postmédiaires (les internes et externes formant une bande interrompue par l'intermédiaire qui est très-allongée) : deux subapicales réunies en forme de V.

Egleis Fischeri. Muls., Spec. p. 152. 1.

Long. 0m,0045 (2 l.). — Larg. 0m,0033 (1 l. 1/2).

Patrie : le Brésil (Muséum de Saint-Pétersbourg).

2. **Egleis varicolor**; Mulsant.

Assez brièvement ovalaire. Prothorax carné ou d'un flave rougeâtre, orné de cinq taches noires disposées en forme d'M. Elytres subcordiformes, d'un flave cendré; noires sur le rebord sutural et moins étroitement sur une partie du bord externe, parées au côté interne de celui-ci, d'une bordure d'un rouge carné limitée par la gouttière latérale; marquées chacune de trois points noirs: un sur le calus, un près de l'écusson, un vers les trois septièmes externes.

Coccinella varicolor (Reiche). — *Egleis varicolor.* Muls., Spec. p. 154. 2.

Long. 0m,0067 (3 l.). — Larg. 0m,0053 (2 l. 1/3).

Patrie : l'Australie (Reiche).

3. **Egleis constellata**; Mulsant.

Suborbiculaire, et d'un blanc flavescent, en dessus. Prothorax à six taches ponctiformes, noires: deux près de la base: quatre en rangée transversale plus antérieure. Elytres ornées chacune de huit taches ponctiformes, noires: une sur le calus: une entre celle-ci et le bord externe: trois en rangée arquée en arrière vers les deux cinquièmes: deux vers les deux tiers: une subapicale.

Egleis constellata. Muls., Spec. p. 155. 3.

Long. 0m,0056 (2 l. 1/2). — Larg. 0m,0048 (2 l. 1/8).

Patrie : Matto-Grosso (Brésil) (Muséum de Paris).

4. **Egleis adjuncta**; Mulsant.

Brièvement ovale, d'un blanc flavescent, en dessus. Prothorax paré de quatre taches noires subponctiformes, disposées en demi-cercle. Elytres ornées chacune de neuf à onze taches analogues, disposées sur quatre rangées: la première subbasilaire, formée de quatre taches, dont les deux intermédiaires liées ou parfois confondues: la deuxième, vers le tiers, composée de trois: la troisième, vers les trois cinquièmes, de deux taches, dont l'interne ordinairement prolongée postérieurement et confondue avec l'interne de la rangée postérieure : suture à bordure noire antérieurement raccourcie.

Psyllobora adjuncta (Reiche). — *Egleis adjuncta.* Muls., Spec. p. 156. 4.

Long. 0m,0051 (2 l. 1/4). — Larg. 0m,0042 (1 l. 7/8).

Patrie : Santa-Fé de Bogota (Reiche), le Mexique (Muséum de Paris).

5. **Egleis Edwardsi**; Mulsant.

Suborbiculaire ou brièvement ovale; d'un jaune citron, en dessus. Prothorax orné d'une bordure latérale presque nulle en devant, liée à un point, vers la moitié des côtés, d'une bordure à l'échancrure, d'une bande transverse au tiers, d'une bordure basilaire renflée vers chaque quart externe et parfois linéairement avancée, et d'une ligne médiane, noires. Elytres bordées de noir dans leur périphérie ; parées chacune d'une ligne juxta-marginale interrompue dans son milieu, et de deux autres lignes longitudinales, noires : l'externe de celle-ci, partant du calus, en émettant un rameau transverse dirigé vers la suture : l'interne, naissant au cinquième de leur longueur, et liée à la précédente vers laquelle elle se rencontre.

Egleis Edwardsi. Muls., Spec. p. 158. 5.

Long. 0m,0065 (3 l.). — Larg. 0m,0045 (2 l.).

Patrie : l'Australie (Muséum de Paris (Bakwell).

Dédié à M. Milne-Edwards, membre de l'Institut, professeur au-Jardin des Plantes de Paris, et dont l'obligeance égale le savoir.

Genre *Cleobora*, Cleobore; Mulsant.

Caractères. *Massue des antennes* à articles assez allongés. *Prothorax* assez faiblement échancré en devant, avec les angles antérieurs médiocrement avancés et peu incourbés ; subarcuément élargi et largement relevé, sur les côtés; peu émoussé aux angles de derrière; bissinueusement en arc faible et dirigé en arrière, à la base; faiblement convexe; plus de deux fois aussi large à la base que long dans son milieu. *Elytres* en ovale ou ovale-oblong, en ogive dans ses quatre derniers septièmes, tronqué en devant et faiblement en arc rentrant dans sa moitié médiaire; arrondies aux épaules; relevées à celles-ci en une gouttière qui s'efface graduellement après le milieu de la longueur. *Mésosternum* échancré au moins jusqu'au quart. *Plaques abdominales* arquées au côté interne, mais n'atteignant ou à peu près les bords de l'arceau que vers les côtés du ventre. *Ongles* munis d'une dent basilaire. *Corps* en ovale-oblong; médiocrement convexe.

1. **Cleobora Mellyi**; Mulsant.

Ovale-oblongue : d'un jaune citron, en dessus. Prothorax orné de six taches noires : deux paires séparées par la ligne médiane : deux, bordant chacune la partie postérieure des côtés. Elytres parées chacune d'un arc passant sur le calus ; d'une bande transversale, onduleuse et bissinueuse en devant, située aux deux cinquièmes : de deux taches (quelquefois réunies en forme de bandes) aux deux tiers, et d'une, aux cinq sixièmes, noires.

Cleobora Mellyi. Muls., Spec. p. 160. 1.

Long. $0^m,0067$ à $0^m,0079$ (3 l. à 3 l. 1/2). — Larg. $0^m,0054$ à $0^m,0059$ (2 l. 1/3 à 2 l. 2/3).

Patrie : la Nouvelle-Hollande (Melly), la Tasmanie (Muséum de Paris), Van Diemen (Guérin).

Dédiée à feu Melly, de Liverpool, qui savait unir au génie commercial le goût le plus éclairé pour l'entomologie.

SECOND RAMEAU.

LES HALYZIATES.

Caractères. *Antennes* en général plus longuement prolongées que les côtés du prothorax, à massue allongée, à dernier article soit arrondi, soit obliquement coupé à son extrémité et terminé par un angle.

Ces insectes se répartissent dans les genres suivants :

Genres.

- *Prothorax*
  - échancré en devant en arc rentrant faible et régulier, sans sinuosités postoculaires marquées.
    - Élytres à tranche large, ordinairement subhorizontale, parfois faiblement en gouttière, mais alors prothorax notablement bissinueux, à la base. . . . . *Halyzia.*
    - Élytres à tranche en gouttière médiocre ou assez étroite. Prothorax faiblement ou à peine bissubsinueux à la base
      - Gouttière des élytres régulièrement concave. *Psyllobora.*
      - Gouttière des élytres à rebord brusquement relevé . . . . *Vibidia.*
  - plus ou moins fortement échancré en devant, à sinuosités postoculaires marquées.
    - Prothorax faiblement échancré; à angles antérieurs émoussés; à sinuosités postoculaires faiblement marquées. Corps subhémisphérique ou très-brièvement ovale . . . . *Thea.*
    - Prothorax fortement échancré; à angles antérieurs avancés en espèce de dent; à sinuosités postoculaires très-prononcées. Corps ovale.
      - Mésosternum à peine échancré. . . . *Cleis.*
      - Mésosternum échancré jusqu'au tiers. . *Propylea.*

Genre *Halyzia*, Halyzie ; Mulsant.

Caractères. *Prothorax* à peine échancré en devant, en arc rentrant régulier, sans sinuosités postoculaires marquées. *Elytres* à tranche large, ordinairement subhorizontale; quelquefois faiblement en gouttière, mais alors prothorax notablement bissubsinueux, à la base. *Antennes* à dernier article environ une fois plus long que large. *Mésosternum* entier ou légèrement échancré. *Corps* ovale ou ovale-oblong, médiocrement convexe.

1. **Halyzia Perroudi** ; MULSANT.

Ovale ; d'un jaune testacé, en dessus. Prothorax paré ordinairement de quatre taches ponctiformes, noires, disposées en rangée semi-circulaire au devant de la moitié médiaire de sa base. Elytres ornées chacune de neuf taches ponctiformes ou subponctiformes, noires : deux subbasilaires (une sur le calus, l'autre près de la suture) : trois en rangée transversale un peu oblique, du tiers externe aux deux cinquièmes internes : trois en arc aux deux tiers : une subapicale : quelques-unes parfois liées entre elles.

Coccinella 20-*notata* (PERROUD). — *Halyzia Perroudi*. MULS., Spec. p. 163. 1.

Long. $0^m,0078$ à $0^m,0086$ (3 l. 1/2 à 3 l. 3/4). — Larg. $0^m,0039$ à $0^m,0062$ (1 l. 3/4 à 2 l. 3/4).

Patrie : la Colombie (Perroud, Deyrolle, Reiche).

Dédiée à mon ami M. Perroud, l'une de nos gloires entomologiques de Lyon.

2. **Halyzia sedecim-guttata** ; LINNÉ.

Ovale ; médiocrement convexe, et d'un roux jaune tendre, en dessus. Elytres munies d'un rebord large et subtranslucide ; parées chacune de huit gouttes blanches : quatre près de la suture : une, apicale : deux, près du bord externe : une, sur le disque.

Coccinella 16-*guttata*. LINNÉ. — *Halyzia* 16-*guttata*. MULS., Hist. nat. des Coléopt. (Sécuripalpes). p. 148. 1. — Id. Spec. p. 165. 3.

Patrie : l'Europe, etc.

3. **Halyzia straminea** ; HOPE.

Ovale ; d'un jaune flave en dessus. Prothorax paré de chaque côté de la ligne médiane d'une tache rousse allongée, liée à la base et raccourcie en devant. Elytres ornées d'une bordure suturale et chacune de quatre taches rousses, disposées en quinconce : les 1re et 3e subarrondies, plus grosses, voisines de la bordure : les 3e et 4e ovalaires, liées ou presque liées au repli submarginal.

Coccinella straminea. Hope. — *Halyzia straminea.* Muls., Spec. p. 165. 2.

Long. 0m,0072 (3 l. 1/4). — Larg. 0m,0056 (2 l. 1/2).

Patrie : le Népaul (Hope).

4. **Halyzia Pallasi**; Mulsant.

Ovale. Prothorax et élytres d'un jaune roussâtre : le premier, orné sur son milieu d'une ligne blanche : les secondes, à bord sutural blanchâtre, parées chacune de huit gouttes blanches : cinq, le long de la suture (à la base, vers le tiers, les trois cinquièmes, les cinq sixièmes et à l'extrémité : les deuxième et surtout quatrième, moins voisines de la suture) : deux, presque liées au bord externe (au cinquième et aux trois cinquièmes) : une, presque sur le disque ou plus extérieurement, située vers la moitié de leur longueur.

Halyzia Pallasi. Muls., Spec. p. 1025.

Long. 0m,0056 (2 l. 2/3). — Larg. 0m,0039 (1 l. 3/4).

Patrie : les îles Mariannes (Muséum de Saint-Pétersbourg).

Genre *Psyllobora*, Psyllobore ; Chevrolat.

Caractères. *Prothorax* à peine échancré en devant, en arc rentrant régulier, sans sinuosités postoculaires marquées. *Elytres* à tranche en gouttière médiocre ou étroite, régulièrement creusée. *Mésosternum* entier ou légèrement échancré. *Corps* suborbiculaire ou assez brièvement ovale; médiocrement convexe.

A. Dernier article de la massue des antennes court, ovoïde *(G. Illeis)*.

1. **Psyllobora galbula**; Mulsant.

Ovale. Prothorax et élytres jaunes : le premier orné d'une tache triangulaire noire, couvrant les deux tiers médiaires de la base, et prolongée jusqu'au milieu du bord antérieur : les secondes parées d'une bordure suturale, d'une bande basilaire prolongée d'un calus à l'autre, d'une bande transversale unidentée en devant et bissinueuse postérieurement, vers le milieu, et d'une tache apicale, noires. Dessous du corps et pieds noirs.

Psyllobora galbula. Muls., Spec. p. 166. 1.

Long. 0m,0048 (2 l. 1/5). — Larg. 0m,0036 (1 l. 2/3).

Patrie : l'Australie (Muséum de Paris).

2. **Psyllobora cincta**; Fabricius.

Ovale. Prothorax flavescent, marqué de deux taches ponctiformes noires, liées chacune au quart externe de la base. Elytres d'un roux flave ou flavescentes, sans taches. Dessous du corps et pieds d'un flave roux.

Coccinella cincta. Fabr. — *Psyllobora cincta*. Muls., Spec. p. 167.

Long. 0m,0045 à 0m,0056 (2 l. à 2 l. 1/2). — Larg. 0m,0036 à 0m,0045 (1 l. 2/3 l. à 2 l.).

Patrie : les Indes-Orientales (Fabricius, type), Java (Dejean).

3. **Psyllobora bistigmosa**; Mulsant.

Brièvement ovale. Prothorax d'un blanc flavescent, à bords translucides, marqué de deux taches noires, liées à la base, chacune vers le quart ex-

terne de celle-ci et avancées jusqu'à la moitié de la longueur. Élytres d'un roux jaune, sans taches. Médi et postpectus et cuisses, bruns.

Psyllobora bistigmosa. MULS., Spec. p. 168.

Long. 0^m,0036 (1 l. 2/3). — Larg. 0^m,0028 (1 l. 1/4).

Patrie : l'Île du prince de Galles (Hope).

4. **Psyllobora simplex**; MULSANT.

Brièvement ovale. Entièrement d'un roux testacé, avec les yeux noirs : bords antérieurs et latéraux du prothorax, pâles, translucides : l'antérieur laissant apparaître les yeux.

Long. 0^m,0045 (2 l.). — Larg. 0^m,0033 (1 l. 1/2).

Patrie : Sumatra (Chevrolat).

AA. Dernier article de la massue des antennes une fois plus long que large (*G. Psyllobora*).

5. **Psyllobora Cosnardi**; MULSANT.

Ovale ou brièvement ovale. Prothorax d'un blanc flavescent, marqué d'une tache obtriangulaire sur la ligne médiane et d'une bordure subbasilaire raccourcie, formée de deux traits obliquement réunis au devant de l'écusson, d'un roux testacé. Elytres d'un roux jaune ou testacé, ornées chacune d'une bordure périphérique plus étroite à la suture qu'au côté externe, d'une bande sublinéaire prolongée de l'angle huméral à la suture près de l'angle apical, croisée vers le milieu de leur longueur par une ligne transversale semblable, et de deux lignes naissant l'une de l'écusson, l'autre du côté interne du calus et convergentes vers le milieu de la longueur, d'un blanc flavescent ou roussâtre.

Psyllobora Cosnardi (CHEVROLAT). — MULS., Spec. p. 169.

Long. 0^m,0045 (2 l.). — Larg. 0^m,0036 (1 l. 2/3).

Patrie : le Brésil (Chevrolat).

6. **Psyllobora lata**; Mulsant.

Suborbiculaire : convexe et d'un blanc flavescent, en dessus. Prothorax bissinueux, marqué de cinq points noirs ou roussâtres. Elytres ornées chacune, vers les deux cinquièmes de la longueur, d'un point juxta-sutural et d'une bande liée au bord externe et prolongée jusqu'aux deux cinquièmes internes et d'un point vers les six septièmes, noirs : repli marqué d'une tache ponctiforme, noire.

Psyllobora lata (Perroud). — Muls., Spec. p. 170. 5.

Long. 0m,0051 (2 l. 1/3). — Larg. 0m,0045 (2 l.).

Patrie : la Colombie (Perroud).

7. **Psyllobora dissimilis**; Mulsant.

Suborbiculaire ; convexe et d'un blanc flavescent ou d'un blanc testacé, en dessus. Prothorax orné de quatre à cinq points noirs. Elytres parées chacune de dix points noirs : deux subbasilaires (un sur le calus, un plus interne et plus postérieur) : quatre en rangée transversale vers les deux cinquièmes, parfois unis en forme de bande : quatre plus postérieurs en croix (l'antérieur de ceux-ci parfois nul) : les 10e, 7e, 4e *et* 2e *formant une rangée longitudinale.*

Psyllobora dissimilis (Dejean). — Muls., Spec. p. 171. 6.

Long. 0m,0052 (2 l. 1/3). — Larg. 0m,0045 (2 l.).

Patrie : la Colombie (Dejean).

8. **Psyllobora configurans** ; Mulsant.

Suborbiculaire ; convexe ; d'un blanc flavescent en dessus. Prothorax paré de cinq points noirs. Elytres à rebord sutural noir ; ornées chacun de neuf taches subponctiformes, noires : deux à la base : la 2e sur le calus : trois, irrégulières, liées ensemble, constituant une rangée transversale des deux cinquièmes voisins de la suture, au tiers du bord marginal : les 6e, 7e et 8e constituant une rangée un peu irrégulièrement transverse dans la direction des trois quarts de la suture, aux deux tiers du bord externe : la 9e en quinconce avec les 6e et 7e.

Long. 0m,0042 (1 l. 7/8). — Larg. 0m.0030 (1 l. 2/5).

Patrie : la Bolivie (Deyrolle).

9. **Psyllobora perfida**; Mulsant.

Suborbiculaire; convexe. Prothorax d'un flave roussâtre, avec les côtés parés d'une tache blanche ovalaire, et deux points noirs, près de la base. Elytres d'un blanc flavescent, avec l'étroite gouttière marginale rousse : parées chacune de sept ou huit taches subponctiformes, noires : la 1re assez grosse, sur le calus : les 2e, 3e, 4e et 5e disposées en rangée transverse, des deux septièmes de la suture, au tiers du bord externe : les trois internes unies : la 5e isolée : les 6e et 7e en rangée transverse, vers les trois cinquièmes : la 8e aux sept huitièmes de leur longueur.

Long. 0m,0051 (2 l. 1/4). — Larg. 0m,0045 (2 l.).

Patrie : la Nouvelle-Grenade (Deyrolle).

10. **Psyllobora octodecimsignata**; Mulsant.

Ovale. Prothorax d'un blanc flavescent, marqué d'une tache scutellaire et de quatre autres rangées en demi-cercle au devant de celle-ci. Elytres d'un blanc flave sur leur partie longitudinale médiaire, d'un jaune pâle près de la suture et du bord externe : ornées ordinairement chacune de dix-huit taches subponctiformes, noires : deux subbasilaires : trois en rangée transversale par les deux cinquièmes : trois en rangée moins régulière transversale, vers les deux tiers : une subapicale : quelques-unes parfois peu marquées.

Long. 0^m,0045 (2 l.). — Larg. 0^m,0033 (1 l. 1/2)

Patrie : le sud de l'Afrique (collect. Deyrolle).

11. **Psyllobora margine-notata**; MULSANT.

Suborbiculaire : convexe. Prothorax jaune ou d'un blanc flavescent, marqué d'un point noir près de chaque sinuosité basilaire. Elytres d'un blanc flavescent, ornées chacune de quatre points noirs disposés le long du bord externe : sur le calus, vers le tiers, les deux tiers et les cinq sixièmes : les deux médiaires un peu plus rapprochés du bord externe : le postérieur ordinairement le plus petit. Dessous du corps et pieds, d'un blanc flavescent.

Psyllobora margine-notata (DEJEAN). — MULS., Spec. p. 172. 7.

Long. 0^m,0036 (1 l. 2/3). — Larg. 0^m,0029 (1 l. 1/3).

Patrie : Madagascar (Dejean).

12. **Psyllobora punctella**; MULSANT.

Brièvement ovale : médiocrement convexe et d'un blanc flavescent, en dessus. Prothorax marqué de cinq points noirs. Elytres ornées chacune de quatre à cinq points noirs ou roussâtres : deux subbasilaires (l'externe sur le calus) : un, près de la suture, aux trois septièmes : deux moins rapprochés du bord externe : l'antérieur souvent nul, vers les deux septièmes : le postérieur presque aux deux tiers.

Coccinella punctella (HOPE). — *Psyllobora punctella*. MULS., Spec. p. 173.

Long. 0^m,0036 (1 l. 2/3). — Larg. 0^m,0028 (1 l. 1/4).

Patrie : l'île Saint-Vincent, dans les Antilles (Hope).

13. **Psyllobora Bakewelli**; Mulsant.

Suborbiculaire; convexe. Prothorax et élytres d'un blanc roussâtre ou testacé : le premier paré, de chaque côté de la ligne médiane, d'une tache brune en carré allongé, avancée jusqu'aux deux cinquièmes antérieurs : les secondes, ornées chacune de six grosses taches noires ou brunes ; trois sur la moitié antérieure : trois sur la postérieure : les 1re et 2e, subbasilaires : la 1re prolongée jusqu'aux quatre neuvièmes : la 2e arrondie, sur le calus : la 3e subtriangulaire, voisine de la gouttière : les 4e et 5e unies en rangée transverse : la 4e ou interne, plus grosse, obtriangulaire : l'externe ou 5e presque carrée : la 6e, la moins grosse, aux sept huitièmes.

Long. 0m,0054 (2 l. 2/5). — Larg. 0m,0036 (1 l. 2/3).

Patrie : la vallée de l'Amazone; communiquée par M. Robert Bakewell, à qui je l'ai dédiée.

14. **Psyllobora consita**; Mulsant.

Suborbiculaire; convexe. Prothorax et élytres d'un blanc flavescent : le premier orné de quatre ou cinq points noirs : les secondes parées chacune de neuf taches brunes ou d'un brun roux : cinq sur la moitié antérieure : quatre sur la postérieure : les 1re et 2e, subbasilaires : l'interne oblique, obtriangulaire : la 2e subarrondie, sur le calus : les 3e, 4e et 5e plus longues que larges, en rangée transverse : les quatre postérieures presque disposées en croix : les 6e, 7e et 8e, en rangée arquée en avant . la 9e plus postérieure.

Long. 0m,0059 (2 l. 2/3). — Larg. 0m,0049 (2 l. 1/5).

Patrie : la vallée de l'Amazone (Bakewell).

15. **Psyllobora subsimilis** (Deyrolle).

Suborbiculaire; convexe; d'un blanc sale ou flavescent. Prothorax mar-

qué ordinairement de cinq points noirs. Elytres ornées chacune de neuf taches brunes ou d'un roux brun : deux subbasilaires : trois en rangée transverse un peu oblique, du tiers externe aux trois septièmes internes : l'intermédiaire plus longue que large, liée à celle du calus : quatre plus postérieures, disposées en croix : l'antérieure obliquement triangulaire, ordinairement liée, par son angle antéro-externe, à l'angle postéro-externe de la rangée : les deux suivantes unies par leur angle interne postérieur : la 9e suborbiculaire, aux sept huitièmes.

Psyllobora consimilis (DEYROLLE).

Long. 0m,0033 à 0m,0036 (1 l. 1/2 à 1 l. 2/3). — Larg. 0m,0026 (1 l. 1/5).

Patrie : le Brésil (Deyrolle).

Obs. Cette espèce que j'avais considérée comme une variété de la *P. confluens* en est distincte ; elle s'éloigne de celle-ci, par la 1re tache des élytres un peu moins au lieu d'être un peu plus avancée que la 2e ; par la 3e plus courte, tronquée en ligne droite, au lieu de l'être en ligne oblique, en devant ; par la 5e notablement plus longue que large ; par la 6e plus longue et plus étroite ; par la 6e en triangle obliquement transverse ; par les 7e et 8e rétrécies d'avant en arrière, noires, sans tache intermédiaire.

16. **Psyllobora confluens** ; FABRICIUS.

Suborbiculaire ; convexe et d'un blanc sale ou roussâtre ou flavescent. Prothorax marqué de cinq points noirs ou obscurs. Elytres ornées chacune de dix taches noires ou d'un roux brun ou brunâtre : deux subbasilaires : trois en rangée transverse un peu oblique, du tiers externe aux trois septièmes internes : l'intermédiaire plus large que longue, le plus souvent liée à celle du calus : cinq plus postérieures, disposées en croix : l'antérieure, transverse, ordinairement liée par son angle antéro-interne à l'angle postéro-externe de la 4e : les trois suivantes en rangée transverse, l'intermédiaire plus petite, parfois presque nulle : la 10e, subtriangulaire aux sept huitièmes.

Coccinella confluens. FABRICIUS. — *Psyllobora confluens.* MULS., Spec. p. 174. 9.

Long. 0m,0036 (1 l. 2/3). — Larg. 0m,0026 (1 l. 2/5).

Patrie : l'Amérique méridionale (Muséum de Copenhague), la Colombie, le Brésil, Cayenne (Dejean, Buquet, Deyrolle (Muséum de Paris, etc.).

Obs. Les exemplaires de la variété B du Spécies, chez lesquels la tache intermédiaire de la croix a disparu par l'union des deux taches latérales, se rapportent à la *P. consimilis*.

Quelquefois la quatrième tache est isolée de celle du calus.

17. **Psyllobora decipiens**; Mulsant.

Suborbiculaire; convexe et d'un blanc sale ou flavescent. Prothorax marqué ordinairement de cinq points noirs ou obscurs. Elytres ornées chacune de dix taches brunes ou d'un brun roux : deux subbasilaires : quatre en rangée transversale un peu oblique, vers le tiers : quatre plus postérieures, disposées en croix : l'externe de la rangée, marginale : la subexterne, ordinairement liée à l'antérieure de la croix.

Psyllobora decipiens (Dejean). — Mulsant, Spec. p. 177. 10.

Long. 0^m,0036 (1 l. 2/3). — Larg. 0^m,0030 (1 l. 2/5).

Patrie : la Colombie (Dejean, le Brésil (Hope).

18. **Psyllobora conglutinans**; Mulsant.

Suborbiculaire; d'un blanc sale ou flavescent en dessus. Prothorax à cinq points noirs. Elytres ornées chacune de onze ou douze taches rousses ou d'un brun roux : deux subbasilaires (l'externe unie à un point) : quatre en rangée transversale vers le tiers ou les deux cinquièmes de leur longueur (l'externe réduite à un point lié à la voisine) : la 7e sur le disque, un peu après la moitié, liée à la 2e de la rangée, constituant une croix avec les quatre dernières : l'intermédiaire du croison unie à la postérieure.

19. **Psyllobora tardigrada**; Mulsant.

Ovale; convexe; d'un blanc flavescent en dessus. Prothorax marqué de cinq points noirs. Elytres parées chacune de onze points ou taches, noires : les 1re, 2e et 3e subbasilaires : la 2e sur le calus, moins prolongée en arrière que la 1re : les 4e, 5e et 6e en rangée transversale, vers le tiers ou les deux cinquièmes : la 5e en accent circonflexe, ordinairement liée par son angle postéro-externe à la 7e : celle-ci transverse : la 4e à peine plus avancée que la 5e : les 8e et 9e formant avec leurs pareilles une rangée transversale vers les deux tiers : la 10e entre les 8e et 9e, sublinéaire, moins avancée que celles-ci, obliquement prolongée en arrière : la 11e entre la seconde moitié de la 10e et le bord externe.

Long. 0m,0033 (1 l. 1/2). — Larg. 0m,0024 (2 l.).

Patrie : la Colombie (de Bruck),

20. **Psyllobora meticulosa**; Mulsant.

Brièvement ovale; convexe; d'un blanc flavescent, en dessus. Prothorax ordinairement marqué de cinq points noirs. Elytres parées chacune de douze taches noires ou d'un roux brunâtre : les 1re et 2e subbasilaires : la 2e, plus grosse, et un peu plus avancée, sur le calus : les 3e, 4e, 5e et 6e en rangée transverse, du tiers externe aux deux cinquièmes de la suture : la 6e, noire, ponctiforme, marginale : les 3e et 5e plus longues que larges : la 3e pas plus avancée que la 4e : celle-ci, plus large que longue, échancrée en arc à son bord postérieur, ordinairement liée à la 7e par les deux angles postérieurs : la 7e transverse, un peu arquée, sur le disque : les 8e, 9e et 10e en rangée transverse, presque aux trois quarts : la 10e ou externe, plus longue, en forme de virgule, sur l'élytre droite : les 11e et 12e en rangée subapicale : la 11e liée à la 9e : la 12e submarginale.

Long. 0m,0036 à 0m,0039 (1 l. 2/3 à 1 l. 3/4). — Larg. 0m,0026 (1 l. 1/5).

Patrie : Saint-Paul (Brésil) (Deyrolle).

Obs. Elle diffère de la *P. lenta* par sa taille moins faible; par ses élytres n'offrant point de trace subbasilaire en dehors du calus; par la première tache plus petite et un peu moins avancée que celle du calus; par la tache juxta-suturale de la première rangée (la 3e) pas plus avancée que la suivante, au lieu de la dépasser de la moitié de la longueur; par la 10e tache (l'externe de l'avant-dernière rangée) deux fois plus longue que large, prolongée en arrière entre la 11e et la 12e; par la 11e tache isolée de la 9e; tandis que dans la *lenta* elle n'existe pas ou se confond avec celle-ci en forme d'accent.

21. **Psyllobora Costæ**; Mulsant.

Ovale, convexe et d'un blanc sale ou flavescent. Prothorax marqué de cinq points noirs. Elytres ornées chacune de onze ou de douze taches noires, brunes ou brunâtres : deux subbasilaires, presque en carré long : la 2e ou externe limitée à son côté interne par le calus : quatre, en rangée transversale vers les deux cinquièmes : les trois internes presque en carré long : la 6e ou externe, petite, liée au bord extérieur : la 7e en ovale, transverse, liée par les extrémités aux angles postérieurs de la 4e qui est échancrée : quatre, étroites, en rangée transversale vers les deux tiers : la 8e ou interne dépassant à peine la moitié postérieure de la 9e : celle-ci paraissant composée de deux taches : la 11e parallèle à la moitié postérieure de la 10e.

Psyllobora Costæ. Muls., Opus. t. III. p. 25.

Long. 0m,0045 (2 l.). — Larg. 0m,0033 (1 l. 1/2).

Patrie : l'Amérique méridionale (Motschulsky).

22. **Psyllobora lenta**; Mulsant.

Brièvement ovale; convexe; d'un blanc flavescent ou testacé, en dessus. Prothorax marqué de cinq points noirs. Elytres parées chacune de douze taches ou points, noirs ou d'un roux brunâtre : les 1re, 2e et 3e subbasi-

laires : la 2e sur le calus moins prolongée en arrière que la 1re : la 3e parfois peu distincte : les 4e, 5e, 6e et 7e en rangée transversale, vers le tiers ou les deux cinquièmes : la 7e noire, marginale : les 4e et 6e plus longues que larges : la 4e plus avancée que la 5e de la moitié de sa longueur : la 5e plus large que longue, échancrée en arc à son bord postérieur, ordinairement liée à la 8e par son angle postéro-externe : la 8e transverse : les 9e et 10e en rangée transverse : la 11e entre les 9e et 10e, sublinéaire, moins avancée que échancrée obliquement, prolongée en arrière : la 12e entre la moitié postérieure de la 11e et le bord externe.

Psyllobora lenta, MULS. Spec p. 178. 11.

Long. 0m,0033 (1 l. 1/2). — Larg. 0m,0030 (1 l. 1/3).

Patrie : la Colombie.

23. **Psyllobora nana**; MULSANT.

Brièvement ovale; médiocrement convexe et d'un blanc flavescent, en dessus. Prothorax paré de cinq taches ponctiformes, noires. Elytres ornées d'un rebord sutural, de deux taches communes (au tiers et aux deux tiers) et chacune de neuf autres taches, noires : trois de celles-ci, près de la base (celle du calus liée à l'externe) : la 4e petite, juxta-marginale, au tiers : la 5e, grosse, subtriangulaire et subdiscale presque à la moitié : la 6e, sur le disque, postérieurement liée à la 7e : celle-ci, juxta-marginale, aux deux tiers : les 8e et 9e, obliquement disposées vers les cinq sixièmes. Postépisternums blancs.

Psyllobora nana (DEJEAN). — MULS., Spec. p. 181. 13.

Long. 0m,0022 à 0m,0025 (1 l. à 1 l. 1/8). — Larg. 0m,0017 à 0m,0019 (2/3 à 3/4).

Patrie : Cuba (Chevrolat, Dejean).

24. **Psyllobora viginti-maculata**; SAY.

Brièvement ovale; médiocrement convexe; d'un blanc sale ou flavescent, en dessus. Prothorax marqué de cinq points noirs. Elytres ornées chacune de huit ou neuf taches ponctiformes noires ou d'un roux brunâtre : les 1re et 2e subbasilaires : la 2e sur le calus : les 3e et 4e vers le tiers : la 3e près de la suture : la 4e rapprochée du bord externe : la 5e aux deux cinquièmes, sur le disque, souvent confondue avec la 6e qui la suit : celle-ci en croix avec les trois suivantes : plusieurs de ces taches parfois liées : la dernière, plus récemment divisée.

Coccinella 20-*maculata*. Say. — *Psyllobora viginti-maculata*. Muls., Spec. p. 183. 14.

Long. 0m,0021 à 0m,0023 (1 l.). — Larg. 0m,0016 (2/3).

Patrie : la Colombie (Dejean, Deyrolle) : le Mexique (Sallé, Westwood), les Etats-Unis (Leconte, etc.).

Obs. La 5e tache est ordinairement unie et souvent confondue avec la 6e ; quelquefois la 6e l'est en outre avec les 7e et 5e, et la 5e avec la 4e ou les 4e et 3e plus rarement ; les 4e, 5e, 6e, 7e, 8e et 9e sont unies.

25. **Psyllobora feralis**; Mulsant.

Brièvement ovale ; d'un blanc flavescent, en dessus. Prothorax marqué de cinq points noirs. Elytres ornées d'un rebord sutural et chacune de treize ou quatorze sortes de points, noirs ou bruns : les 1er, 2e et 3e subbasilaires : le 3e petit, en dehors du calus : le 4e au tiers, près de la suture : les 5e et 6e aux deux cinquièmes : le 5e sur le disque : le 6e paraissant uni à un point marginal : le 7e sur le disque, un peu moins avancé, ordinairement uni au 7e : les 8e et 9e aux deux tiers : le 8e en carré long, près de la suture : le 9e ponctiforme, rapproché au bord externe : le 10e sur le disque, presque aux trois quarts, allongé en forme d'accent, ou formé de deux points unis : le 11e aux quatre cinquièmes près du bord externe : le 12e, souvent nul, petit, ponctiforme, aux cinq sixièmes près de la suture : le 13e ponctiforme, petit, parfois nul, subapical : les 10e et 11e souvent unis.

Long. 0m,0022 (1 l.). — Larg. 0m,0017 (2/3).

Patrie : le Chili (Deyrolle).

Obs. La 11e et la 13e tache sont souvent nulles : la 10e est parfois unie ou confondue avec la 12e.

26. **Psyllobora liliputiana.**

Brièvement ovale; blanche ou d'un blanc flavescent, en dessus. Prothorax paré de neuf points noirs ou bruns. Elytres ornées chacune de dix taches subponctiformes noires ou brunes; deux subbasilaires : trois, en arc transversal dirigé en arrière, vers le tiers : la 6e, sur le disque, vers les trois cinquièmes de la longueur, liée par son angle antéro-externe à la médiane de la rangée précédente : deux, vers les deux tiers (l'une près de la suture : l'autre, près du bord externe) : deux vers les cinq sixièmes, obliquement disposées, formant avec la juxta-suturale précédente une rangée oblique.

Long. 0m,0030 (1 l. 2/5). — Larg. 0m,0021 (1 l.).

Patrie : la Colombie (collect. Deyrolle).

Obs. Elle a quelque analogie avec les *Psyll. nana* et *20-maculata*. Elle s'en distingue aisément par le nombre des taches ponctiformes du prothorax et des élytres.

27. **Psyllobora lineola**; Fabricius.

Ovale; médiocrement convexe : d'un jaune pâle, marqué de quatre ou cinq points bruns ou d'un roux brunâtre sur le prothorax et de dix sur les élytres : deux, subbasilaires : deux, liés à la suture, au quart et aux trois cinquièmes : deux, aux mêmes distances, rapprochés du bord externe : deux, sur le disque environ au tiers et aux quatre cinquièmes : deux, postérieurs : quelques-uns peu apparents : ceux de la suture ordinairement liés à une bordure suturale : ceux du disque habituellement linéairement unis entre eux, et souvent à chacun de leurs voisins, ou seulement avec quelques-uns de ceux-ci.

Coccinella lineola (Fabricius). — Muls. *Psyllobora lineola*. Spec. p. 183. 13.

Long. 0m,0022 (1 l.). — Larg. 0m,0016 (2/3).

Patrie : les îles de l'Amérique (Fabricius (type), Dejean.

28. **Psyllobora Kirschi** ; Mulsant.

Ovale ; convexe ; d'un blanc flavescent, en dessus. Prothorax marqué de cinq points noirs. Elytres ornées chacune de neuf points noirs, dont plusieurs sont suballongés : les 1er et 2e, subbasilaires : les 3e, 4e et 5e en rangée transversale arquée en arrière, vers le tiers : les 6e, 7e et 8e en rangée transversale arquée en devant, des deux tiers de la suture aux trois cinquièmes du bord externe : le 9e, discal, aux cinq sixièmes.

Long. 0m,0033 (1 l. 1/2). — Larg. 0m,0025 (1 l. 1/8).

Patrie : Santa-Fé de Bogota (communiquée par M. Kirsch, pharmacien à Dresde, à qui je l'ai dédiée).

29. **Psyllobora luctuosa** ; Mulsant.

Très-brièvement ovale ; médiocrement convexe et d'un blanc sale, en dessus. Prothorax paré de quatre taches noires : trois, basilaires : une, obtriangulaire, sur la ligne médiane. Elytres ornées chacune de onze taches noires, généralement assez grosses, ovalaires ou allongées, disposées sur trois rangées longitudinales, ou trois en rangées subbasilaires (l'externe, petite et en dehors du calus) : trois en rangée transversale vers le tiers : trois en arc transversal vers les deux tiers : deux postérieures : plusieurs de ces taches liées longitudinalement. Dessous du corps, noir.

Psyllobora luctuosa. Muls., Spec. p. 179. 12.

Long. 0m,0029 (1 l. 1/3). — Larg. 0m,0025 (1 l. 1/8).

Patrie : la Colombie (Buquet).

30. **Psyllobora picturata**; Mulsant.

Ovale; convexe; et d'un blanc flavescent, en dessus. Prothorax orné de cinq taches rousses ou d'un roux brunâtre. Elytres parées chacune de neuf taches rousses : deux unies, situées le long de la suture : quatre (dont les deux antérieures unies) formant une rangée longitudinale prolongée du calus aux sept huitièmes de la longueur : deux formant entre les précédentes et le bord externe une rangée longitudinale prolongée du quart presque aux trois quarts : une naissant près de l'écusson et prolongée entre la juxta-suturale antérieure et celle du calus.

Long. 0m,0039 (1 l. 3/4). — Larg. 0m,0030 (1 l. 2/5).

Patrie : Fernambouc, Brésil (Deyrolle).

31. **Psyllobora Roei**; Mulsant.

Suborbiculaire; médiocrement convexe et d'un blanc flavescent. Prothorax paré de cinq points bruns. Elytres ornées chacune d'une figure en ovale allongé et de huit taches subponctiformes ou suballongées, de couleur rousse : l'ovale, sur le disque, du tiers aux deux tiers : les taches, situées : deux au dessous de la base : trois en rangée transversale un peu oblique vers le tiers : une entre la suture et l'ovale : deux en dehors de celui-ci (l'externe petite, marginale) : deux subconvergentes, après l'ovale : une postérieure, subtransversale.

Coccinella Roei (Hope). *Psyllobora Roei*. Muls., Spec. p. 187. 16.

Long. 0m,0033 (1 l. 1/2). — Larg. 0m,0027 (1 l. 1/4).

Patrie : le Mexique (Hope).

32. **Psyllobora rufosignata**; Mulsant.

Brièvement ovale; médiocrement convexe et d'un blanc flavescent, en dessus. Prothorax orné de cinq taches rousses. Elytres à huit ou neuf taches rousses ou brunâtres, de formes diverses · trois, voisines de la suture : deux, moins rapprochées du bord externe : quatre (ou trois quand les deux antérieures sont confondues), dans la direction du calus à l'angle sutural : cinq sur la première moitié : quatre, presque en forme de croix oblique sur la seconde : l'antérieure ou médiaire de cette croix, obliquement transversale, sur le disque, et presque liée à angle droit avec l'interne.

Psyllobora rufosignata (Dejean). — Muls., Spec. p. 189. 17.

Long. 0m,0045 (2 l.). — Larg. 0m.0036 (1 l. 2/3).

Patrie : le Brésil (Dejean).

33. **Psyllobora divisa** ; Fabricius.

Suborbiculaire; médiocrement convexe et d'un blanc roussâtre en dessus. Prothorax paré de quatre ou cinq taches brunes ou d'un roux brunâtre : ces taches souvent unies. Elytres ornées chacune de huit (ou sept quand celle du calus se confond avec la suivante) taches : quatre prolongées jusqu'à la moitié de la longueur : trois en arc transversal couvrant des quatre septièmes aux deux tiers : une postérieure subarrondie : trois des antérieures souvent liées entre elles, ainsi que celles de l'arc.

Coccinella divisa. Fabricius. — *Psyllobora divisa.* Muls., Spec. p. 191. 18.

Long. 0m,0034 à 0m,0045 (2 l. à 2 l. 1/2). — Larg. 0m,0028 à 0m,0036 (1 l. 1/3 à 1 l. 2/3).

Patrie : l'Amérique méridionale (Fabricius) (type) ; le Brésil (Germar) ; Surinam (Hope).

Obs. Quelquefois deux ou plusieurs taches des élytres se trouvent liées entre elles, tantôt en laissant encore reconnaître le dessin primitif, tantôt en le dénaturant.

34. **Psyllobora intricata**; MULSANT.

Suborbiculaire; médiocrement convexe et d'un blanc flavescent ou roussâtre. Prothorax orné de quatre taches d'un roux brun, disposées presque en carré, sur le tiers médiaire. Elytres parées chacune de huit taches également d'un roux brun : deux, subbasilaires, subparallèlement prolongées sur le tiers interne jusqu'aux deux cinquièmes : deux sur le tiers médiaire, longitudinalement liées chacune à une suivante, du quart aux trois quarts : la postérieure interne, oblique, presque unie à une juxta-suturale : la dernière, dans l'espace angulaire formé par la postérieure externe et l'oblique : ces taches laissant, du tiers aux deux tiers, un espace ovalaire et juxta-sutural de couleur foncière.

Psyllobora intricata. MULS., Spec. p. 794. 19.

Long. 0m,0039 (1 l. 3/3). — Larg. 0m,0034 (1 l. 1/2).

Patrie : la Mozambic (Buquet).

35. **Psyllobora graphica**; MULSANT.

Brièvement ovale; médiocrement convexe et d'un blanc flavescent ou roussâtre. Prothorax à quatre taches d'un brun roux, disposées en rangée semi-circulaire. Elytres ornées chacune de huit taches également d'un brun roux ou d'un roux brunâtre. quatre (dont les extrêmes moins antérieures), longitudinales (libres entre elles, et dont la troisième pas plus postérieurement prolongée) sur la première moitié : quatre, sur la seconde : l'externe de celles-ci longitudinalemant unie à l'externe des antérieures : une, juxta-suturale des quatre aux cinq sixièmes : deux intermédiaires, dont l'antérieure liée à la subexterne de celle de devant, et dont la postérieure à peine plus postérieure que l'externe : ces taches laissant, des quatre septièmes aux quatre cinquièmes, un espace juxta-sutural de couleur foncière.

Psyllobora graphica (REICHE). — MULS., Spec. p. 193. 20.

Long. 0m,0033 (1 l. 1/2). — Larg. 0m,0026 (1 l. 1/5).

Patrie : le Brésil (Reiche).

36. **Psyllobora foliacea.**

Brièvement ovale, d'un blanc flavescent, en dessous. Prothorax marqué de cinq taches rousses ou d'un roux brun. Elytres ornées chacune de sept taches de même couleur : quatre sur la moitié antérieure : trois, sur la postérieure : les deux plus rapprochées de la suture incomplètement divisées par une ligne d'un blanc flave : la 4e ou externe raccourcie en devant, postérieurement liée à la 6e : la 5e ou interne antérieure de la seconde moitié liée à la partie postéro-externe de la 3e, aussi prolongée en arrière que la 7e ou postérieure externe.

Long. 0,0050 (3 l. 1/4). — Larg. 0m,0033 (1 l. 1/2).

Patrie : le Brésil (collect. Deyrolle).

Obs. Elle est très-voisine de la *P. hybrida*. Elle en diffère par ses taches 4e et 6e ou externes de la 1re et de la 2e moitié plus courtes, et surtout par la 5e tache, qui dans l'*hybrida* est divisée distinctement en deux, par une ligne d'un blanc flave. Les 3e, 4e, 5e, 6e et 7e semblent constituer un rameau à cinq feuilles, divisé par une ligne blanche ou nervure fourchue à son extrémité.

37. **Psyllobora hybrida** ; Mulsant.

Très-brièvement ovale, médiocrement convexe et d'un blanc flavescent ou roussâtre. Prothorax à quatre taches d'un brun roux, disposées en rangée sémi-circulaire. Elytres ornées chacune de huit taches brunes ou d'un roux brunâtre, quatre (dont l'externe moins antérieure) allongées (les première et deuxième liées à leurs extrémités, et la troisième plus postérieurement prolongée) sur la première moitié : quatre sur la seconde : l'externe de celle-ci longitudinalement unie à l'externe des antérieures : une juxta-suturale, des deux tiers aux sept huitièmes : deux interm-

diaires, dont l'antérieure liée à la subexterne de celles de devant, et dont la postérieure de moitié au moins plus postérieure que l'externe : ces taches laissant, de la moitié aux deux tiers, un espace juxta-sutural de couleur foncière.

Psyllobora hybrida (DEJEAN). MULS., Spec. p. 198. 21.

Long. 0m,0045 (2 l.). — Larg. 0m,0036 (1 l. 2/3).

Patrie : le Brésil (Dejean, Germar (Muséum de Paris).

38. **Psyllobora Mocquerysi**; MULSANT.

Suborbiculaire; médiocrement convexe et d'un blanc flavescent. Prothorax à quatre taches d'un roux brun, disposées en rangée sémi-circulaire. Elytres ornées chacune de six taches brunes, trois (dont l'externe moins antérieure), allongées (la première couvrant les deux cinquièmes internes, à peine moins postérieurement prolongée), sur la première moitié : trois sur la deuxième : l'externe de celle-ci longitudinalement unie à l'externe des antérieures ; une en arc longitudinalement oblique, liée à l'intermédiaire des antérieures : la sixième placée dans l'angle formé par les deux autres, beaucoup plus postérieure que l'externe sous laquelle elle se recourbe : ces taches laissant, de la moitié aux cinq huitièmes, un espace juxta-sutural de couleur foncière.

Psyllobora Mocquerysi. MULS., Spec. p. 201. 22.

Long. 0m,0052 (2 l. 1/3). — Larg. 0m,0045 (2 l.).

Patrie : Baia (Mocquerys).

39. **Psyllobora Germari**; MULSANT.

Brièvement ovale; médiocrement convexe et d'un blanc sale ou flavescent. Prothorax orné de quatre taches subponctiformes d'un brun roux. Elytres parées chacune de deux grosses taches d'un noir brun, ne laissant de la couleur foncière qu'une bordure périphérique, étroite à la base et surtout le long de la suture, limitée par la gouttière au côté externe, et une bande au moins aussi large que cette dernière bordure, obliquement transversale des trois septièmes externes aux quatre septièmes internes.

Psyllobora Germari. Muls., Spec. p. 202. 23.

Long. 0m,0052 (2 l. 1/3). — Larg. 0m,0042 (1 l. 7/8).

Patrie : le Brésil (Germar).

Genre *Vibidia*, Vibidie ; Mulsant.

Caractères. *Prothorax* échancré en devant en arc faible et régulier, sans sinuosités postoculaires marquées. *Antennes* à dernier article une fois plus long que large. *Elytres* à gouttière étroite, à rebord brusquement relevé. *Corps* ovale. *Mésosternum* entier.

1. **Vibidia duodecim-guttata**; Poda.

Subhémisphérique; d'un roux jaune, en dessus. Prothorax paré latéralement d'une bordure blanche. Elytres ornées chacune de six gouttes blanches : deux, près de la suture (près de l'écusson et aux trois cinquièmes) : deux liées au bord externe (sous l'épaule et aux trois cinquièmes) : une, discale (aux deux cinquièmes) : une subterminale.

Vibidia 12-guttata. Poda. — *Vibidia 12-guttata.* Muls., Hist. nat. des Coléopt. de Fr. (Sécuripalpes). p. 150. — Id. Spec. p. 204. 1.

Long. 0m,0033 à 0m,0039 (1 l. 1/2 à 1 l. 3/4). — Larg. 0m,0022 à 0m,0027 (1 l. à 1 l. 1/2).

Patrie : l'Europe.

2. **Vibidia bis-octonotata**; Mulsant.

Ovale; d'un flave tirant sur le roux ou sur le blanc, en dessus. Prothorax orné de cinq points bruns ou roux. Elytres ornées chacune de huit ou neuf taches subponctiformes assez petites, noires : deux subbasilaires : trois, en rangée transversale faiblement arquée en arrière, au tiers : deux, aux deux tiers, avec les traces d'une tache juxta-suturale complétant cette rangée transversale : une subapicale.

Coccinella bis 8-notata (REICHE). — *Vibidia bis 8-notata.* MULS., Spec. 204. 2.

Long. 0^m,0033 (1 l. 1/2). — Larg. 0^m,0025 (1 l. 1/8).

Patrie : l'Arabie (Reiche), les Indes (Deyrolle).

Genre *Thea*, THEA ; Mulsant.

CARACTÈRES. *Prothorax* faiblement échancré en devant ; à angles antérieurs émoussés, à sinuosités postoculaires faiblement marquées. *Antennes* à dernier article comprimé, à peine de moitié plus long que large. *Corps* subhémisphérique ou brièvement ovale. *Mésosternum* entier.

1. **Thea variegata** ; FABRICIUS.

Brièvement ovale ; jaune, en dessus. Prothorax orné de cinq points noirs. Elytres parées chacune de neuf taches subponctiformes, assez grosses ou presque en carré plus ou moins long, noires : deux subbasilaires : trois, très-rapprochées, en rangée transversale ou faiblement arquée, au tiers : trois en rangée presque semblable, aux deux tiers, une, subapicale, parfois liée à l'interne postérieure.

Coccinella variegata. FABRICIUS. — *Thea variegata.* MULS., Spec. p. 206. 1.

Long. 0^m,0039 (1 l. 3/4). — Larg. 0^m,0029 (1 l. 1/3).

Patrie : le Cap de Bonne-Espérance (Fabricius, type), Dejean ; la Nouvelle-Hollande (Muséum de Paris).

2. **Thea vigintiduo-punctata** ; LINNÉ.

Brièvement ovale ; d'un jaune citron, en dessus ; ornée de cinq taches ponctiformes noires, sur le prothorax, et de onze sur chaque élytre : trois, le long du bord externe : une, petite marginale, près de la seconde des précédentes : trois, le long de la suture : quatre, longitudinalement sur le milieu : les trois antérieures de celles-ci en quinconce avec celles des rangées voisines : la postérieure plus éloignée, subterminale.

Coccinella 22-punctata. LINNÉ. — *Thea 22-punctata.* MULS., Hist. nat. des Coléopt. (Sécuripalpes). p. 160. 1. — Id. Spec. p. 208.

Long. 0^m,0033 à 0^m,0045 (1 l. 1/2 à 2 l.). — Larg. 0^m,0026 à 0^m,0033 (1 l. 1/5 à 1 l. 1/2).

Patrie : l'Europe, etc.

Obs. La *Coccinella 27-punctata*, MOTSCHULSKY (*Bullet.* de la Soc. des nat. de Mosc. t. XXII. 1849. p. 154. 243. — Id. tiré à part p. 105. 243), et la *Thea flaviventis*, SCHAUFUSS (Sitz. Ber. d. Gesell. *isis*, 1861. p. 50), ayant le dessous du corps et les pieds d'un roux flave ou testacé, en partie ou en totalité, ne semblent que des variations par défaut, de la *Th. 22-punctata*, variations dues à un développement incomplet de la matière colorante.

3. **Thea quadri-punctata**; MULSANT.

Brièvement ovale; d'un blanc flavescent, en dessus. Elytres ornées chacune de quatre points noirs disposés en carré : le 2e sur le calus : le 1er, entre celui-ci et la suture : les 3e et 4e constituant avec leurs pareils une rangée transversale, arquée en devant : le 3e aux quatre septièmes : le 4e ou externe aux trois cinquièmes de leur longueur.

Thea quadri-punctata. MULS., Opusc. t. III. p. 27.

Long. 0^m,0030 (1 l. 2/5).— Larg. à 0^m,0026 (1 l. 1/5).

Patrie : l'Asie (Motschulsky).

Genre *Cleis*, CLEIS; Mulsant.

CARACTÈRES. *Prothorax* fortement échancré en devant; à angles antérieurs avancés en forme de dent; à sinuosités postoculaires très-prononcées. *Elytres* en ogive postérieurement. *Corps* ovale. *Mésosternum* à peine échancré.

1. **Cleis mirifica**; Mulsant.

Ovale. Prothorax d'un blanc flavescent, orné de sept taches brunes : trois triangulaires, couvrant les deux tiers médiaires de la base, et quatre ponctiformes, plus antérieures, en rangée transversale. Elytres brunes, parées chacune de deux taches ovales ou subarrondies, voisines de la suture, (l'antérieure basilaire : la postérieure vers la moitié) et de trois taches marginales, d'un blanc flavescent (l'antérieure humérale, liée à la deuxième sémi-orbiculaire, se terminant aux trois cinquièmes : la postérieure apicale).

Cleis mirifica. Muls., Spec. p. 209. 1.

Long. 0m,0030 (1 l. 1/3). — Larg. 0m,0018 (7/8).

Patrie : le Mexique ? (Dupont).

2. **Cleis lynx**; Mulsant.

Ovale; d'un blanc flavescent, en dessus. Prothorax orné de sept taches noires : trois, triangulaires, couvrant les deux tiers médiaires de la base, et quatre, ponctiformes, plus antérieures, en rangée transversale. Elytres parées chacune 1° de deux bandes deux fois rétrécies : l'une naissant du calus, courbée en dedans : l'autre transversale presque aux deux tiers, enclosant près de l'écusson et vers le milieu, un ocelle marqué d'un point ; 2° de deux petites taches : l'une latérale vers le quart : l'autre moins externe vers les trois cinquièmes ; 3° d'une tache sémi-lunaire et subapicale, d'un roux brunâtre.

Cleis lynx. Muls., Spec. p. 210. 2.

Long. 0m,0033 (1 l. 1/2). — Larg. 0m,0022 (7/8).

Patrie : le Mexique (Dupont).

3. **Cleis licia**; Mulsant.

Brièvement ovale; médiocrement convexe; d'un roux testacé ou d'un jaune d'ocre, luisant en dessus, un peu plus pâle en dessous. Prothorax marqué de cinq points obscurs. Ventre nébuleux sur son milieu.

Cleis licia. Muls., Opusc. t. VII. p. 143.

Long. $0^m,0045$ (2 l.). — Larg. $0^m,0016$ (2/3).

Patrie : la Chine (Buquet).

Genre *Propylea*, Propylée ; Mulsant.

Caractères. *Prothorax* fortement échancré; à angles antérieurs avancés en espèce de dent; à sinuosités postoculaires très-prononcées. *Elytres* subarrondies postérieurement. *Mésosternum* échancré jusqu'au tiers. *Corps* ovale.

1. **Propylea quatuordecim-punctata**; Linné.

Brièvement ovale. Prothorax flave au moins en devant, sur les côtés et sur les parties latérales de sa base. Elytres flaves avec sept taches noires presque carrées, ou noires avec des taches jaunes. Epimères des médi et postpectus, flaves. Base des cuisses, jambes, tarses et taches sur les côtés du ventre, d'un flave testacé.

Coccinella 14-punctata. Linné. — *Propylea 14-punctata.* Muls., Hist. nat. des Coléopt. (Sécuripalpes). p. 152. 1. — Id. Spec. p. 212. 1.

Long. $0^m,0036$ à $0^m,0057$ (1 l. 2/3 à 2 l. 1/2). — Larg. $0^m,0028$ à $0^m,0036$ (1 l. 1/4 à 1 l. 2/3).

Patrie : l'Europe, l'Afrique et la partie orientale de l'Asie.

Obs. Cette espèce est une de celles dont le dessin varie le plus. Dans l'état normal ses élytres ressemblent presque à un damier; mais quelquefois la tache apicale disparaît ou à peu près; d'autres fois les taches s'unissent à la suture et entre elles de manière souvent à dénaturer le dessin primitif. Les Elytres sont alors noires, avec la bordure externe et six taches sur chacune, jaunes ou flaves.

La *Cocc. dentata* THUNB., est une des variétés de cette espèce.

2. **Propylea conglobata**; MULSANT.

Brièvement ovale. Prothorax flave au moins en devant, sur les côtés et sur les parties latérales de sa base. Elytres flaves, avec la suture, un trait subapical et chacune quatre taches disposées presque comme celles d'un damier, noires : côtés du ventre et pieds flaves, ou d'un flave pâle.

Long. 0m,0045 (2 l.). — Larg. 0m,0033 (1 l. 1/2).

Patrie : la Chine (Buquet).

Obs. On serait tenté de la regarder comme une variété singulière de la *P. 14-punctata;* cependant elle se distingne de celle-ci par la tache noire indiquée comme étant la 3e dans l'état normal de celle-ci, intimement confondue avec la 4e par la 6e nulle, par la 5e correspondant à la 3e de la *14-punctata*, plus longue que large, en raison de la nullité de la tache subexterne, par les côtés du ventre et les pieds à peu près uniformément flaves.

3. **Propylea obverse-punctata**; MULSANT.

Ovale; flave ou d'un flave testacé. Prothorax à deux points noirs. Elytres parées chacune de deux ou trois points de même couleur : le 1er sur le calus : le 2e rapproché de la suture au sixième de la longueur : le 3e rapproché du bord externe, vers la moitié.

Long. 0m,0056 (2 l. 1/2). — Larg. 0m,0045 (2 l.).

Patrie : les parties boréales de l'Inde (Deyrolle).

QUATRIÈME BRANCHE.

LES MICRASPIAIRES.

Caractères. *Antennes* de onze articles, n'offrant pas le dernier aplati en forme de disque. Plaques pectorales et abdominales existantes, atteignant à peu près le bord de l'arceau. *Ecusson* peu apparent, à peine aussi large que la douzième partie de la base d'une élytre. *Languette* échancrée.

Cette branche est réduite au genre suivant :

Genre *Micraspis*, Micraspe ; Chevrolat.

Caractères. Ajoutez à ceux indiqués : *Corps* subhémisphérique. *Cuisses* ne dépassant pas ou dépassant à peine le bord externe des élytres.

1. **Micraspis phalerata** ; Costa.

Subhémisphérique ; flave en dessus. Prothorax orné de six points noirs : deux basilaires, quatre en rangée transversale. Elytres parées d'une bordure suturale étroite et chacune de deux bandes longitudinales, noires ; la bande externe naissant sur le calus, prolongée jusqu'aux sept huitièmes : l'interne un peu moins antérieure, prolongée jusqu'aux trois quarts.

Coccinella phalerata (Dahl). Costa. — *Micraspis phalerata.* Muls., Spec. p. 213. 1.

Long. 0m,0033 (1 l. 1/2). — Larg. 0m,0023 (1 l.).

Patrie : la Sicile, l'Algérie.

2. **Micraspis duodecim-punctata** ; Linné.

Subhémisphérique ; flave en dessus. Prothorax orné de six points noirs : quatre en demi-cercle au devant de la base, et un près du milieu de chaque bord externe. Elytres à suture et à points noirs : quatre, le long de la suture : un, sur le calus : quatre, formant près du bord externe une ligne longitudinale noueuse, en quinconce ou obliquement croisée.

Coccinella duodecim-punctata. LINNÉ. — MULS., Hist. nat. des Coléopt. (Sécuripalpes). p. 163. 1. — Id. Spec. p. 214. 2.

Long. 0^m,0033 (1 l. 1/2). — Larg. 0^m,0024 (1 l.).

Patrie : l'Europe, etc.

3. **Micraspis Gebleri**; MULSANT.

Brièvement ovale; d'un flave roussâtre en dessus. Elytres ornées d'une bordure suturale, et chacune d'une ligne longitudinale noire : celle-ci naissant à la base, passant sur le calus, prolongée jusqu'aux cinq sixièmes de leur longueur.

Micraspis Gebleri. MULS., Spec. p. 1026.

Long. 0^m,0033 (1 l. 1/2). — Larg. 0^m,0022 (1 l.).

Patrie : les déserts des Kirghis.

CINQUIÈME BRANCHE.

LES DISCOTOMAIRES.

CARACTÈRES. *Antennes* seulement de neuf à dix articles apparents, dont le 3e et le 5e parfois très-petits; dentées ou subdentées, au moins vers l'extrémité; à dernier article aplati en forme de disque. *Yeux* entiers. *Mésosternum* entier. *Plaques abdominales* généralement en forme d'arc plus ou moins régulier.

Les Discotomaires se répartissent dans les genres suivants :

				Genres.
Ongles	bifides			*Discotoma.*
	munis d'une dent basilaire	Antennes dentées au côté interne des trois derniers articles.		*Seladia.*
		Antennes dentées au côté interne à partir du troisième au sixième article	de neuf ou dix articles apparents : le quatrième plus court que les autres . .	*Pristonema.*
			de huit à dix articles apparents : les troisième et cinquième ordinairement très-petits	*Micaria.*

Genre *Discotoma*, Discotome; Mulsant.

Caractères. *Antennes* de dix articles distincts : les six premiers grèles : les trois derniers, en massue subdentelée. *Ongles* bifides.

1. **Discotoma ornata**; Mulsant.

Brièvement ovale. Prothorax noir, paré aux angles de devant d'une bordure rousse, rétrécie de dehors en dedans. Elytres ornées d'une bordure suturale dans le premier et le dernier quart, d'une bande obliquement transversale et graduellement moins développée, du quart interne au tiers externe, et d'un rebord externe postérieur, noirs ; rousses depuis la base jusqu'à la bande transversale et sur le dernier quart de leur longueur, d'un roux brunâtre entre ces deux parties.

Coccinella ornata (Buquet). — *Discotoma ornata.* Muls. Spec. p. 216. 1.

Long. 0^m,0056 (2 l.). — Larg. 0^m,0050 (2 l. 1/4).

Patrie : Cayenne (Buquet).

Genre *Seladia*, Seladie ; Mulsant.

Caractères. *Antennes* de dix articles, distincts : les six premiers, grèles : les trois derniers, en massue dentelée ou subdentelée. *Ongles* munis d'une dent basilaire.

1. **Seladia nigricollis**; MULSANT.

Ovalaire. Tête et Prothorax, noirs : celui-ci étroitement taché de blanc sale aux angles de devant. Elytres d'un rouge carmin, parfois d'un rouge jaune, plus clair sur le dos que sur les côtés. Dessous du corps et pieds, noirs.

Seladia nigricollis. MULS., Spec. p. 217. 1.

Long. 0^m,0067 à 0^m,0078 (3 l. à 3 l. 1/2). — Larg. 0^m,0052 à 0^m,0059 (2 l. 1/3 à 2 l. 2/3).

Patrie : le Mexique (Dupont, Sallé).

Obs. Les épimères sont noires.

J'ai vu dans la collection de M. Sallé une Séladie provenant du même pays, différant seulement de la précédente par son ventre rouge. Elle semblerait constituer une espèce nouvelle (*S. visceralis*) ; mais elle n'est probablement qu'une variété de la *nigricollis*.

2. **Seladia Augustiniana**; MULSANT.

Ovalaire. Tête et prothorax noirs : celui-ci étroitement bordé de blanc sale aux angles de devant. Elytres d'un jaune d'ocre, parées d'une bordure suturale, réduite en devant au rebord, graduellement élargie à partir des deux cinquièmes et suborbiculairement renflée près de l'angle sutural, et chacune de deux grosses taches, noires. Dessous du corps et pieds, noirs.

Long. 0^m,0078 (3 l. 1/2). — Larg. 0^m,0056 (2 l. 1/2).

Patrie : le Mexique (M. Auguste Sallé).

3. **Seladia maculicollis**; Mulsant.

Ovalaire. Prothorax et élytres roux ou orangés · le premier, orné d'une rangée transversale ovalaire, noire : les secondes, ornées chacune près de leur base d'une rangée transversale composée de quatre points noirs : le subexterne ou voisin du calus, souvent très-petit ou nul.

Coccinella maculicollis (Dejean). — *Seladia maculicollis*. Muls., Spec. p. 217.

Long. 0m,0067 (3 l.). — Larg. 0m,0048 (2 l. 1/8).

Patrie : le Brésil (Dejean, Deyrolle, etc.).

4. **Seladia rubripennis**; Mulsant.

Ovalaire ; vernissée en dessus. Prothorax noir, avec les côtés largement d'un blanc flave. Elytres d'un rouge carmin, avec l'extrémité d'un blanc flave. Dessous du corps et pieds, noirs.

Coccinella rubripennis (Dejean). — *Seladia rubripennis*. Muls., Spec. p. 218.

Long. 0m,0067 (3 l.). — Larg. 0m,0048 (2 l. 1/8).

Patrie : le Brésil (Dejean, Germar, Schaum).

5. **Seladia bicincta**; Mulsant.

Ovalaire. Prothorax d'un jaune testacé sur les côtés, avec la partie médiaire noire, couvrant en devant la partie postérieure de l'échancrure, et postérieurement les deux tiers médiaires de la base. Elytres noires, ornées de deux larges bandes transversales d'un blanc flavescent et dentées, l'antérieure liée par ses dents à la base : la suivante, placée de la moitié aux trois quarts de la longueur. Poitrine noire.

Coccinella bicincta (Dejean). — *Seladia bicincta*. Muls., Spec. p. 218. 4.

Long. 0^m,0067 (3 l.). — Larg. 0^m,0045 (2 l.).

Patrie : le Brésil (Dejean).

6. **Seladia albofasciata** ; MULSANT.

Ovalaire. Prothorax d'un rouge jaune, marqué sur son disque de deux points noirs. Elytres noires, avec le dernier cinquième d'un rouge jaune, marqué d'un point noir subapical ; ornées antérieurement de deux larges bandes transversales d'un blanc flave et dentées : l'antérieure liée par deux de ses dents à la base : la suivante, placée de la moitié aux trois quarts de la longueur. Dessous du corps d'un jaune rouge.

Coccinella albofasciata (DUPONT). — *Seladia albofasciata*. MULS., Spec. p.219. 5.

Long. 0^m,0067 (3 l.). — Larg. 0^m,0045 (2 l.).

Patrie : la Colombie? (Dupont).

7. **Seladia fastuosa** ; MULSANT.

Ovalaire. Prothorax et élytres testacés ou d'un fauve testacé : le premier marqué de quatre points noirs : les secondes, ornées chacune de six taches blanches ou blanchâtres entourées d'un cercle noir : les 1re et 2e subbasilaires : la 2e au côté interne du calus : la 3e plus grosse, attenante au calus, voisine du bord externe : la 4e, voisine de la suture, vers la moitié de leur longueur : les 5e et 6e presque aux deux tiers, sur la moitié externe de leur largeur ; notées en outre d'un point noir, près de l'angle sutural.

Long. 0^m,0056 (2 l. 1/2). — Larg. 0^m,0036 (1 l. 2/3).

Patrie : le Brésil (de Bruck).

8. **Seladia Erato**; Mulsant.

Ovalaire. Rousse en dessus. Prothorax marqué de deux points noirs. Elytres ornées de deux bandes transverses blanches, bordées de noir et d'un point subapical également noir : la bande antérieure, près de la base, formée de trois taches unies de même grosseur : la 2e bande un peu oblique, formée de trois taches, dont la médiaire plus grosse.

Long. 0m,0056 (2 l. 1/2). — Larg. 0m,0042 à 0m,0045 (1 l. 7/8 à 2 l.)

Patrie : le Brésil (Muséum de Berlin).

9. **Seladia Eugeniae**; Mulsant.

Ovalaire. Rousse, en dessus. Prothorax marqué de deux points noirs. Elytres ornées de deux bandes transverses, formées chacune de trois taches blanches entourées chacune d'une bordure noire : la tache médiaire de la 2e rangée, moins avancée en devant que les autres : notées d'un point subapical noir.

Long. 0m,0056 (2 l. 1/2). — Larg. 0m,0042 à 0m,0045 (1 l. 7/8 à 2 l.)

Patrie : le Brésil (Muséum de Berlin).

Dédiée à Mlle Eugénie Perroud.

Genre *Pristonema*, Pristonème ; Erichson.

Caractères. *Antennes* de neuf ou dix articles : le 4e très-court ; dentées au côté interne à partir du 3e article. *Ongles* munis d'une dent basilaire.

Obs. Ce genre fondé par Erichson (Arch. fuer Naturgeschichte, 1847, p. 182). fait le passage du genre *Seladia* à celui de *Micaria ;* mais le célèbre entomologiste paraît avoir fait erreur en donnant onze articles aux antennes : l'exemplaire unique, sur lequel a été fondé ce genre, a des antennes de dix articles, dont le 4e plus petit que les autres, et elles sont dentées au côté interne à partir du 3e article.

1. **Pristonema coccinea**; Erichson.

Brièvement ovale; médiocrement convexe; glabre, luisante, de couleur écarlate. Prothorax marqué, de chaque côté, d'une tache d'un blanc flave, étendue en devant jusqu'au niveau du côté interne des yeux et couvrant le cinquième externe de la base. Elytres sans taches. Tête, dessous du corps et pieds, écarlates. Labre noir. Antennes noires, avec le 1er article et le côté externe des cinq ou six suivants, blancs.

Long. $0^m,0061$ à $0^m,0067$ (2 l. 3/4 à 3 l.). — Larg $0^m,0048$ (2 l. 1/8).

Pristonema coccinea. Erichson, Conspectus, etc. *in* Erichson (Archiv. f. Nat. (1847) p. 182.

Patrie : le Pérou (Muséum de Berlin).

Genre *Micaria*, Macarie ; Mulsant.

Caractères. *Antennes* profondément dentées à partir du quatrième ou du sixième article ; n'en offrant souvent que huit ou neuf apparents (les troisième et cinquième étant ordinairement très-petits). *Ongles* munis d'une dent basilaire.

Obs. Le nom de *Macaria* ayant été plus anciennement appliqué à une autre coupe générique, nous avons dû le changer.

1. **Micaria erotyloides**; Guérin.

Ovalaire. Prothorax et élytres d'un rouge carmin : le premier plus pâle vers les angles de devant : les secondes, ornées de neuf gouttes d'un blanc flave, entourées chacune d'un cercle noir : trois à la base : trois en rangée subtransversale vers les trois septièmes de la longueur : trois unies pres-

que en triangle renversé : la dernière de celles-ci, liée au bord postérieur.

Coccinella erotyloides. GUERIN. — *Micaria erotyloides.* MULS., Spec. p. 220.

Long. 0m,0055 (2 l. 2/3). — Larg. 0m,0045 (2 l.).

Patrie : la Colombie (Dejean, Guérin, Reiche, etc.).

Obs. Quelquefois la couleur rouge des élytres et les cercles noirs des taches des étuis sont en partie effacés, et remplacés par une couleur d'un blanc flavescent.

2. **Micaria rosea**; MULSANT.

Ovalaire. Prothorax d'un rouge ou rose livide, marqué de deux taches subarrondies, noires. Elytres d'un rouge pâle, ornées chacune de sept taches noires : deux basilaires (l'externe sur le calus, l'interne liée presque au milieu de la base) : une suturale au quart : une subdiscale au tiers : une subfascicale liée au bord externe, aux trois huitièmes : une discale, grosse, aux deux tiers : une en forme de trait court longeant le bord externe, aux quatre cinquièmes de la longueur.

Micaria rosea. MULS., Spec. p. 221.

Long. 0m,0067 (3 l.). — Larg. 0m,0045 (2 l.).

Patrie : la Colombie (Buquet).

3. **Micaria serraticornis** ; MULSANT.

Brièvement ovale. Prothorax et élytres d'un rouge rosé ou testacé : le premier marqué de deux taches ponctiformes noires : une de chaque côté de la ligne médiane : les secondes ornées chacune de neuf points de la même couleur : deux à la base (l'externe huméral, l'interne vers le milieu) : quatre en rangée un peu obliquement transversale (souvent les intermédiaires unis et l'interne commun) : deux transversalement aux trois cinquièmes : un aux quatre cinquièmes.

Coccinella serraticornis (DEJEAN). — MULS., Spec. p. 223. 3.

Long. 0m,0067 (3 l.).— Larg. 0m,0048 (2 l. 1/8).

Patrie : le Brésil (Dejean, Germar et Schaum).

Obs. Quelquefois le point noir interne de la seconde rangée se confond sur la suture avec son pareil.

4. **Micaria Schaumi**; Mulsant.

Brièvement ovale. Prothorax noir dans son tiers médiaire, d'un rose pâle passant au blanc rosé sur les côtés. Elytres d'un rouge rosé, parées chacune de cinq taches noires : les 1re et 2e ponctiformes, subbasilaires : la 3e suturale formant avec sa pareille une tache obcordiforme, vers le tiers : la 4e à peine plus postérieure, subarrondie, voisine du bord · la 5e brièvement transversale presque sur le milieu, aux trois quarts de la longueur.

Micaria Schaumi. Muls., Spec. p. 224. 4.

Long. 0m,0056 (2 l. 1/2). — Larg. 0m,0045 (2 l.).

Patrie : le Brésil (Germar).

5. **Micaria endomycha**; Mulsant.

Brièvement ovale. Prothorax et élytres vernissés, d'un rouge rosé : le premier, orné sur ses deux septièmes médiaires d'une bande longitudinale noire : les secondes parées chacune de cinq taches ponctiformes noires : les 1re et 2e subbasilaires : les 3e et 4e en rangée pareille vers les deux cinquièmes : la 5e, sur le milieu, aux cinq septièmes de leur longueur.

Coccinella endomycha (Chevrolat). — *Micaria endomycha*. Muls., Opusc. t. III. p 29.

Long. 0m,0061 (2 l. 3/4). — Larg. 0m,0045 (2 l.).

Patrie : Brésil (Chevrolat).

6. **Micaria diluta**; Mulsant.

Subhémisphérique. Prothorax noir dans sa moitié longitudinalement médiaire, d'un blanc flave sur les côtés. Elytres rouges, ornées chacune de huit gouttes arrondies roses : deux à la base : trois en rangée un peu obliquement et subarcuément transversale du tiers externe à la moitié interne : deux en rangée transversale aux deux tiers : une à l'angle apical.

Micaria diluta (Lacordaire). (Dejean). — Muls., Spec. p. 225. 5.

Patrie : Cayenne (Dejean).

7. **Micaria sigillata**; Mulsant.

Subhémisphérique. Prothorax noir, paré sur les côtés d'une assez large bordure blanche. Elytres rouges, avec le tiers postérieur noir. Dessous du corps d'un rouge pâle. Pieds noirs.

Coccinella sigillata (Lacordaire). (Dejean). — *Micaria sigillata*. Muls., Spec. p. 226. 6.

Long. 0m,0059 (2 l. 2/3).

Patrie : Cayenne (Dejean).

8. **Micaria La Saussayei**; Mulsant.

Subhémisphérique. Prothorax d'un noir luisant, paré de chaque côté d'une bordure blanche couvrant le cinquième externe de la base et divisée dans son milieu par une ligne transversale noire. Elytres d'un beau rouge carminé, ornées chacune d'une tache ponctiforme près de l'écusson, et d'une bordure extérieure assez étroite, blanche. Antennes noires, avec les trois premiers articles d'un flave testacé. Dessous du corps et pieds d'un rouge rose.

Long. 0^m,0056 (2 l. 1/2). — Larg. 0^m,0045 (2 l.).

Patrie : Ega (Brésil, Bakewell).

J'ai dédié cette belle espèce à M. de La Saussaye, membre de l'Institut, Recteur de l'Académie de Lyon, l'une des gloires scientifiques de cette ville.

9. **Micaria biguttulata**; Mulsant.

Suborbiculaire ; d'un rouge carminé en dessus. Prothorax paré sur les côtés d'une étroite bordure d'un blanc sale, étendue en devant jusqu'à la sinuosité postoculaire. Elytres parées chacune d'une goutte blanche près de l'écusson. Poitrine et pieds d'un rouge carmin pâle. Ventre d'un rouge jaune.

Long. 0^m,0053 (2 l. 1/2). — Larg. 0^m,0045.

Patrie : Cayenne (Deyrolle).

10. **Micaria Künckeli**; Mulsant.

Suborbicluaire; d'un rouge carminé en dessus; prothorax paré de chaque côté d'une bordure d'un blanc flavescent, assez étroite. Elytres ornées chacune, près de l'écusson, d'une tache ponctiforme d'un blanc flavescent.

Long. 0^m,0056 (2 l. 1/2). — Larg. 0^m,0051 (2 l. 1/4).

Patrie : Cayenne (Deyrolle).

J'ai dédié cette belle espèce à M. Jules Künckel, jeune entomologiste plein de zèle et de talent.

DEUXIÈME DIVISION.

Caractères. *Elytres* à base jamais anguleusement saillante en devant du calus, toujours relevée sur son tiers externe, qui souvent est avancé de manière à former le côté d'un angle rentrant très-ouvert, au devant du calus; à repli toujours incliné, dépassant l'extrémité des cuisses.

Ces insectes, tous étrangers à l'Europe, se partagent de la manière suivante :

Branches.

- Antennes
  - très-sensiblement plus longues que la largeur du front.
    - Prothorax non creusé, vers l'angle antéro-interne de son repli, d'une fossette subarrondie, excepté chez un très-petit nombre d'espèces ayant la tranche des élytres large et déclive, le repli de celle-ci égal au moins au tiers de la largeur de l'arrière-poitrine.
      - Ecusson notablement plus large que le dixième de la base d'une élytre. . . . . Cariaires.
      - Ecusson à peine aussi large que le douzième de la base d'une élytre. . . . . Alésiaires.
    - Prothorax creusé, vers l'angle antéro-interne de son repli, d'une fossette arrondie. . . . . Cœlophoraires.
  - Antennes à peine aussi longues que la largeur du front, à masse fusiforme . . . . Cydoniaires.

SIXIÈME BRANCHE.

LES CARIAIRES.

Caractères. *Antennes* très-sensiblement plus longues que la largeur du front. *Prothorax* non creusé, vers l'angle antéro-interne de son repli, d'une fossette subarrondie, excepté chez un très-petit nombre d'espèces ayant la tranche des élytres large et déclive, le repli de celle-ci égal au moins au tiers de largeur de l'arrière-poitrine. *Ecusson* notablement plus large que la deuxième partie de la base d'une élytre.

Ces insectes se répartissent dans les genres suivants :

GENRES.

- Plaques abdominales
  - ne formant pas un arc régulier, et atteignant ou à peu près le bord de l'arceau.
    - Ongles bifides. Corps suborbiculaire. Elytres à large tranche. . *Synonycha*.
    - munis d'une dent basilaire.
      - Prothorax creusé d'une fossette sur son repli ; arqué sur les côtés et souvent d'une manière sinueuse, près des angles de devant. Elytres à repli large ; à tranche déclive, à limites non brusquement déterminées . . . . *Caria*.
      - Prothorax non creusé d'une fossette sur son repli.
        - Prothorax arqué sur les côtés et souvent d'une manière sinueuse, offrant vers le tiers ou au plus vers la moitié de la longueur de ceux-ci, le commencement du rétrécissement. Elytres arrondies postérieurement, à tranche déclive et peu développée ou presque nulle. . . . . *Leis*.
        - Prothorax généralement élargi en ligne peu courbe sur plus de la moitié antérieure des bords latéraux ; très-rarement arqué, mais alors élytres à large tranche et en ogive postérieurement.
          - Prosternum uniformément relevé en carène jusqu'à son bord antérieur. . . . . *Pelina*.
          - Prosternum en carène affaiblie vers son bord antérieur.
            - Elytres à tranche large et subhorizontale . . *Neda*.
            - Elytres à tranche étroite *Daulis*.
  - en forme d'arc régulier, dépassant à peine les trois cinquièmes de l'arceau . . . . *Isora*.

Genre *Synonycha*. SYNONYCHE ; Chevrolat.

CARACTÈRES. *Plaques abdominales* ne formant pas un arc régulier et atteignant ou à peu près le bord de l'arceau. *Ongles* bifides. *Antennes* à massue subdenticulées au côté interne. *Epistome* bidenté. *Prothorax* sinueusement arqué sur les côtés. *Elytres* convexes, dilatées dans leur périphérie en une tranche peu déclive, égale au cinquième de la largeur d'un étui, vers les deux cinquièmes de leur longueur. *Corps* orbiculaire.

1. **Synonycha grandis**; THUNBERG.

Suborbiculaire ; médiocrement convexe. Prothorax et élytres d'un jaune testacé ou rougeâtre : le premier marqué sur son tiers médiaire d'une tache noirâtre presque carrée, n'atteignant pas le bord antérieur : les secondes, ornées de trois taches suturales et ordinairement communes (la première, obcordiforme, la plus grosse, au tiers : la deuxième, aux deux tiers : la troisième, apicale), et chacune de cinq autres, ponctiformes, noires : deux, au tiers et aux deux tiers, liées au bord externe : trois, en rangée longitudinalement médiaire, sur le calus, aux deux cinquièmes, aux deux tiers.

Coccinella grandis. Thunberg, — *Synonycha grandis.* Muls., Spec. p. 230. 1.

Long. 0^m,0123 (5 l. 1/2).

Patrie : la Chine (Muséum de Copenhague) ; le Japon (Deyrolle) ; Manille (Perroud); Java (Dejean, Deyrolle, etc.); Bornéo (Deyrolle).

Obs. Quand la matière noire a fait défaut, la coloration du prothorax s'éloigne plus ou moins de l'état normal, et le point noir apical des élytres fait défaut.

Les individus provenant de Bornéo, sont en général d'une taille moins avantageuse (0^m,0090 — 4 l.).

Genre *Caria*, Carie ; Mulsant.

Caractères. *Plaques abdominales* ne formant pas un arc régulier, et atteignant ou à peu près le bord de l'arceau. *Ongles* munis d'une dent basilaire. *Antennes* à massue plus ou moins distinctement subdenticulée au côté interne. *Prothorax* arcuément élargi, et souvent d'une manière sinueuse vers les angles de devant; creusé de chaque côté, sur son repli, d'une fossette de forme variable. *Elytres* au moins d'un quart ou d'un tiers plus larges en devant que le prothorax; convexes, dilatées dans leur périphérie en une tranche peu ou médiocrement déclive, offrant souvent dans sa plus grande largeur le cinquième ou presque le cinquième de celle de chaque étui. *Corps* suborbiculaire.

1. **Caria dilatata**; Fabricius.

Orbiculaire; convexe. Prothorax et élytres d'un jaune testacé, ou d'un rouge jaune : le premier, orné de deux taches subponctiformes noires, liées à la base chacune vers le quart externe de celle-ci : les secondes, à large tranche, marquées chacune de cinq gros points noirs : un sur le calus : les autres disposés par paires sur deux rangées transversales, au tiers et aux deux tiers.

Coccinella dilatata. Fabr. — *Caria dilatata.* Muls., Spec. p. 232. 1.

Long. 0m,0112 (5 l.).

Patrie : Java (Dejean, Deyrolle, etc.) ; le Bengale (Westermann) ; la Chine (Muséum de Paris).

2. **Caria superba**; Mulsant.

Suborbiculaire; convexe; d'un rouge vermillon en dessus. Prothorax orné de deux points noirs, situés chacun vers les deux tiers de sa longueur et le tiers de sa largeur. Elytres marquées chacune de sept points semblables : un, sur le calus : trois en rangée transversale vers le tiers (l'externe, étendu presque jusqu'au bord) : trois en rangée arquée en devant, vers les deux tiers de leur longueur.

Long. 0m,0117 (5 l. 1/4). — Larg. 0m,0100 (4 l. 1/2).

Patrie : les Indes (Deyrolle).

3. **Caria infirmata**; Mulsant.

Suborbiculaire. Prothorax noir, paré d'une bordure antérieure liée à ses extrémités à une tache quadrangulaire, d'un blanc flave. Elytres rousses, à tranche large bordée de noir dans sa moitié extérieure, ornées d'une tache sur le calus, de deux bandes transversales, l'une aux deux cinquièmes, l'autre aux deux tiers, interrompues dans leur milieu, et d'une bordure suturale interrompue du tiers aux deux tiers, noires.

Long. 0^m,0123 (5 l. 1/2). — Larg. 0^m,0112 (5 l.).

Patrie : Java (Muséum de Berlin).

4. **Caria miranda**; Mulsant.

Suborbiculaire. Prothorax noir, orné d'une tache ovalaire blanche sur les côtés. Elytres d'un roux foncé, ornées chacune de deux bandes transversales irrégulières (l'une, un peu après le quart : l'autre un peu avant les deux tiers), d'une bande longitudinale naissant du milieu de la base et aboutissant à la transversale antérieure, d'une bordure externe et d'une bordure suturale interrompue entre les bandes transversales, noires.

Long. 0^m,0157 (6 l. 1/2). — Larg. 0^m,0128 (5 l. 3/4).

Patrie : Java (Muséum de Berlin).

5. **Caria sex-spilota**; Hope.

Suborbiculaire ou brièvement ovale; convexe. Prothorax noir, paré sur les côtés d'une tache ovalaire d'un blanc flavescent, couvrant à peu près toute la longueur de ses côtés. Elytres variant du rouge orangé au rouge carminé, parées d'une bordure suturale et chacune d'une bordure externe et d'une bande longitudinale croisée par une bande transversale, noires : la bande longitudinale passant sur le calus, liée à une grosse tache près du côté externe de celui-ci, prolongée jusqu'aux cinq sixièmes en se courbant en dedans : la bande transversale, vers la moitié ou un peu plus de leur longueur : les bordures parfois nulles : les bandes, réduites : la lon-

gitudinale à sa partie basilaire et à la tache qui lui est accolée : la transversale a deux taches : une marginale : l'autre ponctiforme, sur le disque.

Obs. La tache ovalaire blanche des côtés laisse une étroite bordure noire à la base et sur la moitié postérieure des côtés.

Dans l'état le plus complet, la bordure suturale noire est large, la tache accolée à la bande longitudinale se lie à peu près à cette bordure : la bande transversale atteint la bordure suturale.

Il faut rapporter à cet état, la

Leis Mirabilis; MOTSCHULSKY.

Mais à mesure que la matière colorante se montre moins abondante, les bordures suturale et marginale se rétrécissent et finissent par disparaître ; la bande transversale n'atteint pas la suture, la longitudinale se montre interrompue entre le calus et la bande transversale ; elle perd sa partie courbée postérieure à cette bande, et enfin les élytres se trouvent réduites chacune à la partie basilaire de la bande longitudinale, y comprise la tache qui lui est accolée, et a deux taches, derniers vestiges de la bande transversale : l'une liée au bord externe : l'autre, ponctiforme sur le disque, représentant le point où se croisaient les deux bandes. A ces variations par défaut appartient la

Coccinella sex-spilota. HOPE. — *Caria sex-spilota.* MULS. Spec. p. 235. 3.

Long. 0^m,0112 à 0^m,0123 (5 l. à 5 l. 1/2). — Larg. 0^m,0090 à 0^m,0100 (4 l. à 4 l. 1/2).

Patrie : le Népaul (Hope) les montagnes de l'Hymalaya (de Bruck).

6. **Caria Commingii**; MULSANT.

Orbiculaire ; convexe. Prothorax et élytres d'un rouge jaune : celles-ci à large tranche, parées chacune de trois gros points, noirs : les deux anté-

rieurs au tiers de la longueur : l'un, voisin de la suture, l'autre, presque lié au bord externe : le dernier, un peu moins rapproché du bord externe, aux trois quarts de la longueur. Dessous du corps et pieds d'un rouge jaune.

Coccinella Commingii (Hope). — *Caria Commingii.* Muls , Spec. p. 236. 4.

Long. 0m,0090 (4 l.).

Patrie : Manille (Hope).

7. **Caria manillana**; Mulsant.

Hémisphérique : bombée ; d'un rouge roux en dessus. Elytres à tranche médiocre et peu inclinée ; ornées d'une bordure suturale, et chacune d'une bordure externe et de cinq taches, noires : la bordure suturale légèrement dilatée vers le tiers et les cinq septièmes : la 1re tache sur le calus : les 2e et 3e en rangée transversale vers les deux cinquièmes (l'interne sublinéaire) : les 4e et 5e formant avec leurs pareilles une rangée arquée en devant, vers les deux tiers de la longueur des étuis.

Long. 0m,0090 (4 l.). — Larg. 0m,0090 (4 l.).

Patrie : les Philippines (collect. Deyrolle).

Obs. La 3e tache ou l'interne de la 1re rangée est sublinéaire, étendue environ du cinquième interne à un peu plus de la moitié de leur largeur ; par sa forme un peu indécise, elle semble indiquer qu'elle doit varier dans ses dimensions. Peut-être chez d'autres individus se lie-t-elle à la bordure suturale et même à la tache submarginale.

8. **Caria regalis**; Olivier.

Suborbiculaire ; obtusément conique. Prothorax et élytres d'un rouge roux foncé ou d'un rouge testacé : le premier, paré dans sa moitié longi-

tudinalement médiaire d'une tache noire entaillée en devant et n'atteignant pas le bord antérieur : les secondes, à large tranche, ornées de deux taches suturales subarrondies (au quart et aux trois quarts), et chacune de cinq points, disposés en croix, noirs : un, sur le calus : trois, dont l'intermédiaire, très-petit, situé transversalement vers la moitié : le dernier, aux quatre cinquièmes, lié au bord extérieur, ainsi que l'externe de la rangée précédente.

Coccinella regalis. OLIVIER. — MULS., Spec. p. 238. 6.

Long. 0m,0101 (4 l. 1/2).

Patrie : les Indes-Orientales (Olivier) ; Madagascar (Buquet, Chevrolat, Deyrolle, etc.).

9. **Caria dorsalis** ; OLIVIER.

Prothorax noir, paré en devant d'une bordure étroite d'un flave livide, dilatée de chaque côté en une tache couvrant les trois cinquièmes antérieurs des bords latéraux. Elytres à tranche assez large ; d'un rouge de sanguine ; ornées d'une bordure noire, sur la tranche marginale, et d'une autre une fois plus large, sur la suture.

Coccinella dorsalis. OLIVIER. — *Caria dorsalis*. MULS., Spec. p. 239. 7.

10. **Caria Duvauceli** ; MULSANT.

Subhémisphérique ; convexe. Prothorax d'un rouge testacé, paré de deux taches noires, liées à la base, chacune sur le côté de la troncature basilaire. Elytres à tranche médiocre ; d'un rouge plus vif sur la majeure partie de leur surface, graduellement d'un rouge jaune vers l'angle apical ; ornées chacune de cinq taches ponctiformes noires ; une sur le calus : une juxta-suturale, au cinquième : une juxta-marginale, aux trois septièmes : une assez près de la suture, aux quatre septièmes : une sur le disque, aux quatre cinquièmes.

Caria Duvauceli. Muls., Spec. p. 234. 2.

Long. 0m,0085 (3 l. 3/4). — Larg. 0m,0078 (3 l. 1/2)

Patrie : l'Asie (Muséum de Paris) ; la Chine (Buquet),

11. **Caria duodecim-spilota**; Hope.

Orbiculaire ; médiocrement convexe. Prothorax et élytres d'un jaune pâle : le premier orné de chaque côté de la ligne médiane d'une grosse tache noire attenante à la base, presque en quart de cercle, prolongée jusqu'au cinquième antérieur : les secondes, à large tranche, parées, prises ensemble, de dix grosses taches noires, rondes : quatre disposées en croix sur chaque élytre, et deux communes : l'antérieure subscutellaire, la postérieure subapicale.

Coccinella 12-spilota (Hope). — *Caria 12-spilota.* Muls., Spec. p. 236. 5.

Long. 0m,0067 (3 l.).

Patrie : le Népaul.

12. **Caria abbreviata**; Mulsant.

Subhémisphérique. Dessus du corps d'un rouge de cerise. Prothorax peu distinctement paré d'une bordure noire, sur les deux tiers médiaires de sa base. Elytres à tranche assez large ; ornées d'une bordure suturale sensiblement dilatée au tiers et aux deux tiers, d'une bordure périphérique étroite, d'une tache liée au milieu de la base, et chacune de deux bandes, noires : la bande antérieure, transversale, au tiers : l'autre aux deux tiers, non prolongée jusqu'à la suture.

Caria abbreviata. Muls.. Spec. p. 240. 9.

Long. 0m,0101 (4 l. 1/2).

Patrie : l'Afrique (Muséum de Paris) ; Célèbes (Deyrolle).

Obs. Quelquefois la bande noire postérieure des élytres s'étend, en se rétrécissant, jusqu'à la bordure suturale.

13. **Caria distaura** ; Mulsant.

Hémisphérique. Prothorax noir sur sa partie médiaire, d'un rouge testacé sur les côtés. Elytres d'un rouge de cerise, ornées d'une bordure suturale dilatée au tiers et aux deux tiers, et chacune d'une bordure extérieure, d'une tache obtriangulaire liée au milieu de la base, et de deux bandes transversales, noires ; l'antérieure, au tiers, plus développée, liée à la dilatation suturale : la postérieure, aux deux tiers, rétrécie sur sa moitié interne et à peine liée à la bordure suturale.

Long. $0^{m},0067$ (3 l.).

Patrie : les Célèbes (Deyrolle).

Obs. Le repli du prothorax est creusé d'une fossette comme chez les Cœlophores.

Elle a beaucoup d'analogie avec la *C. abbreviata* ; mais elle a une taille plus faible, la tranche moins large et le prothorax noir sur sa partie médiane.

14. **Caria Falvrii** ; Mulsant.

Hémisphérique ; Prothorax noir sur sa partie médiane : d'un rouge roux livide, sur les côtés : la région noire aussi large que l'échancrure, parallèle jusqu'à la moitié, puis élargie en courbe rentrante presque jusqu'aux angles postérieurs. Elytres d'un rouge roux foncé, avec la tranche externe, noire.

Long. $0^{m},0067$ (3 l.).

Patrie : les Célèbes (Deyrolle).

Obs. Cette espèce, qui provient de la même patrie que la précédente, a tant d'analogie avec elle, par sa taille, par le dessin du prothorax, par la forme de la fossette du repli de celui-ci, qu'on serait tenté de la regarder comme une variété de la *Caria pilheca*, si le dessin des élytres n'était si différent.

Je l'ai dédiée à mon ami M. Faivre, professeur à la Faculté des sciences de Lyon, honorablement connu par ses beaux travaux de physiologie animale et végétale.

Genre *Leis*, Léis ; Mulsant.

Caractères. *Plaques abdominales* ne formant pas un arc régulier, et atteignant ou à peu près le bord de l'arceau. *Ongles* munis d'une dent basilaire. *Antennes* à massue obtriangulaire, peu distinctement denticulée. *Epistome* en général faiblement ou parfois à peine bidenté. *Prothorax* arqué sur les côtés et souvent d'une manière sinueuse près des angles de devant, offrant vers le tiers, ou au plus vers la moitié de ceux-ci, le commencement du rétrécissement; étroitement rebordé latéralement; non creusé d'une fossette sur son repli. *Elytres* ordinairement d'un tiers ou d'un quart plus larges en devant que le prothorax ; arrondies ou subarrondies postérieurement; convexes; à tranche déclive, peu développée ou presque nulle; à repli d'une largeur assez grande, mais variable. *Corps* quelquefois subhémisphérique, plus ordinairement en ovale plus ou moins court; convexe.

1. **Leis dimidiata**; Fabricius.

Suborbiculaire; convexe. Prothorax d'un rouge jaune. Elytres à tranche assez large et déclive; d'un rouge de sang, en devant, noires le long de la suture et dans leurs deux cinquièmes postérieurs : cette partie noire coupée antérieurement en arc rentrant, environ de la moitié ou des trois cinquièmes de la suture à la moitié du bord externe.

Coccinella dimidiata. Fabricius. — *Leis dimidiata.* Muls., Spec p. 242. 1.

Long. 0^m,0067 (3 l.)

Patrie : les Indes (collect. Banks, type).

2. **Leis basalis**; Redtenbacher.

Suborbiculaire; convexe. Prothorax d'un jaune roux, orné de deux traits noirs liés à la base. Elytres à tranche assez large et déclive; d'un jaune ou d'un rouge testacé, en devant, noires le long de la suture et postérieurement : cette partie noire coupée antérieurement en arc rentrant du quart interne au tiers externe.

Coccinella basalis. Redtenbacher. — *Leis basalis*. Muls. Spec. p. 243. 2.

Long. 0m,0078 (3 l. 1/2). — Larg. 0m,0072 (3 l. 1/4).

Patrie : le Népaul (Hope, Deyrolle); l'Hymalaya (de Bruk).

Obs. Quelquefois les épaules sont marquées chacune d'un point noir, sur le calus huméral.

3. **Leis Rougeti**; Mulsant.

Subhémisphérique. Tête et prothorax d'un flave testacé sans taches. Elytres d'un noir luisant, à tranche assez large et déclive. Dessous du corps et pattes d'un flave testacé.

Long. 0m,0078 (3 l. 1/2). — Larg. 0m,0067 (3 l.).

Patrie : les Indes (Deyrolle).

Dédiée à M. Rouget, de Dijon, l'un de nos entomologistes les plus habiles et les plus consciencieux.

4. **Leis atrocincta**; Mulsant.

Orbiculaire; d'un rouge orangé, en dessous. Ecusson noir. Elytres or-

nées d'un petit trait sur le calus et d'une bordure extérieure, noire : la bordure de largeur inégale, couvrant les deux septièmes postérieurs de la suture.

Long. 0^m,0090 (4 l.). — Larg. 0^m,0090 (4 l.).

Patrie : Manille, Luzon (Muséum de Berlin).

5. **Leis inflata**; MULSANT.

Hémisphérique; très-bombée; d'un rouge roux, en dessus. Elytres à tranche peu large, inclinée et très-faiblement en gouttière, ornées chacune de quatre taches ponctiformes, noires : la première, sur le calus : les deuxième et troisième en rangée transversale vers le tiers : la deuxième, voisine de la suture : les troisième et quatrième, liées obliquement au bord externe et dans une direction convergente : la troisième, au tiers : la quatrième, aux trois quarts de leur longueur. Postpectus marqué de deux taches noires.

Leis inflata. MULS., Spec. p. 244. 3.

Long. 0^m,0078 à 0^m,0101 (3 l. 1/2 à 4 l. 1/2).

Patrie : Madagascar (Muséum de Paris).

6. **Leis gibbipennis**; MULSANT.

Hémisphérique; très-bombée; d'un rouge roux, en dessus. Prothorax noir dans sa moitié médiaire. Elytres ornées de deux taches suturales, et chacune de cinq autres, noires : la 1re sur le calus : les 2e, 3e et 4e en rangée transverse un peu arquée en arrière, vers la moitié de la longueur : la 5e sur le disque, au niveau de la 2e suturale, liée au bord postérieur.

Long. 0m,0100 (4 l. 1/2). — Larg. 0m,0100 (4 l. 1/2).

Patrie : Madagascar (Muséum de Berlin).

7. **Leis Javana**; Mulsant.

Subhémisphérique; d'un flave rougeâtre, en dessus. Prothorax sinueux sur les côtés; paré près de la base, au devant de l'écusson, de deux gros points noirs, peu obliques. Elytres à gouttière, ornées chacune de cinq gros points noirs : le premier sur le calus : le deuxième au quart, formant souvent avec son semblable une tache suturale commune : les troisième et quatrième, en rangée transversale vers la moitié : le troisième près de la suture : le quatrième un peu plus antérieur, lié au bord externe : le cinquième, vers les quatre cinquièmes, au milieu de l'élytre.

Coccinella javana (Dejean). — *Leis javana*. Muls., Spec. p. 245.

Long. 0m,0082 (3 l. 2/3). — Larg. 0m,0078 (3 l. 1/2).

Patrie : Java (Dejean), île du Prince de Galles (Hope).

8. **Leis quindecim-maculata**; Hope.

Subhémisphérique; d'un fauve jaune. Prothorax marqué de chaque côté de la ligne médiane de deux taches noires triangulaires liées à la base et antérieurement raccourcies. Elytres à tranche extérieure inclinée, ornées chacune de sept taches subarrondies, noires; la première, sur le calus : les deuxième, troisième et quatrième, en rangée transversale vers le tiers (la deuxième liée au rebord sutural : la troisième, la plus petite : la quatrième, unie au bord externe) : les cinquième et sixième, en rangée transversale occupant presque toute la largeur, vers les deux tiers : la septième, à l'angle sutural.

Coccinella 15-maculata. Hope. — *Leis 15-maculata.* Muls., Spec. p. 246. 5.

Long. 0^m,0095 (4 l.). — Larg. 0^m,0085 (3 l. 3/5).

Patrie : le Népaul (Hope, Deyrolle).

Obs. Quelquefois la matière colorante noire formant les taches des étuis, coule, unit variablement quelques-unes de ces taches, et déforme ainsi le dessin normal.

9. **Leis quindecim-spilota**; Hope.

Presque hémisphérique ; d'un rouge jaune, en dessus. Elytres à tranche extérieure inclinée; parées chacune de sept points, noirs : un sur le calus : trois vers le tiers, en rangée transversale faiblement arquée en arrière : deux vers les deux tiers, formant avec leurs semblables une rangée arquée en avant : un à l'angle apical : celui du calus ou l'apical, parfois nul. Ecusson noir.

Coccinella 15-*spilota*. Hope. — *Leis* 15-*spilota*. Muls, Spec. p. 248. 6.

Long. 0^m,0078 (3 l. 1/2).

Patrie : le Népaul (Hope) ; le Bengale (Westermann) ; Java (Dejean).

10. **Leis coryphaea**; Guérin.

Subhémisphérique, très-convexe. Prothorax d'un rouge ou d'un jaune d'ocre, en dessus. Prothorax paré de quatre taches noires disposées en demi-cercle : les latérales en forme de parenthèse. Elytres ornées chacune de onze taches, la plupart subarrondies, noires, disposées sur quatre rangées transversales : trois subbasilaires : trois plus grosses au tiers : trois, grosses vers les deux tiers : deux aux cinq sixièmes : les externes des 2e et 3e rangées étendues jusqu'au bord marginal.

Coccinella coryphaea. Guérin. — *Leis coryphaea*. Muls., Spec. p. 249. 7.

Long. 0^m,0090 à 0^m,0101 (4 l. à 4 l. 1/2). — Larg. 0^m,0072 à 0^m,0078 (3 l. 1/4 à 3 l. 1/2).

Patrie : Madagascar (Guérin, *type*; Buquet, Deyrolle).

Obs. Quelques-unes des taches sont parfois dilatées et unies à leurs voisines. Les intermédiaires des 2e et 3e rangées sont ordinairement moins grosses que les voisines.

J'ai vu dans la collection de M. Deyrolle, une Leis différant de la *Coryphaea* par son prothorax d'un roux fauve, sans taches; par les taches intermédiaires des 2e et 3e rangées des élytres, plus grosses que leurs voisines internes et au moins aussi grosses que les externes; par les dernières non dilatées jusqu'au bord marginal. Cet individu qui semblerait constituer une espèce particulière, *L. conscia*, n'est probablement qu'une variété de la *Coryphaea*. Patrie : la Guinée.

11. **Leis viginti duo-maculata**; Fabricius.

Brièvement ovale; très-convexe. Prothorax d'un rouge flave. Elytres jaune testacé ou d'un jaune d'ocre, ornées chacune de onze taches noires, de grosseur différente, disposées sur quatre rangées transversales : trois, subponctiformes et subbasilaires : trois, grosses, au tiers : trois, grosses, vers les deux tiers : deux, inégales aux cinq sixièmes : les intermédiaires des deuxième et troisième rangées plus grosses que leurs voisines : les externes des mêmes rangées non prolongées jusqu'au bord marginal.

Coccinella 22-maculata. Fabricius. — Muls., Spec. p. 252. 8.

Long. 0^m,0093 (4 l. 1/8). — Larg. 0^m,0078 (3 l. 1/2).

Patrie : la Guinée (Muséum de Copenhague, Deyrolle).

12. **Leis vigintiduo-signata**; Mulsant.

Subhémisphérique, d'un jaune d'ocre, en dessus. Prothorax paré de six taches ponctiformes noires : quatre en rangée semi-circulaire au devant de la moitié médiaire de la base : deux près du milieu du bord externe. Ecusson noir. Elytres ornées chacune de onze points, ou taches ponctiformes, noires, presque égales, disposées sur quatre rangées transversales : trois, subbasilaires : trois, au tiers : trois, vers les deux tiers : deux, aux cinq sixièmes.

Coccinella 22-maculata (Dejean). — *Leis 22-signata.* Muls., Spec. p. 255. 10.

Long. 0m,0078 (3 l. 1/2). — Larg. 0m,0067 (3 l.).

Patrie : Sierra Leone (Dejean, Buquet, Hope); la Caramanie (Deyrolle).

Obs. Souvent quelques points noirs des élytres s'unissent ensemble : les 4e et 5e, 7e et 8e, 10e et 11e, sont les plus sujets à former ces unions.

La *Leis clathrata*, Muls., Spec. p. 253, 9, n'est vraisemblablement qu'une variété due à la matière colorante noire des taches ponctiformes, qui en coulant a constitué des lignes. J'en ai vu dans la collection de M. Buquet un certain nombre d'exemplaires, offrant à peu près toutes les transitions, et ne laissant pas de doutes à cet égard.

13. **Leis vigintiduo notata**; Mulsant.

Subhémisphérique; d'un jaune d'ocre, en dessus. Prothorax à sept taches noires : deux basilaires, triangulaires. Elytres à suture parfois obscure ; à tranche extérieure très-étroite ; ornées chacune de onze taches en partie arrondies, noires, disposées sur quatre rangées transversales trois subbasilaires (l'intermédiaire allongée, souvent unie à l'externe) : trois du tiers aux deux cinquièmes : trois aux trois cinquièmes ou deux tiers : deux aux cinq sixièmes, souvent unies.

Coccinella 22-notata (Dejean). — *Daulis 22-notata.* Muls. Spec. p. 307 9.

Long. 0m,0056 (2 l. 1/2). — Larg. 0m,0045 (2 l.).

Patrie : Cayenne (Dejean); le Brésil (Backwell); la Nouvelle-Grenade (Kirsch).

14. **Leis Thonningii**; MULSANT.

Brièvement ovale; convexe; d'un rouge roux, en dessus. Prothorax marqué de deux taches ovalaires, subponctiformes, presque liées à la base, chacune vers le quart externe de celle-ci. Elytres ornées chacune de douze points noirs : trois subbasilaires : quatre, vers le tiers, en rangée transversale, irrégulièrement arquée en arrière près du bord externe : quatre en rangée faiblement arquée vers les trois cinquièmes : une voisine du bord externe, aux sept huitièmes.

Leis Thonningii. MULS., Spec. p. 257.

Long. 0m,0090 (4 l.). — Larg. 0m,0067 (3 l.).

Patrie : la Guinée (Muséum de Copenhague).

15. **Leis instabilis**; MULSANT.

Subhémisphérique; d'un jaune testacé en dessus. Prothorax à quatre taches ponctiformes noires, disposées en rangée semi-circulaire. Ecusson noir. Elytres à dix points noirs : les neuf premiers, sur trois rangées, de trois points chacune : la première, sur la ligne du calus : la deuxième, vers le tiers : la troisième, un peu avant les deux tiers, légèrement arquée : le dixième point, près du bord externe, aux sept huitièmes.

Coccinella 25-punctata (REICHE). — *Leis instabilis.* MULS., Spec. p. 259. 12.

Long. 0m,0081 (3 l. 2/3). — Larg. 0m,0074 (3 l. 1/3).

Patrie : le Cap de Bonne-Espérance (Hope, Deyrolle, Perroud, Reiche).

Obs. Les élytres manquent parfois de quelques-uns des points indiqués : les 1er, 3e et parfois 5e, sont les plus sujets à faire défaut.

16. **Leis conformis**; Boisduval.

Ovale, jaune ou d'un jaune roux, en dessus. Prothorax orné d'un point antéscutellaire, d'une tache ponctiforme près de chaque bord externe, souvent unie postérieurement à une tache juxta-médiaire, obliquement prolongée du quart de la base presque jusqu'au bord antérieur, noirs. Elytres parées de deux taches suturales : l'une scutellaire : l'autre, vers les deux deux tiers, et chacune de huit taches, noires : une, obliquant en dedans, sur le calus : une, basilaire plus extérieure : trois, subarrondies, en rangée transversale vers les deux cinquièmes : deux, formant avec la suturale postérieure une rangée un peu arquée, avant les deux tiers : une, subtransversalement arquée vers les cinq sixièmes.

Coccinella conformis (Dejean), Boisduval. — *Leis conformis*. Muls., Spec. p. 261. 13.

Long. $0^m,0067$ à $0^m,0072$ (3 l. à 3 l. 1/4). — Larg. $0^m,0056$ (2 l. 1/2).

Patrie : la Nouvelle-Hollande (Dejean, Deyrolle, Kirsch) ; la Nouvelle-Wallis (Erichson) ; Van Diemen (Chevrolat, Muséum de Paris) ; Indes-Orientales (Jeckel).

Obs. Les taches varient dans leur grosseur : la scutellaire est parfois très-étroite. D'autres fois, quand la matière colorante a pris plus de développement, les élytres se montrent parées d'une bordure suturale de largeur variable, et les taches se lient parfois ensemble.

La *Coccinella irregularis*, Erichson, semble se rattacher à l'une de ces variations par excès.

17. **Leis novemdecim-signata** ; Faldermann.

Ovale ; convexe. Prothorax noir, paré au moins d'une large bordure, sur les côtés, parfois d'une antérieure étroite, et d'une tache antéscutellaire, flaves. Elytres d'un jaune rouge ou testacé, ornées d'une tache scutellaire et chacune de neuf autres, ponctiformes, noires : deux subbasilaires : trois en rangée arquée en arrière, au tiers : trois en rangée transversale, aux deux tiers : une subapicale : ces taches parfois liées soit entre elles, soit à peu près à la suture ou au bord externe.

Coccinella 19-*signata*. FALDERMANN. — *Leis* 19-*signata*. MULS., Spec. p. 264. 14.

Long. 0^m,0067 à 0^m,0072 (3 l. à 3 l. 1/4). — Larg. 0^m,0050 à 0^m,0056 (2 l. 1/4 à 2 l. 1/2).

Patrie : Irkutsk et Kiahta (Muséum de Saint-Pétersbourg, Deyrolle).

Obs. Parfois quelques-unes des taches des élytres se montrent liées.

18. **Leis axyridis**; PALLAS.

Ovale; convexe. Prothorax noir, paré de chaque côté d'une large bordure d'un blanc flave. Elytres ornées d'une bordure suturale et ordinairement d'un réseau, noirs, divisant la surface de chacune en six taches d'un jaune orangé : une juxta-suturale, une humérale, une discale après le calus, deux (l'une juxta-suturale, l'autre subexterne) un peu après la la moitié, une subapicale : ces taches parfois dilatées et confondues de telle sorte que les élytres sont d'un jaune orangé, parées d'une bordure suturale et chacune d'une tache basilaire couvrant le calus, de trois taches en arc dirigé en arrière vers les deux cinquièmes, d'une bande en arc interrompue vers les deux tiers, et d'une bordure postéro-externe, noires.

Coccinella axyridis. PALLAS. — *Leis axyridis*. MULS., Spec. p. 266. 15.

Long. 0^m,0061 à 0^m,0078 (2 l. 3/4 à 3 l. 1/2). — Larg. 0^m,0045 à 0^m,0059 (2 l. à 2 l. 2/3).

Patrie : la Sibérie (Dejean, Deyrolle, Dohrn); la Daourie (Muséum de Saint-Pétersbourg).

Obs. Souvent les taches noires des élytres se lient ensemble. Quelquefois il est facile encore de reconnaître le dessin normal; mais d'autres fois elles sont tellement déformées et confondues ensemble, qu'il est impossible de deviner l'état primitif.

19. **Leis frigida**; MULSANT.

Brièvement ovale. Prothorax flave, paré sur son milieu d'une sort d'M noire. Elytres d'un jaune testacé, ornées chacune de six ou sept points noirs : un, sur le calus : trois, en rangée arquée en arrière, vers le tiers : deux, en rangée subtransversale vers les trois cinquièmes ou un peu plus : un, parfois peu marqué, juxta-sutural, aux cinq sixièmes, sur un pli transversal.

Leis frigida. MULSANT, Opusc. t. III. p. 33.

Long. 0^m,0061 (2 l. 3/4).

Patrie : la Sibérie (Saucerotte), Motschulsky.

20. **Leis bis-sex-notata**; MULSANT.

Ovale; convexe. Prothorax et élytres d'un noir luisant : le premier, orné aux angles de devant d'une tache irrégulièrement quadrangulaire étendue jusqu'aux deux tiers des côtés, et d'un trait raccourci sur la ligne médiane, d'un blanc flavescent : les secondes, parées chacune de six taches de même couleur, disposées sur deux rangées longitudinales : celles de l'externe, liées à la gouttière : celles de l'interne, alternativement moins rapprochées de la suture : deux, basilaires : les autres, en quinconce.

Coccinella bis-sex-notata (MANNERHEIM, DEJEAN). — *Leis bis-sex-notata.* MULS. Spec. p. 269. 16.

Long. 0^m,0051 (2 l. 1/2). — Larg. 0^m,0036 (1 l. 2/3).

Patrie : la Daourie (Dejean).

21. **Leis aulica** ; FALDERMANN.

Suborbiculaire ou brièvement ovale. Prothorax flave sur les côtés, noir sur sa partie médiaire; noté sur la ligne médiaire d'une tache allongée, d'un flave testacé. Elytres à tranche à gouttière inclinée; jaunes, parées en devant et extérieurement d'une bordure noire couvrant la base jusqu'au sixième de leur longueur, égale sur les côtés au huitième de leur largeur.

Coccinella aulica. FALDERMANN. — *Leis aulica.* MULS., Spec. p. 1027.

Patrie : la Chine boréale (Muséum de Saint-Pétersbourg (*type*).

22. **Leis Besseri** ; FALDERMANN.

Brièvement ovale. Prothorax jaune sur les côtés, noir sur sa partie médiaire. Elytres noires, ornées chacune d'une tache jaune, suborbiculaire, couvrant du cinquième environ à la moitié ou un peu plus de leur longueur et les trois cinquièmes médiaires de leur largeur.

Coccinella Besseri. FALDERMANN. — *Leis Besseri.* MULS., Spec. p. 1029.

Long. $0^{m},0061$ (3 l. 3/4). — Larg. $0^{m},0056$ (2 l. 1/2).

Patrie : la Chine boréale (Muséum de Saint-Pétersbourg, *type*).

23. **Leis conspicua** ; FALDERMANN.

Brièvement ovale. Prothorax d'un blanc flavescent sur les côtés, noir sur sa partie médiaire. Elytres noires, ornées chacune d'une tache jaune, prolongée du quart aux deux cinquièmes ou un peu plus de leur longueur. un peu obliquement étendue du tiers aux quatre cinquièmes ou un peu moins de leur largeur.

Coccinella conspicua. FALDERMANN. — *Leis conspicua.* MULS., Spec. p. 1030.

Long. $0^m,0061$ (2 l. 3/4). — Larg. $0^m,0051$ (2 l. 1/4).

Patrie : la Chine boréale (Muséum de Saint-Pétersbourg (*type*).

24. **Leis spectabilis**; FALDERMANN.

Brièvement ovale. Prothorax flave sur les côtés, noir sur sa partie médiaire. Elytres noires, ornées chacune de deux taches d'un jaune flave : l'antérieure réniforme, arquée en devant, couvrant les trois cinquièmes submédiaires de leur largeur, vers le tiers de leur longueur : la postérieure petite, orbiculaire, située près de la suture, vers les trois quarts de leur longueur.

Coccinella spectabilis. FALDERMANN. — *Leis spectabilis.* MULS., Spec. p. 1031.

Long. $0^m,0073$ (3 l. 1/4). — Larg. $0^m,0056$ (2 l. 1/2).

Patrie : la Mongolie (Muséum de Saint-Pétersbourg (*type*) Motschulsky).

25. **Leis calypso**; MULSANT.

Brièvement ovale. Prothorax noir sur sa partie médiaire, d'un blanc flave sur les côtés : la partie noire, aussi large que le bord de l'échancrure, élargie en courbe rentrante sur sa moitié postérieure, couvrant les deux tiers médiaires de la base. Elytres noires, ornées chacune d'une tache subarrondie jaune, couvrant le quart médiaire de leur longueur, et du tiers aux cinq sixièmes de leur largeur. Dessous du corps noir. Côtés du ventre largement d'un orangé testacé. Pieds noirs.

Leis calypso. MULS., Opusc. entom. t. VII. p. 145.

Long. $0^m,0067$ (3 l.). — Larg. $0^m,0056$ (2 l. 1/2).

Patrie : la Chine (Buquet).

Genre *Pelina*, PELINE, Mulsant.

CARACTÈRES : *Plaques abdominales* ne formant pas un arc régulier et atteignant à peu près le bord de l'arceau. *Ongles* munis d'une dent basilaire. *Prothorax* assez fortement échancré en devant ; élargi en ligne peu courbe et peu ou point subsinueuse sur la moitié antérieure de ses côtés ; non creusé d'une fossette sur son repli. *Elytres* d'un quart ou d'un tiers plus larges en devant que le prothorax ; à tranche large ou assez large et médiocrement inclinée ou parfois un peu en gouttière ; en ogive postérieurement. *Prosternum* relevé en carène, parfois affaiblie en devant. *Mésosternum* échancré. *Corps* ovalaire ; médiocrement convexe.

a Massue des antennes dentelée au côté interne (s.-g. *Pelina*).

1. **Pelina Lebasii** ; MULSANT.

Ovale. Prothorax noir, paré aux angles de devant d'une tache d'un jaune pâle, ovale ou subarrondie, obtuse postérieurement, prolongée jusqu'aux trois cinquièmes de sa longueur, en laissant le rebord extérieur noir. Elytres d'un jaune pâle, ornées d'une bordure suturale étroite, mais renflée ou maculiforme à l'écusson, de deux taches suturales et chacune d'un rebord extérieur et de six taches noires, en partie subarrondies : une grosse sur le calus : deux formant avec la suturale une rangée transversale un peu arquée en arrière, au tiers : deux formant avec la suturale une rangée transversale, à peine arquée en devant, aux deux tiers : une apicale : les deux externes des deux rangées dilatées jusqu'au bord externe.

Coccinella Lebasii (REICHE). — *Pelina Lebasii*. MULS., Spec. p. 271. 1.

Long. 0m,0101 (4 l. 1/2). — Larg. 0m,0080 (3 l. 2/3).

Patrie : la Colombie (Reiche, Buquet, Deyrolle).

aa Massue des antennes peu sensiblement dentelée.

b Elytres à tranche plane et dilatée vers les deux cinquièmes de sa longueur (s.-g. *Palla*).

2. **Pelina hydropica**; Mulsant.

Ovale. Prothorax noir, paré aux angles de devant d'une tache flave, ovale ou irrégulière, prolongée jusqu'aux deux tiers de sa longueur. Elytres d'un jaune d'ocre à tranche marginale noire et dilatée aux deux cinquièmes de sa longueur. Dessous du corps et pieds noirs.

Coccinella hydropica (Dupont). — *Pelina hydropica*. Muls., Spec. p. 273. 2.

Long. 0m,0101 à 0m,0112 (4 l. 1/2 à 5 l.). — Larg. 0m,0090 à 0m,0101 (4 l. à 4 l. 1/2).

Patrie : le Mexique (Dupont, Deyrolle, Reiche).

bb Elytres à tranche déclive ou en gouttière (s.-g. *Ballia*).

3. **Pelina Christophori**; Mulsant.

Ovalaire; médiocrement convexe. Prothorax noir, avec le rebord latéral ordinairement flavescent jusqu'à la moitié. Elytres flaves, parées d'une bordure suturale, et chacune d'une bande transversale dentée, couvrant environ du quart presque à la moitié de leur longueur, et d'une grosse tache apicale, noires : l'espace compris entre cette bande et la tache apicale, constituant une bande flave, souvent réduite à une tache ou à un trait juxta-sutural noir.

Ballia Christophori. Muls., Opusc. entom. t. III. p. 35. 1.

Long. 0m,0084 (3 l. 3/4).— Larg. 0m,0061 (2 l. 3/4).

Patrie : les parties boréales de l'Inde (Deyrolle).

Dédiée à mon ami l'abbé Christophe, le savant écrivain de l'*Histoire de la Papauté au XIV*e *et au XV*e *siècle.*

4. **Pelina Mayeti**; Mulsant.

Ovalaire; médiocrement convexe. Dessus du corps d'un jaune d'ocre. Prothorax noir sur le tiers médiaire de sa longueur. Elytres ornées d'une bordure suturale étroite, et chacune d'un point sur le calus, et d'une bande transversale assez grêle, vers le tiers ou presque les deux cinquièmes de leur longueur, noirs. Médi et postpectus en majeure partie noirs. Antépectus, ventre et pieds d'un jaune d'ocre.

Long. 0m,0050 (4 l.). — Larg. 0m,0067 à 0m,0070 (3 l. à 3 l. 1/8).

Patrie : les parties boréales de l'Inde (Deyrolle).

Dédiée à mon ami M. Valéry Mayet, entomologiste plein de zèle, à qui la science doit déjà des découvertes intéressantes.

5. **Pelina Brahamæ**; Mulsant.

Ovalaire. Prothorax noir, largement bordé sur les côtés de blanc flavescent. Elytres fauves ou d'un roux fauve, ornées chacune de sept taches d'un blanc flavescent, bordées de noir : une juxta-scutellaire : une liée au bord externe, près de l'épaule : trois en rangée transversale, vers le milieu de leur longueur : deux formant avec leurs pareilles une rangée transversale arquée vers les quatre cinquièmes ou trois quarts de leur longueur : la subhumérale et les externes des deux rangées suivantes étendues jusqu'au bord externe : les autres ponctiformes. Pieds d'un jaune testacé.

Ballia Brahamæ. Muls., Opusc. t. III. p. 36. 2.

Long. 0m,0084 (3 l. 3/4). — Larg. 0m,0067 (3 l.).

Patrie : les parties boréales des Indes (Deyrolle).

6. **Pelina Zephirinae**; Mulsant.

Ovalaire, d'un jaune d'ocre en dessus. Prothorax paré de quatre taches noires : deux longitudinales, submédiaires : deux subponctiformes, sublatérales. Elytres à tranche peu déclive, égale au septième de leur largeur, parées d'une tache scutellaire, et d'une tache suturale postmédiaire, obtriangulaire, et chacune de huit taches subarrondies noires : les 1re et 2e subbasilaires : les 3e, 4e et 5e en rangée transversale à peine arquée en arrière, au tiers : les 6e et 7e formant avec la suturale une rangée transversale un peu après les trois cinquièmes : la 8e subapicale. Dessous du corps noirâtre : bord postérieur des arceaux du ventre et pieds d'un jaune d'ocre.

Long. 0m,0078 (3 l. 1/2). — Larg. 0m,0061 à 0m,0067 (2 l. 3/4 à 3 l.).
Patrie : les régions boréales des Indes-Orientales (Deyrolle).

Dédiée à Mme Zéphirine Rejaunier, née Jacquetton.

7. **Pelina Gustavii**; Mulsant.

Ovalaire, d'un flave roussâtre, en dessus. Prothorax paré de deux grosses taches liées à la base près de la ligne médiane, d'un roux fauve. Elytres à tranche peu déclive, égale au septième de leur longueur ; ornées de deux taches suturales : l'une scutellaire : l'autre elliptique, de la moitié aux quatre cinquièmes, et chacune de huit autres taches subarrondies de même couleur : les 1re et 2e subbasilaires : les 3e, 4e et 5e en rangée transversale à peine arquée en arrière au tiers : les 6e et 7e formant avec la suturale une rangée transversale un peu après les trois cinquièmes : la 8e subapicale. Dessous du corps noir, bord postérieur des arceaux du ventre et pieds d'un jaune d'ocre.

Ballia Gustavii. Muls., Opusc. entom. t. III. p. 37. 3.

Long. 0m,0090 à 0m,0095 (4 l. à 4 l. 1/4). — Larg. 0m,0072 à 0m,0078 (3 l. 1/4 à 3 l. 1/2).

Patrie : les régions boréales des Indes-Orientales (Deyrolle), l'Hymalaya (Mannerheim).

Dédiée à feu le comte Mannerheim, l'une des gloires de l'entomologie.

Obs. Elle diffère de la précédente par son prothorax paraissant manquer de chacune des taches juxta-suturales; par la tache juxta-médiaire plus grosse, subtriangulaire, moins allongée; par la seconde tache suturale des élytres, elliptique et plus grande, au lieu d'être obtriangulaire. Malgré ces différences elle pourrait bien n'être qu'une variété par défaut de la *P. Zephirinae*.

8. **Pelina Montivaga**; MULSANT.

Ovalaire. Prothorax noir sur son tiers médiaire, flave sur les côtés. Elytres offrant, vers les deux cinquièmes, leur plus grande largeur; à tranche peu déclive ou légèrement en gouttière, égale au septième de leur largeur : d'un roux flave ou d'un jaune d'ocre. Dessous du corps et pieds d'un noir brun : bord postérieur des arceaux du ventre, tarses et extrémité des tibias antérieurs, d'un roux fauve.

Ballia Montivaga. MULS., Opusc. entom. t. III. p. 3. 59.

Long. 0m,0090 (4 l.). — Larg. 0m,0074 (3 l. 2/3).

Patrie : les régions boréales des Indes-Occidentales (Deyrolle).

9. **Pelina Eucharis**; MULSANT.

Ovalaire; d'un jaune d'ocre, en dessus. Prothorax sans taches. Elytres offrant vers le tiers leur plus grande largeur, à tranche un peu en gouttière, égale au septième de la largeur; parées chacune de quatre points noirs : le 1er sur le calus : le 2e (le plus gros) lié au bord externe vers le tiers ou un peu plus de ce même bord : le 3e un peu plus antérieur, au cinquième interne de leur largeur : le 4e sur le disque, presque aux deux tiers : les 3e et 4e souvent nuls. Dessous du corps d'un noir brun : bord postérieur des arceaux du ventre et pieds d'un jaune roussâtre. Epimères des médipectus blanches.

Ballia Eucharis. Muls., Opusc. entom. t. III. p. 39.4.

Long. 0m,0090 (4 l.). — Larg. 0m,0067 (3 l.).

Patrie : les provinces boréales des Indes-Orientales (Deyrolle).

10. **Pelina testacea**; Mulsant.

Ovalaire, d'un jaune d'ocre ou d'un flave testacé, en dessus, sans taches. Elytres offrant vers le tiers leur plus grande largeur, à tranche un peu en gouttière, égale au septième de leur largeur. Dessous du corps et pieds d'un jaune rougeâtre : postépisternums plus pâles.

Ballia testacea. Muls., Opusc. entom. t. III. p. 41. 6.

Long. 0m,0090 (4 l.). — Larg. 0m,0067 à 0m,0072 (3 l. à 3 l. 1/4).

Patrie : les régions boréales des Indes-Orientales (Deyrolle).

Obs. Ne serait-elle qu'une variété de la précédente chez laquelle les taches ponctiformes noires des élytres auraient disparu et dont le dessus du corps aurait perdu sa teinte noire?

11. **Pelina Gerstackeri**; Mulsant.

Brièvement ovalaire. Prothorax et élytres d'un jaune d'ocre un peu foncé : le premier sans taches : les secondes ornées chacune de quatre bandes longitudinales d'un rouge roux ou fauve : trois constituant une sorte d'N : la 2e courte, naissant de la base et presque unie au tiers du côté externe de la plus voisine de la suture. Dessous du corps et pieds d'un roux fauve.

Long. $0^m,0078$ à $0^m,0100$ (3 l. 1/2 à 4 l. 1/2). — Larg. $0^m,0070$ à $0^m,0085$ (3 l. 1/8 à 3 l. 3/4).

Patrie : le Brésil? (Muséum de Berlin).

Dédiée à M. Gerstacker, conservateur du Muséum d'histoire naturelle de Berlin.

Genre *Neda*, Néda ; Mulsant.

Caractères. *Plaques abdominales* ne formant pas un arc régulier et atteignant ou à peu près le bord de l'arceau. *Ongles* munis d'une dent basilaire. *Antennes* à massue obtriangulaire. *Epistome* bidenté. *Prothorax* échancré en devant ; assez fortement élargi d'avant en arrière, en ligne presque droite jusqu'aux trois cinquièmes des côtés, arrondi aux angles postérieurs. *Elytres* débordant la base du prothorax du tiers au moins de la largeur de chacune ; peu émoussées aux épaules, pourvues d'une tranche plus ou moins large, subhorizontale ou peu inclinée. *Corps* suborbiculaire ; médiocrement ou peu fortement convexe et parfois un peu en toit.

1. **Neda auriculata** ; Mulsant.

Hémisphérique. Prothorax à angles antérieurs avancés en espèce de dent et relevés en rebord extérieurement ; noir sur un peu plus du tiers médiaire de sa largeur, avec les côtés flaves : la partie noire postérieurement élargie en courbe rentrante. Elytres d'un roux d'ocre, arrondies postérieurement, munies d'une tranche externe, un peu déclive, égale environ au quart de la plus grande largeur de chacune. Dessous du corps et pieds, noirs.

Long. $0^m,0090$ à $0^m,0095$ (4 l. à 4 l. 1/4). — Larg. $0^m,0090$ (4 l.).

Patrie : les Indes-Orientales (Deyrolle).

13

2. **Neda marginata**; Linné.

Hémisphérique. Prothorax noir sur son tiers médiaire, flave sur les côtés : la partie noire élargie en courbe rentrante, postérieurement. Elytres arrondies postérieurement, munies d'une tranche horizontale égale au dixième de la plus grande largeur de chacune; variant du jaune d'ocre au roux faure, avec la tranche noire. Dessous du corps et pieds, noirs.

Obs. Chez le ♂ la partie médiane noire du prothorax a la moitié antérieure de la ligne médiane, flave.

Coccinella marginata. Linné. — *Neda marginata.* Muls., Spec. p. 274. 1.

Long. 0,0100 (4 l. 1/2). — Larg. 0m,0100 (4 l. 1/2).

Patrie : le Brésil (Linné, *type ;* Dejean, Deyrolle, etc.)

3. **Neda miniata**; Hope.

Hémisphérique. Prothorax noir sur son tiers médiaire, jaune sur les côtés : la partie noire élargie postérieurement en courbe rentrante. Elytres arrondies postérieurement, munies d'une tranche horizontale égale au dixième de la plus grande largeur de chacune; d'un rouge jaune, avec une bordure suturale, la base et la tranche, noires. Dessous du corps et pieds, noirs.

Coccinella miniata. Hope. — *Neda miniata.* Muls., Spec. p. 276. 2.

Long. 0m,0123 (5 l. 1/2). — Larg. 0m,0112 (5 l.).

Patrie : le Népaul (Hope).

4. **Neda flavens**; MULSANT.

Hémisphérique. Prothorax et élytres d'un jaune pâle : le premier, avec le rebord externe et une bordure basilaire extérieurement rétrécie, noirs : les secondes, arrondies à l'extrémité ; munies d'une tranche horizontale égale au huitième de leur largeur ; ornées d'une bordure suturale graduellement renflée vers les trois septièmes, et d'une bordure externe couvrant la tranche, noires.

Neda flavens. MULS., Opusc. entom. t. III. p. 41. 3.

Long. 0^m,0084 (3 l. 3/4). — Larg. 0^m,0078 (3 l. 1/2).

Patrie : ? (Chevrolat).

5. **Neda cardinalis**; ERICHSON.

Hémisphérique. Prothorax noir, avec les côtés jaunes : la partie noire élargie en courbe rentrante postérieurement. Elytres arrondies postérieurement ; munies d'une tranche horizontale étroite ; rousses ou d'un roux d'ocre, parées d'une bordure suturale, d'une basilaire et d'une bordure externe couvrant la tranche, noires. Dessous du corps et pieds, noirs.

Coccinella cardinalis. ERICHSON. Conspectus, etc. *in* Erichson's, Archiv. f. Naturgesch. (1847). t. I. p. 182. 2.

Long. 0^m,0090 (4 l.). — Larg. 0^m,0085 (3 l. 3/4).

Patrie : le Pérou (Muséum de Berlin).

6. **Neda marginalis**; MULSANT.

Hémisphérique. Prothorax et élytres d'un jaune ou roux d'ocre : le premier, avec le rebord basilaire et une bordure basilaire aussi grêle, noirs :

les secondes, arrondies postérieurement ; munies d'une tranche noire, horizontale, égale au dixième de la largeur de chacune. Dessous du corps et pieds, noirs.

Coccinella marginalis (DEJEAN). — *Neda marginalis*. MULS. Spec. p. 277. 3.

Long. 0m,0100 (4 l. 1/2).

Patrie : le Mexique (Dejean, Deyrolle, Chevrolat, Reiche, etc.).

7. **Neda princeps**; MULSANT.

Hémisphérique. Prothorax d'un flave rouge, avec le disque graduellement d'un roux livide; paré à sa base et latéralement d'une bordure noire : celle-ci raccourcie en devant. Elytres arrondies postérieurement ; d'un rouge roux, munies d'une tranche égale au dixième de la largeur de chacune ; ornées d'une bordure suturale, d'une bordure basilaire et d'une externe couvrant la tranche, noires. Dessous du corps d'un rouge testacé, avec le postpectus et le premier arceau ventral, noirâtres. Pieds d'un rouge jaune (♂). Cuisses et jambes postérieures, noires.

Coccinella princeps (HOPE). — *Neda princeps*. MULS. Spec. p. 278. 4.

Long. 0m,0100 (4 l. 1/2).

Patrie : la Nouvelle-Hollande (Hope).

8. **Neda ochracea**; MULSANT.

Subhémisphérique. Prothorax paré d'une bordure basilaire noire ; d'un flave roussâtre sur sa partie médiaire, flave sur ses côtés : la partie roussâtre égale en devant au bord de l'échancrure, faiblement en courbe rentrante d'avant en arrière, séparée de la partie flave par une ligne noire non prolongée jusqu'à la bordure basilaire. Elytres subarrondies postérieurement ; munies d'une tranche subhorizontale égale au dixième de la plus grande largeur de chacune; d'un jaune roussâtre, ornées d'une bordure suturale faiblement plus large vers les deux cinquièmes et d'une bordure externe couvrant la tranche, noires.

Neda ochracea. MULS., Spec. p. 279. 5.

Long. 0^m,0072 (3 l. 1/4). — Larg. 0^m,0061 (2 l. 3/4).

Patrie : la Colombie (Muséum de Paris).

9. **Neda ostrina**; ERICHSON.

Subhémisphérique. Prothorax noir sur sa partie médiaire, flave sur les côtés : la partie noire, élargie postérieurement en courbe rentrante et formant à la base de la partie flave une bordure noire assez grêle, jusqu'aux angles postérieurs. Elytres arrondies postérieurement; munies d'une tranche subhorizontale égale au septième ou au huitième de la largeur de chacune; d'un rouge carminé, parfois blanches à la base près de l'écusson; parées d'une bordure suturale et d'une bordure externe, noires : la suturale tantôt couvrant la base et obtriangulairement rétrécie jusqu'au tiers, tantôt de largeur uniforme et plus ou moins grêle : la bordure externe couvrant ordinairement la tranche. Dessous du corps et pieds, noirs.

Coccinella ostrina. ERICHSON, Conspectus, etc. *in* Erichson's. Arch. f. Naturgesch. (1847). Ire part. p. 182. 3.
Neda Orbignyi. MULS., Spec. p. 280. 6.

Long. 0^m,0078 (3 l. 1/2). — Larg. 0^m,0072 (3 l. 1/4).

Patrie : le Pérou (Muséum de Berlin); la Colombie (Muséum de Paris).

10. **Neda peruviana**; MULSANT.

Subhémisphérique. Prothorax noir sur sa partie médiaire, flave sur les côtés : la partie noire, élargie postérieurement en courbe rentrante et formant à la base de la partie flave une bordure noire assez grêle, jusqu'aux angles postérieurs. Elytres arrondies postérieurement; munies d'une tranche à peine en gouttière égale au huitième de la largeur de chacune; rousses ou d'un roux testacé, ornées d'une bordure suturale égale au sixième de leur largeur, vers le huitième de leur longueur, puis graduellement rétrécie jusqu'à l'angle sutural, et d'une bordure extérieure couvrant la tranche, noires. Dessous du corps et pieds, noirs.

Coccinella peruviana (Manneirheim). — *Neda peruviana*. Muls., Spec. p. 281. 7.

Long. 0m,0090 (4 l.)

Patrie : le Pérou (Reiche).

11. **Neda Bayaderae**; Mulsant.

Hémisphérique. Prothorax noir sur sa partie médiane, d'un blanc flave sur les côtés : la partie noire, aussi large en devant que le bord de l'échancrure, couvrant les trois septièmes médiaires de la base. Elytres un peu en ogive postérieurement; munies d'une tranche un peu en gouttière, égale au sixième de la plus grande largeur de chacune; rousses ou d'un roux d'ocre, avec la tranche noirâtre extérieurement. Dessous du corps et pieds, noirs.

Long. 0m,0090 (4 l.).

Patrie : les Indes-Orientales (Deyrolle).

12. **Neda tricolor**; Fabricius.

Subhémisphérique. Prothorax jaune ou orangé; bordé de noir sur les côtés et à la base; paré de deux lignes également noires, naissant de la bordure basilaire, un peu irrégulièrement longitudinales, n'atteignant pas le bord antérieur. Elytres subarrondies postérieurement; munies d'une tranche égale au quart ou au cinquième de la plus grande largeur de cha-

cune ; parées d'une étroite bordure et de deux taches suturales, noires (au tiers et aux deux tiers), et chacune de cinq taches subarrondies rouges (trois rapprochées de la suture, deux sur la tranche) ; marquées d'une bordure basilaire extérieurement raccourcie, d'une ligne longitudinale prolongée jusqu'aux deux cinquièmes et de deux taches marginales, l'une vers le tiers, l'autre vers les deux tiers, noires.

Coccinella tricolor. FABRICIUS. — *Neda tricolor*. MULS. Spec. p. 282. 8.

Long. 0^m,0078 (3 l. 1/2). — Larg. 0^m,0072 (3 l. 1/4).

Patrie : l'Ile d'Amsterdam au nord-ouest de Ceylan (collect. Banks, *type*).

13. **Neda Perrisi** ; MULSANT.

Subhémisphérique. Prothorax noir sur sa partie médiane, flave ou d'un blanc flave sur les côtés. Elytres en ogive à l'extrémité; munies d'une tranche un peu en gouttière, égale au sixième de la plus grande largeur de chacune ; rousses ou d'un rouge roux, extérieurement parées d'une bordure d'un blanc flave de moitié plus large que la tranche, et ornées chacune de deux grosses taches noires, subarrondies, situées moitié sur la bordure, moitié sur la couleur foncière, l'une au tiers, l'autre un peu après les deux tiers. Pieds d'un roux testacé.

Neda Perrisi. MULS., Spec. p. 283. 9.

Long. 0^m,0073 (3 l. 1/3). — Larg. 0^m,0067 (3 l.).

Patrie : la Colombie (Muséum de Paris, Deyrolle).

Dédiée à mon ami M. Perris, notre nouveau Réaumur.

14. **Neda Amandi** ; MULSANT.

Subhémisphérique. Prothorax noir, paré de chaque côté d'une tache presque quadrangulaire, prolongée jusqu'à la moitié à son angle postéro-interne et plus longuement au postéro-externe. Elytres subarrondies postérieurement; munies d'une tranche égale presque au quart de la plus grande largeur de chacune; jaunes, parées de deux taches suturales : l'une obcordiforme, du 8e au tiers : l'autre rétrécie, des deux tiers à l'extrémité, et chacune de cinq taches, noires : trois, ponctiformes, formant sur la partie médiane une rangée longitudinale (près de la base, aux deux cinquièmes, aux deux tiers); deux grosses, étendues en se dilatant jusqu'au bord externe (au tiers et aux deux tiers). Dessous du corps et pieds, noirs.

Coccinella Amandi (Reiche). — *Neda Amandi.* Muls., Spec. p. 286. 11.

Long. 0m,0090 (4 l.).

Patrie : la Colombie (Reiche, Deyrolle, Kirsch, Muséum de Paris).

15. **Neda calispilota**; Guérin.

Subhémisphérique. Prothorax jaune, bordé de noir à la base, et paré sur sa partie médiaire d'un réseau en forme d'M, embrassant trois aréoles : une antérieure, deux subbasilaires. Elytres subarrondies postérieurement, munies d'une tranche déclive et rebordée assez étroite; variant du jaune pâle au roux testacé, parées d'une tache ponctiforme suturale vers les deux tiers, et chacune de sept autres, noires : une sur le calus : trois en rangée transversale un peu arquée en arrière, au tiers : trois en rangée transversale aux deux tiers : une subapicale : l'externe de chaque rangée étendue jusqu'au bord externe : les autres, ponctiformes.

Coccinella calispilota. Guérin. — *Neda calispilota.* Muls., Spec. p. 294. 21.

Long. 0m,0072 à 0m,0078 (3 l. 1/4 à 3 l 1/2).

Patrie : le Brésil (Chevrolat, Dejean, Germar); le Mexique (Guérin, Buquet, Hope); la Nouvelle-Grenade (Deyrolle).

16. **Neda Jourdani**; Mulsant.

Subhémisphérique, un peu en toit. Prothorax noir sur sa partie médiaire, jaune sur les côtés : la partie noire postérieurement élargie en courbe rentrante presque jusqu'aux angles postérieurs. Elytres un peu en ogive postérieurement ; munies d'une tranche subhorizontale égale environ au cinquième de leur largeur ; jaunes, parées d'une tache suturale orbiculaire, au tiers, d'une autre petite, apicale, et chacune de deux autres, noires : l'antérieure en forme de bordure basilaire externe : l'autre, vers les deux cinquièmes, liée au bord externe. Dessous du corps et pieds noirs, au moins en partie.

Neda Jourdani. Muls., Spec. p. 293. 20.

Long. 0^m,0067 (3 l.)

Patrie : la Colombie (Buquet, Dejean).

Dédiée à M. le docteur Jourdan, l'une de nos gloires scientifiques lyonnaises.

17. **Neda Paulinae**; Mulsant.

Subhémisphérique ; d'un roux orangé en dessus. Prothorax sans tache. Ecusson noir. Elytres à tranche légèrement en gouttière et assez large ; ornées chacune de trois gros points noirs : les 1er et 2e, formant une rangée transversale, vers les deux septièmes : le 1er rapproché de la suture, étendu jusqu'aux deux cinquièmes de leur largeur : le 2e presque carré, lié au bord externe : le 3e, lié au bord externe vers les trois quarts de leur longueur. Repli, dessous du corps et pieds, d'un roux testacé.

Long. 0^m,0090 (4 l.). — Larg. 0^m,0090 (4 l.).

Patrie : Manille, Luzon (Muséum de Berlin).

Dédiée à Mme Pauline Dufour.

18. **Neda Sicheli**; MULSANT.

Suborbiculaire, un peu en toit. Prothorax d'un jaune roussâtre, sans taches. Elytres en ogive postérieurement; munies d'une tranche un peu en gouttière, égale au cinquième de la plus grande largeur de chacune; ponctuées; d'un blanc jaune, ornées chacune de deux grosses taches noires; l'une sur le calus, arrondie en devant et graduellement rétrécie postérieurement : l'autre liée au tiers du bord externe, un peu plus large que la tranche, visible sur le repli. Médi et postpectus et base du 1er arceau ventral noirs sur leur région médiane : reste du ventre, flave. Pieds d'un flave rouge.

Long. 0^m,0078 (3 l. 1/2). — Larg. 0^m,0067 (3 l.).

Patrie : Venezuela (Deyrolle).

Dédiée à mon ami le docteur Sichel, l'un des premiers hyménoptérologistes de notre époque.

19. **Neda Hopfferi**; MULSANT.

Subhémisphérique, un peu en toit, d'un jaune ou flave pâle, en dessus. Prothorax paré d'une bordure basilaire et de deux points, noirs. Elytres en ogive à l'extrémité; munies d'une tranche égale environ au septième de la largeur de chacune; parées d'une bordure extérieure réduite au rebord, et d'une bordure suturale moins étroite. Dessous du corps noir. Epimères du médipectus, blanches. Pieds d'un roux testacé.

Long. 0^m,0048 (2 l. 1/8). — Larg. 0^m,0048 (2 l. 1/8).

Patrie : le Cap de Bonne-Espérance (Muséum de Berlin).

Dédiée à M. le docteur Hopffer, conservateur adjoint au Muséum de Berlin, d'un savoir remarquable et d'une obligeance sans bornes.

20. **Neda Emiliae**; Mulsant.

Subhémisphérique, un peu en toit. Prothorax noir, paré de chaque côté d'une tache flave, ovale, prolongée jusqu'aux cinq sixièmes de sa longueur. Elytres en ogive postérieurement; munies d'une tranche subhorizontale égale au sixième de la largeur de chacune; d'un jaune pâle, ornées d'une tache scutellaire étendue jusqu'aux épaules, obtriangulairement rétrécie jusqu'aux deux cinquièmes, en laissant de chaque côté de l'écusson une petite tache flave. Dessous du corps et pieds, noirs.

Long. 0^m,0078 (3 l. 1/2). — Larg. 0^m,0066 (3 l.).

Patrie : la Bolivie (Deyrolle).

Dédiée à Mme Emile Galichon.

21. **Neda Reichei**; Mulsant.

Suborbiculaire, un peu en toit. Prothorax noir, avec les côtés, moins le rebord, d'un flave orangé. Elytres en ogive postérieurement; munies d'une tranche déclive; d'un roux orangé; ornées d'une bordure suturale dilatée au tiers et faiblement aux deux tiers; et chacune d'une bordure externe un peu élargie depuis les épaules jusqu'à l'angle sutural, et d'un réseau, noirs : celui-ci, divisant la surface de chacune en cinq aréoles : deux basilaires : deux sur la région médiaire : une postérieure : les deux dernières aréoles juxta-suturales ou les deux de sa région moyenne souvent unies : le réseau parfois très-incomplet et réduit aux deux aréoles subbasilaires. Dessous du corps et pieds, noirs.

Neda Reichei. Muls., Spec. p. 285. 10.
Coccinella conspicua (Haffmansegg).

Long. 0^m,0135 (6 l.). — Larg. 0^m,0120 (5 l. 1/3).

Patrie : Java (Reiche. — Muséum de Berlin).

Dédiée à mon ami M. Reiche, l'un de nos entomologistes les plus habiles et les plus consciencieux.

22. **Neda patula**; ERICHSON.

Suborbiculaire, un peu en toit. Prothorax noir sur sa partie médiaire : cette partie aussi large en devant que le bord postérieur de l'échancrure : élargie postérieurement en courbe rentrante jusqu'aux angles postérieurs, en laissant sur les côtés une tache ovale flave. Elytres munies d'une tranche égale au cinquième de leur plus grande largeur, d'un rouge de laque carminée, ornées chacune de six points, noirs : le 1er sur le calus : les 2e, 3e et 4e en rangée transversale ou dirigée en arrière, au tiers : le 1er plus antérieur : les 5e et 6e aux deux tiers : le 5e sur le disque : le 6e, un peu plus postérieur entre le 5e et le pli de la tranche. Bord de la tranche noir, surtout aux épaules.

Neda andicola. MULS., Spec. p. 291. 19.

Var. α. ζ. Elytres marquées seulement chacune de cinq points noirs, par l'absence du 6e.

Coccinella patula. ERICHSON, Conspect., etc., *in* Erichson's, Archiv. f. Naturg. (1847). p. 182. 4.

Long. 0m,0090 (4 l.).

Patrie : le Pérou (Muséum de Berlin) ; le Chili (Chevrolat, Deyrolle, Reiche).

23. **Neda Norrisi**; GUÉRIN.

Subhémisphérique, en toit. Prothorax noir, paré aux angles de devant d'une tache flave. Elytres subarrondies postérieurement ; munies d'une tranche horizontale égale environ au cinquième de leur plus grande largeur ; variant du jaune orangé au rouge roux ; ornées ordinairement d'une tache ou bordure suturale prolongée en se rétrécissant des deux tiers à l'extrémité, d'une bordure marginale couvrant la tranche, et chacune de trois ou quatre points, noirs : les trois premiers, souvent unis en une rangée transversale ou en une bande située aux deux cinquièmes : le dernier, situé sur le disque, aux deux tiers, ordinairement dilaté en forme de bande jusqu'au bord externe et souvent jusqu'à la suture.

Coccinella Norrisi. Guérin. — *Neda Norrisi.* Muls., Spec. p. 288. 12.

Long. 0m,0090 (4 l.). — Larg. 0m,0090 (4 l.).

Var. α. Elytres sans bordure marginale noire, et ordinairement marquée des points noirs indiqués dans l'état normal.

Var. β. Elytres parées d'une tache basilaire commune, étendue jusqu'aux épaules, obtriangulairement prolongée jusqu'au cinquième de leur longueur, et d'une bordure marginale, noires.

Neda perfida. Muls., Spec. p. 291. 18.

Var. γ. Elytres parées d'une tache basilaire commune, étendue jusqu'aux épaules, et obtriangulairement prolongée jusqu'aux deux cinquièmes de la suture, et chacune d'une bordure marginale et de deux taches ponctiformes, noires : l'une, vers le tiers de la longueur, liée à la bordure : l'autre, un peu plus antérieurement, voisine de la suture.

Neda Chevrolati. Muls., Spec. p. 291. 17.

Var. δ. Elytres parées d'une tache basilaire commune, étendue jusqu'aux épaules et obtriangulairement prolongée jusqu'aux deux cinquièmes de la suture, et chacune d'une bordure marginale et de deux taches subponctiformes, noires : la 1re, au tiers, liée à la bordure marginale : la 2e sur le disque, vers les deux tiers, noires.

Neda subdola. Muls., Spec. p. 290. 16.

Var. ε. Elytres ornées chacune d'une bordure marginale et de trois taches ponctiformes noires, transversalement situées, vers le tiers de leur longueur : l'externe liée à la suture et plus ou moins unie à l'intermédiaire, et l'interne un peu plus antérieure.

Obs. Cette variété ne diffère de l'état normal que par l'absence de la tache suturale et de la tache située sur le disque, vers les deux tiers de leur longueur.

Var. ζ. Elytres ornées d'une tache basilaire commune, étendue jusqu'aux épaules, et obtriangulairement rétrécie jusqu'aux deux cinquièmes de la suture, et chacune d'une bordure marginale et d'une bande transversale, située au tiers de leur longueur, noires.

Neda finitima. MULS., Spec. p. 290. 14.

Var. η. Elytres parées chacune d'une bordure suturale et d'une bande transversale, située au tiers de la longueur, noires.

Neda fasciolata. MULS., Spec. p. 290. 15.

Var. θ. Elytres ornées d'une tache suturale, prolongée en se retrécissant, depuis les deux tiers jusqu'à l'angle sutural, et chacune d'une bordure marginale et de deux bandes transversales, noires : l'antérieure au tiers, anguleusement avancée sur la suture : la postérieure aux deux tiers, souvent raccourcie au côté interne.

α. Repli noir sur sa moitié externe, roux ou d'une couleur rapprochée sur l'interne.

Neda Bremei. MULS., Spec. p. 289. 13.

ϐ. Repli des élytres, noir.

Neda Norrisi. MULS., Spec. p. 288. 12.

Patrie : la Colombie (Guérin, Buquet, Chevrolat, Deyrolle, Kirsch, Reiche (Muséum de Paris).

Obs. Cette espèce, comme on voit, est une des plus variables, suivant le développement de la matière colorante noire; mais on trouve toutes les transitions qui rattachent les diverses variations à une même espèce. La tache flave du prothorax a aussi plus ou moins d'étendue.

24. **Neda æquatoriana**; MULSANT.

Subhémisphérique, un peu en toit. Prothorax noir, orné de chaque côté d'une tache d'un jaune pâle, irrégulièrement prolongée environ jusqu'aux deux tiers. Elytres un peu en ogive postérieurement; munies d'une tranche un peu en gouttière, égale au cinquième de leur plus grande largeur; pa-

rées chacune de six points noirs : le 1er sur le calus : les 2e, 3e et 4e en rangée transversale arquée en arrière : le 2e plus antérieur, aux deux septièmes : les 3e et 4e au tiers ou un peu après : le 4e ou externe étendu sur la tranche jusqu'au bord externe : les 5e et 6e vers les deux tiers : le 6e ou externe lié au repli de la tranche : le 5e un peu plus antérieur, sur le disque.

Neda æquatoriana. Muls., Opusc. entom. t. III. p. 42.

Var. α. Taches des élytres réduites à trois ou quatre.

Obs. Ce sont principalement les 3e et 5e qui sont les plus sujettes à faire défaut; parfois celle du calus manque également.

La *Neda illuda*, Muls., Opusc. entom. t. III. p. 44. 18. B. semble se rattacher à l'une de ces variétés.

Larg. 0m,0078 à 0m,0084 (3 l. 1/2 à 3 l. 3/4). — Larg. de même.

Patrie : l'Equateur, la Colombie (J. Bourcier, Deyrolle, Perroud).

Genre *Daulis*, Daulis; Mulsant.

Caractères. *Plaques abdominales* ne formant pas un arc régulier, et atteignant ou à peu près le bord de l'arceau. *Ongles* munis d'une dent basilaire. *Antennes* à massue obtriangulaire. *Epistome* bidenté, parfois faiblement. *Prothorax* échancré en devant; assez fortement élargi en arrière en ligne presque droite ou peu courbe (mais peu ou point sinueuse) jusqu'aux deux tiers de ses côtés; arrondi ou subarrondi aux angles postérieurs. *Elytres* d'un tiers ou d'un quart plus larges en devant que le prothorax à sa base; rebordées ou relevées en un rebord étroit. *Repli* n'offrant pas ou offrant rarement le tiers de la largeur du postpectus. *Corps* hémisphérique ou brièvement ovale.

1. **Daulis sedecim-punctata**; Fabricius.

Hémisphérique; d'un jaune rouge, en dessus. Prothorax souvent mar-

qué sur le disque de deux taches ponctiformes, noires. Elytres ornées chacune de huit points noirs : deux, subbasilaires (un, de chaque côté du calus : trois, en rangée transversale vers le tiers : deux, avant les deux tiers : un, aux cinq sixièmes) : les 8e, 6e et 1er formant une rangée longitudinale du milieu de la base vers l'angle sutural.

Coccinella 16-notata. OLIVIER. — *Daulis 16-notata*. MULS. Spec. p. 296. 1.

Long. 0m,0061 (2 l. 3/4). — Larg. 0m,0057 (2 l. 1/2).

Patrie : Amboine (Fabricius); Java (Chevrolat, Deyrolle, Dejean, Germar et Schaum, Bakwell, Westermann, etc.).

Obs. Quelquefois les taches du prothorax et plusieurs des points noirs des élytres sont indistincts.

2. **Daulis separata**; MULSANT.

Subhémisphérique; d'un jaune d'ocre ou jaune rouge, en dessus. Prothorax marqué de six points, noirs. Elytres parées postérieurement d'une bordure suturale d'abord réduite au rebord et graduellement élargie jusqu'à l'angle sutural, et chacune de sept points, noirs : le 1er situé près de la base : le 2e sur le calus : le 1er plus interne et plus postérieur : les 3e, 4e et 5e, en rangée transversale ou à peine arquée en arrière, vers les deux cinquièmes : les 6e et 7e vers les trois quarts de leur longueur : les 7e et 4e formant avec celui du calus une rangée longitudinale à peu près droite.

Coccinella separata (REICHE). — *Daulis separata*. MULS., Spec. p. 298. 2.

Long. 0m,0057 (2 l. 1/2). — Larg. 0m,0045 (2 l.).

Patrie : la Colombie (Deyrolle, Guérin, Hope, Reiche, etc.).

Obs. Quelques-uns des points du prothorax et des élytres sont parfois peu marqués.

3. **Daulis Minki**; MULSANT.

Subhémisphérique; d'un flave testacé livide en dessus. Prothorax sans taches. Elytres marquées chacune de dix points noirs : le 1er sur le calus: les 2e et 3e en rangée transversale, vers le tiers : les 4e et 5e en rangée transversale vers les trois cinquièmes ou un peu plus : le 6e aux cinq septièmes : les 1er, 3e et 5e en rangée longitudinale : les 6e et 2e en rangée oblique dirigée vers l'écusson. Dessous du corps et pieds, d'un livide testacé.

Long. 0m,0059 (2 l. 2/3). — Larg. 0m,0050 (2 l. 1/4).

Patrie : Ceylan (de Bruck).

Dédiée à M. le professeur Mink,. de Crefeld, entomologiste distingué.

4. **Daulis devestita**; MULSANT.

Subhémisphérique; d'un flave testacé, en dessus. Prothorax marqué de quatre petits points noirs, disposés en rangée semi-circulaire au devant de la partie médiane de sa base. Elytres sans taches. Dessous du corps et pieds, d'un flave testacé.

Daulis devestita. MULS., Spec. p. 299. 3.

Long. 0m,0050 (2 l. 1/4). — Larg. 0m,0042 (1 l. 7/8).

Patrie : la Colombie (Dupont).

5. **Daulis Mulsanti**; MONTROUZIER.

Brièvement ovale; convexe; d'un roux fauve ou d'un fauve testacé, en dessus. Prothorax sans taches. Elytres arrondies postérieurement ; à rebord sutural obscur, à rebord externe noir, parées chacune de deux lignes longitudinales basilaires et courtes et de deux points, noirs : la 2e ligne, passant sur le calus, prolongée jusqu'au cinquième de leur longueur : la 1re plus courte, entre celle-ci et la suture : les deux points situés dans la direction de la ligne du calus : l'un, vers la moitié ; l'autre, vers les quatre cinquièmes de leur longueur. Pieds et partie du ventre d'un roux fauve.

Coccinella (Daulis) Mulsanti. MONTROUZIER, Ann. Soc. entom. de Fr. 4e série. t. I. 1861. p. 304. 291.

Long. 0m,0061 (2 l. 3/4). — Larg. 0m,0048 (2 l. 1/8).

Patrie : Art (Montrouzier) ; Woodlark ? (Deyrolle).

6. **Daulis testidunaria** ; MULSANT.

Brièvement ovale ; convexe. Prothorax et élytres flaves : le premier orné de deux lignes noires, prolongées de chaque sinuosité postoculaire au quart externe de la base, en formant dans leur milieu un angle rentrant : les secondes parées sur la suture et dans leur périphérie d'une bordure noire et d'un réseau de même couleur formé de deux lignes transversales : l'antérieure, au tiers : la postérieure un peu avant les deux tiers, souvent incomplète ou effacée dans sa moitié interne, et d'une ligne longitudinale naissant de la moitié de la base, passant sur le calus, et longitudinalement prolongée sur le milieu de l'élytre jusqu'à la ligne transversale postérieure.

Daulis testidunaria. MULS., Spec. p. 300. 4.

Long. 0m,0067 (3 l.). — Larg. 0m,0056 (2 l. 1/2).

Patrie : l'Australie (Dupont, Bakwell, Deyrolle).

Obs. Quelquefois les lignes qui constituent le réseau sont en partie effacées, surtout postérieurement.

7. **Daulis reticulata**; Fabricius.

Brièvement ovale; convexe; d'un beau jaune, en dessus. Prothorax orné d'une ligne ou bande longitudinale médiane et d'une bordure bidentée sur la moitié médiaire de sa base, noires. Elytres à rebord externe noir; parées d'une bordure suturale, d'une basilaire, et chacune d'un réseau, noirs : celui-ci partageant sa surface en cinq aires. Dessous du corps et pieds, d'un roux jaune.

Coccinella reticulata (Fabr., *type*). — *Daulis reticulata*. Muls., Spec. p. 301. 5.

Long. 0m,0056 à 0m,0061 (2 l. 1/2 à 2 l. 3/4). — Larg. 0m,0045 à 0m,0048 (2 l. à 2 l. 1/8).

Patrie : les Iles de la mer Pacifique (Fabricius); Mindana (Deyrolle); Java (Westermann).

8. **Daulis sinopae**; Mulsant.

Hémisphérique. Dessus du corps d'un rouge orangé. Prothorax paré, sur la moitié médiaire de sa base, d'une bordure noire, bidentée, en devant. Elytres munies d'une tranche assez étroite et un peu relevée en gouttière; ornées d'une bordure suturale, d'une bordure extérieure et chacune d'une tache et d'un réseau, noirs : la tache, grosse, sur le calus et liée à la moitié médiaire de la base : le réseau, formé de deux bandes transversales : la 1re aux deux cinquièmes : la 2e aux deux tiers ou un peu plus, et d'une bande longitudinale située sur le disque et unissant les deux précédentes : ces bandes, divisant les deux tiers postérieurs des étuis en trois aréoles; 2, 1 : l'interne antérieure, arrondie. Pieds et majeure partie au moins du ventre, d'un rouge flave.

Long. 0m,0056 (2 l. 1/2). — Larg. 0m,0056 (2 l. 1/2).

Patrie : les Célèbes (Deyrolle).

9. **Daulis Gilardini**; Mulsant.

Hémisphérique. Prothorax noir sur sa partie médiane, d'un blanc flave, sur les côtés : la partie noire, postérieurement élargie en ligne courbe jusque près des angles postérieurs. Elytres arrondies postérieurement ; noires, à tranche flave réduite à une sorte de rebord ; parées chacune de dix grosses taches subarrondies, flaves ou d'un blanc flave : la 1re, tronquée en devant, liée à la base, à côté de l'écusson : la 2e liée au rebord externe un peu après l'épaule : la 3e la plus grosse, sur le disque, du quart à la moitié, plus voisine de la suture que du bord externe, souvent liée à la 1re : les 4e et 5e arrondies, formant avec leur pareille une rangée transversale vers les trois cinquièmes : l'externe liée au rebord : la 6e, apicale, rapprochée de la suture. Médi et postpectus, noirs. Ventre et pieds, d'un jaune orangé.

Long. 0m,0056 (2 l. 1/2). — Larg. 0m,0051 (2 l. 1/4).

Patrie : la Colombie (Sallé).

J'ai dédiée cette belle espèce à M. le premier président Gilardin, l'un des membres les plus éminents de l'Académie de Lyon.

10. **Daulis Sallei**; Mulsant.

Subhémisphérique ; jaune en dessus. Prothorax à sept taches noires : trois basilaires : quatre plus antérieures. Elytres ornées de deux taches suturales (l'antérieure scutellaire : la postérieure cordiforme vers les deux tiers) et chacune de sept points, assez gros, noirs : le 1er sur le calus : les 2e, 3e et 4e, en rangée transversale en arc dirigé en arrière, vers le tiers : les 5e et 6e en rangée transversale vers les deux tiers : le 7e subapical. Dessous du corps et pieds, d'un rouge fauve.

Daulis Sallei. Muls., Spec. p. 303. 6.

Long. 0m,0050 (2 l. 1/4). — Larg. 0m,0045 (2 l.).

Patrie : la Colombie (Sallé).

Dédiée à M. Sallé, dont les voyages et les découvertes ont enrichi la science d'une foule d'objets nouveaux.

11. **Daulis amabilis**; Mulsant.

Subhémisphérique; d'un jaune orangé, en dessus. Prothorax à six taches subponctiformes, noires : deux, basilaires : quatre, plus antérieures, en rangée transversale. Elytres ornées chacune de sept taches ponctiformes, noires, sur trois rangées transversales : les 1re et 2e, un peu obliquement disposées près de la base : les 3e, 4e et 5e vers le milieu : les 6e et 7e aux quatre cinquièmes : l'externe de la 1re et de la dernière rangée et l'intermédiaire de la 2e constituant une rangée longitudinale. Dessous du corps, et pieds d'un roux testacé.

Daulis amabilis. Muls., Spec. p. 304. 7.

Long. 0m,0060 (2 l. 2/3). — Larg, 0m,0056 (2 l. 1/2).

Patrie : la Colombie (Sallé).

12. **Daulis dilychnis**; Mulsant.

Subhémisphérique. Prothorax flave, paré de sept taches d'un brun roux : une antéscutellaire : quatre, disposées en rangée semi-circulaire au devant de la moitié médiaire de la base. Elytres à tranche assez étroite et inclinée; d'un jaune roux, ornées chacune de six taches flaves, souvent peu nettement limitées : les 1re et 2e, vers le quart (l'externe plus antérieure, sur la gouttière) : les 3e, 4e et 5e en rangée transversale vers les trois cinquièmes : la dernière couvrant l'angle apical. Dessous du corps et pieds, d'un fauve roux.

Daulis dilychnis. Muls., Spec. p. 306. 8.

Long. 0m,0056 (2 l. 1/2).

Patrie : Cayenne (Buquet).

13. **Daulis graphiptera** ; Mulsant.

Subhémisphérique; d'un jaune ou flave pâle, en dessus. Prothorax orné de sept taches d'un rouge ou roux fauve : trois, basilaires : quatre plus antérieures. Elytres arrondies postérieurement, munies d'une tranche réduite à une sorte de rebord en gouttière; parées d'une bordure suturale étroite, un peu dilatée vers les deux tiers, d'une bordure externe, et chacune de huit taches d'un rouge ou roux fauve : deux, subbasilaires (l'une. sur le calus, l'autre, plus interne) postérieurement unies presque en demi cercle : trois, en rangée transversale ou un peu en arc dirigé en arrière, vers les deux cinquièmes (l'interne, allongée) : deux en rangée transversale vers les deux tiers (l'interne, liée à la dilatation suturale) : la dernière aux cinq sixièmes. Ventre et pieds, d'un jaune rouge.

Coccinella graphiptera (Reiche). — *Daulis graphiptera*. Muls., Spec. p. 309. 10.

Long. 0m,0052 à 0m,0056 (2 l. 1/4 à 2 l. 1/2). — Larg. 0m,0045 à 0m,0048 (2 l. 1/8 à 2 l. 1/4).

Patrie : la Colombie (Buquet, Deyrolle, Reiche).

14. **Daulis tredecim-signata** ; Mulsant.

Subhémisphérique; jaune, en dessus. Prothorax marqué de six ou sept taches d'un roux fauve : trois près la base (la médiaire souvent nulle) : quatre en rangée transversale plus antérieure. Elytres arrondies postérieurement; à tranche en gouttière très-étroite; ornées d'une tache scutellaire, d'une bordure suturale sur leurs deux cinquièmes postérieurs, et chacune d'une bordure extérieure et de six grosses taches, d'un roux fauve : la bordure externe dilatée en une sorte de tache, à l'épaule : la 1re tache, subbasilaire, en ovale transverse, s'appuyant extérieurement sur le calus : les 2e, 3e et 4e en rangée transversale (l'interne obtriangulaire : l'intermédiaire plus courte, en carré allongé : l'externe allongée) : les 5e et 6e en rangée plus postérieure (l'externe allongée : l'interne obtriangulaire). Dessous du corps et pieds, d'un roux flave.

Coccinella 13-*signata* (DEJEAN, *type*). — *Daulis* 13-*signata*. MULS., Spec. p. 311. 11.

Long. 0m,0074 (3 l. 1/3). — Larg. 0m,0060 (2 l. 2/3).

Patrie : le Brésil (Buquet, Dejean, Deyrolle (Muséum de Paris).

15. **Daulis conjugata**; MULSANT.

Brièvement ovale. Prothorax et élytres flaves : le premier, orné de sept taches brunes ou d'un brun fauve : trois basilaires : quatre en rangée transversale plus antérieure. Les secondes, parées chacune de dix taches d'un brun fauve ou roussâtre, irrégulières, inégalement grosses, séparées par un réseau étroit, de couleur foncière : deux subbasilaires (l'externe sur le calus) : deux médiaires (l'interne en forme de virgule transverse) : deux subapicales : l'externe de celles-ci, la moins grosse de toutes.

Coccinella conjugata (DEJEAN, *type*). — *Daulis conjugata*. MULSANT, Spec. p. 313. 12.

Long. 0m,0056 (2 l. 1/2). — Larg. 0m,0045 (2 l.).

Patrie : le Brésil (Dejean, Deyrolle).

Obs. Quelquefois plusieurs des taches des élytres se montrent liées ou presque liées ensemble.

16. **Daulis Boulardi**; Mulsant.

Brièvement ovale; assez médiocrement convexe; d'un flave testacé souvent parsemé d'un rouge testacé, en dessus. Prothorax étroit, bordé de noir à la base et latéralement presque jusqu'aux angles de devant. Elytres en ogive postérieurement; à tranche étroite et inclinée; marquées sur les limites de celles-ci, et plus distinctement près de la suture, d'une rangée de petits points nombreux presque sérialement disposés; parées à la suture et dans leur périphérie d'une bordure noire étroite, ne couvrant que le rebord.

Daulis Boulardi. Muls., Spec. p. 315. 13.

Long. 0m,0056 (2 l. 1/2). — Larg. 0m,0045 (2 l.).

Patrie : Guam (Iles Mariannes), Muséum de Paris).

Dédiée à M. Boulard, attaché au Muséum d'histoire naturelle de Paris.

17. **Daulis abdominalis**; Say.

Subhémisphérique ou brièvement ovale; d'un blanc flavescent en dessus. Prothorax paré de sept taches subponctiformes, noires ou brunes : trois, basilaires (l'intermédiaire, triangulaire) : quatre plus antérieures. Elytres un peu en ogive postérieurement; à tranche presque réduite à un rebord; noirâtres sur celui-ci et souvent sur le rebord sutural, ornées chacune de huit taches subponctiformes noires ou brunes : quatre, en rangée subtransversale subbasilaire (la 3e sur le calus) : trois, en rangée transversale vers les deux cinquièmes : la 8e vers les deux tiers du bord externe : quelques-unes de ces taches, ou même toutes, parfois nulles : les 5e et 6e d'autres fois unies en forme de V épaissi en forme d'∽.

Coccinella abdominalis. Say. — *Daulis marginalis.* Muls., Spec. p. 316. 14.

Long. 0m,0051 (2 l. 1/2). — Larg. 0m,0042 (1 l. 7/8).

Patrie : les Etats-Unis, le Mexique (Deyrolle, Guex, Leconte, Sallé, Westwood, etc.).

18. **Daulis viridula**; MULSANT.

Subhémisphérique. Prothorax et élytres d'un beau vert-de-gris pendant la vie, ou d'un flave testacé, après la mort : le premier, orné de cinq à sept taches noires : trois basilaires : deux ou quatre en rangée transversale au devant de celle-ci : les secondes, sans taches, munies d'un rebord étroit, ne formant pas une gouttière. Dessous du corps et pieds d'un flave testacé, au moins après la mort. Epimères flaves.

Coccinella puncticollis (DEJEAN, *type*). — *Daulis viridula*. MULSANT, Spec. p. 318. 15.

Long. 0m,0056 (2 l. 1/2). — Larg. 0m,0045 (2 l.).

Patrie : la Colombie (Dejean, Sallé).

19. **Daulis erythroptera**; MULSANT.

Brièvement ovale; convexe. Prothorax noir, paré en devant d'une bordure d'un blanc sale, un peu moins étroite aux angles antérieurs, et prolongée, en se rétrécissant jusqu'à la moitié des côtés. Ecusson noir. Elytres un peu en ogive postérieurement; munies d'une tranche réduite à un rebord : d'un roux fauve ou d'un rouge roux, sans taches. Ventre en partie d'un roux testacé. Pieds noirs. Epimères flaves.

Coccinella erythroptera (DEJEAN, *type*). — *Daulis erythroptera*. MULS., Spec. p. 319. 16.

Long. 0m,0060 (2 l. 3/4). — Larg. 0m,0052 (2 l. 1/3).

Patrie : Buénos-Ayres (Dejean, Chevrolat).

20. **Daulis puncticollis**; Mulsant.

Brièvement ovale; médiocrement convexe. Prothorax d'un roux ou roux orangé pâle sur sa moitié médiaire, flave sur les côtés, orné de quatre à sept taches ponctiformes, noires (les deux médiaires de la rangée antérieure et la médiaire de la postérieure tantôt obsolètes, tantôt unies en forme de V). Elytres en ogive postérieurement; munies d'une tranche étroite un peu en gouttière; d'un roux pâle, avec les côtés plus flaves. Dessous du corps et pieds d'un roux pâle ou testacé.

Daulis puncticollis. Muls. Spec. p. 320. 17.

Long. 0^m,0061 (2 l. 3/4). — Larg. 0^m,0051 (2 l. 1/4).

Patrie : Cayenne (Chevrolat, Deyrolle).

21. **Daulis Henoni**; Mulsant.

Subhémisphérique ou brièvement ovale. Prothorax noir sur sa partie médiaire, flave sur les côtés : la partie noire élargie en courbe rentrante à partir du tiers de sa longueur et couvrant au moins les deux tiers médiaires de la base. Elytres en ogive postérieurement; munies sur les côtés d'une tranche un peu en gouttière égale au septième de la largeur de chacune; noires, ornées chacune d'une tache jaune, orbiculaire, couvrant du cinquième interne au septième externe de leur largeur, et du cinquième aux quatre septièmes de leur longueur. Pieds d'un testacé livide. Cuisses et arête externe des jambes, noires.

Patrie : ? (Dupont, Hope).

Dédiée à mon ami M. Hénon, l'un de nos naturalistes lyonnais les plus distingués.

22. **Daulis Girini**; Mulsant.

Brièvement ovale; convexe. Prothorax noir, paré sur les côtés d'une bordure d'un blanc roussâtre, graduellement plus étroite depuis les angles de devant jusqu'aux postérieurs, et étendue en devant jusqu'à la sinuosité postoculaire. Elytres en ogive postérieurement; à tranche étroite, noires, parées chacune d'une tache orangée en ovale transverse étendue depuis les deux septièmes internes jusqu'au sixième externe de leur largeur et du quart à la moitié de leur longueur. Ventre d'un rouge jaune, avec le tiers médiaire de la largeur, noir. Cuisses et tranche externe des tibias, noires : le reste, d'un roux testacé. Epimères des médipectus, blanches.

Long. 0^{m},0078 (3 l. 1/2). — Larg. 0^{m},0059 (2 l. 2/3).

Patrie : le Japon (de Bruck).

Dédiée à mon ami M. le docteur Girin, l'un de nos médecins lyonnais les plus justement renommés.

Obs. Elle a presque le port d'un *Lemnia*; mais elle a le repli du prothorax sans fossette et la tranche des élytres étroite.

23. **Daulis binotata**; Say.

Largement ovalaire; assez convexe. Prothorax noir, étroitement bordé de flave, en devant, et plus largement sur les côtés. Elytres en ogive postérieurement; munies d'une tranche presque réduite à un rebord; noires, ornées chacune d'une tache rouge, ordinairement subarrondie, située sur le disque, aux deux cinquièmes de leur longueur. Ventre d'un jaune rouge. Pieds noirs, extrémité des jambes et tarses d'un blanc flave.

Coccinella binotata. Say. — *Daulis binotata.* Muls., Spec. p. 322. 19.

Long. 0^{m},0045 (2 l.). — Larg. 0^{m},0036 (1 l. 2/3).

Patrie : l'Amérique septentrionale (Dejean, Deyrolle, Leconte, Solier, etc.).

Obs. La région noire du prothorax ne semble être que le produit d'un développement anormal de la matière noire. Quelquefois le prothorax est flave, paré de sept taches noires, plus ou moins unies. La tache rouge des élytres varie d'étendue et de forme. Parfois elle est réduite à un trait oblique ; d'autres fois plus développée elle se montre dentée, entaillée ou découpée à son bord postérieur, ou en parallélipipède un peu obliquement transverse, étendue du cinquième au trois cinquièmes de leur largeur.

24. **Daulis ebenina**; Mulsant.

Hémisphérique. Prothorax noir sur sa partie médiaire, flave sur les côtés : la partie noire, postérieurement élargie en courbe rentrante, presque jusqu'aux angles postérieurs. Elytres arrondies postérieurement, munies latéralement d'une tranche étroite et un peu en gouttière ; d'un noir luisant, sans taches. Dessous du corps et pieds d'un jaune roussâtre.

Long. 0m,0072 (3 l. 1/4). — Larg. 0m,0056 (2 l. 1/2).

Patrie : le Pérou (Deyrolle).

Obs. Elle se rapproche, par la forme et la gouttière des étuis, de quelques *Neda*.

25. **Daulis Steini**; Mulsant.

Subhémisphérique. Prothorax noir, paré sur les côtés d'une bordure blanche, de largeur uniforme, étendue depuis le niveau du bord interne des yeux jusqu'au sixième externe de la base, et paré sur le disque de deux points, blancs. Elytres à tranche en gouttière étroite ; d'un roux testacé, avec une tache flave près de l'écusson. Dessous du corps et pieds, noirs. Epimères noires.

Long. 0m,0067 (3 l.).

Patrie : Coquimbo (Muséum de Berlin).

Dédiée à M. le docteur Stein, l'un des conservateurs du Muséum de Berlin, dont l'obligeance égale le savoir.

26. **Daulis Proserpinae**; MULSANT.

Subhémisphérique. Prothorax noir, paré en devant d'une étroite bordure flave, prolongée jusqu'à la moitié des bords latéraux. Elytres d'un flave roussâtre ou testacé, ornées d'une bordure extérieure noire, couvrant leur étroite tranche. Repli d'un flave roussâtre, bordé de noir à ses bords interne et externe. Dessous du corps et pieds, noirs : bord postérieur des arceaux du ventre d'un flave roussâtre. Epimères blanchâtres.

Long. 0^m,0056 (2 l. 1/2). — Larg. 0^m,0045 (2 l.).

Patrie : le Brésil (Muséum de Berlin).

27. **Daulis ferruginea**; OLIVIER.

Subhémisphérique. Desssus du corps d'un rouge châtain, d'un brun châtain, ou d'un rouge brun ou brunâtre, en dessus, sans taches. Elytres arrondies postérieurement ; munies d'une tranche réduite à un rebord. Dessous du corps et pieds, d'un rouge ou roux testacé.

Coccinella ferruginea. OLIVIER. — *Daulis ferruginea.* MULS., Spec p. 323. 21.

Long. 0^m,0045 à 0^m,0067 (2 l. à 3 l.). — Larg. 0^m,0036 à 0^m,0056 (1 l. 2/3 à 2 l. 1/2).

Patrie : Saint-Domingue (Dejean, Deyrolle, Melly, etc.).

28. **Daulis munda**; SAY.

Brièvement ovale. Prothorax en partie noir, en partie d'un blanc flavescent : la partie noire, couvrant les trois quarts médiaires de la base , émettant en devant quatre prolongements : les médiaires arqués : les latéraux paraissant un point noir uni à la base. Elytres un peu en ogive postérieurement ; munies d'une tranche réduite au rebord ; orangées ou d'un rouge jaune, ornées d'une tache flave, de chaque côté de l'écusson. Dessous du corps noir. Jambes et tarses orangés.

Coccinella munda. SAY. — *Daulis munda.* MULS., Spec. p. 324. 21.

Long. 0m,0045 à 0m,0050 (2 l. à 2 l. 1/4). — Larg. 0m,0036 à 0m,0039 (1 l. 2/3 à 1 l. 3/4).

Patrie : l'Amérique du Nord (Dejean, Deyrolle, Leconte, Melly, Perroud, etc.).

29. **Daulis sanguinea** ; LINNÉ.

Subhémisphérique. Prothorax noir, paré d'une bordure intérieure et d'un point, près de celui-ci, d'un blanc flavescent (la bordure, prolongée sur le bord antérieur et même sur une partie de la ligne médiane, chez le ♂ : les points parfois avancés jusqu'à la bordure antérieure, rarement jusqu'à la base). Elytres en ogive postérieurement ; munies d'une tranche réduite au rebord ; variant du rouge sanguin au jaune orangé souvent marquées d'une petite tache ou ligne d'un blanc flave, à la base, près de l'écusson. Dessous du corps, noir. Pieds variables, suivant les sexes.

Coccinella sanguinea. LINNÉ (*type*). — *Daulis sanguinea.* MULSANT, Spec. p. 326. 22.

Patrie : les régions intertropicales des deux Amériques.

30. **Daulis pallidula** ; MULSANT.

Subhémisphérique. Prothorax ordinairement roux ou d'un testacé livide sur sa partie médiane ; d'un blanc sale ou flavescent sur les côtés : la partie médiane élargie en courbe rentrante à partir de la moitié de sa longueur presque jusqu'aux angles postérieurs. Elytres un peu en ogive postérieurement ; munies d'une tranche étroite et en gouttière ; probablement vertes durant la vie, variant du flave roussâtre au blanc sale, sans taches après la mort. Dessous du corps et pieds, d'un jaune rouge.

Coccinella pallidula (REICHE). — *Daulis pallidula*. MULS., Spec. p. 329. 23.

Long. 0m,0056 à 0m,0078 (2 l. 1/2 à 3 l. 1/2). — Larg. 0m,0054 à 0m,0074 (2 l. 2/3 à 3 l. 2/5).

Patrie : Cayenne (Buquet, Deyrolle); le Brésil (Chevrolat, Muséum de Paris, Reiche); la Colombie (Dupont).

Obs. La *Daulis deflorata* (MULS., Spec. p. 330. 24.) paraît n'être qu'une variation de cette espèce.

31. **Daulis bis-trisignata**; MULSANT.

Subhémisphérique. Prothorax d'un roux fauve sur sa partie médiaire, flave sur les côtés : la partie médiaire, bordée de noir, élargie en courbe rentrante à partir de la moitié de sa longueur et couvrant les deux tiers médiaires de sa base. Elytres postérieurement en ogive; munies d'une tranche presque réduite à un rebord; d'un jaune pâle, étroitement bordées de noir à la suture et au bord externe; parées chacune de trois taches noires ou d'un brun noir : la 1re, subponctiforme, sur le calus : la 2e, suborbiculaire, plus grosse, juxta-suturale, vers le tiers : la 3e, allongée, étroite, de la moitié aux trois quarts, dans la direction du calus à l'angle sutural. Dessous du corps et pieds, d'un testacé pâle.

Daulis bis-trisignata. MULS., Spec. p. 330. 25.

Long. 0m,0039 (2 l. 2/3). — Larg. 0m,0030 (2 l. 1/3).

Patrie : le Brésil (Chevrolat).

32. **Daulis gutticollis**; MULSANT.

Subhémisphérique. Prothorax roux ou d'un roux testacé sur sa partie médiaire, flave sur les côtés : la partie rousse, bordée latéralement de noir, élargie en courbe rentrante à partir des deux cinquièmes de sa longueur et couvrant les deux tiers médiaires de la base. Elytres un peu en ogive postérieurement; munies d'une tranche presque réduite à un rebord; variant du roux au jaune d'ocre livide; à rebord sutural noir ou brun; souvent parées d'une petite tache de chaque côté de l'écusson, et d'une bordure voisine de la gouttière, d'un flave livide. Dessous du corps et pieds, d'un roux jaune ou livide.

Coccinella gutticollis (DEJEAN, *type*). — *Daulis gutticollis*. MULSANT, Spec. p. 332. 26.

Long. 0m,0056 à 0m,0061 (2 l. 1/2 à 2 l. 3/4). — Larg. 0m,0051 à 0m,0056 (2 l. 1/4 à 2 l. 1/2).

Patrie : le Mexique (Deyrolle) ; l'Amérique méridionale (Dejean).

33. **Daulis melanocera**; MULSANT.

Subhémisphérique. Prothorax roux sur sa partie médiane, flave sur les côtés : la partie rousse élargie en ligne courbe à partir de la moitié de sa longueur, couvrant la base presque jusqu'aux angles postérieurs. Elytres un peu en ogive postérieurement; munies d'une tranche étroite un peu en gouttière; rousses, parées extérieurement d'une bordure d'un flave testacé, égale à la largeur du repli. Massue des antennes, noire. Dessous du corps et pieds d'un roux jaune.

Daulis melanocera. MULS., Spec. p. 333. 27.

Long. 0m,0056 (2 l. 1/2). — Larg. 0m,0051 (2 l. 1/4).

Patrie : la Colombie (Dupont).

Obs. Elle diffère de la *D. gutticollis* par son prothorax moins arqué en arrière à la base; non bordé de noir au côté externe de sa partie rousse, etc. Malgré ces différences elle pourrait bien n'être qu'une variété de la précédente.

(La suite au prochain volume.)

34. **Daulis conspicillata**; MULSANT.

Hémisphérique. Prothorax et élytres variant du roux châtain ou du roux fauve au roux ou jaune testacé : le prothorax flave sur les côtés : la partie rousse, couvrant en devant jusqu'au niveau de la moitié des yeux, les trois cinquièmes médiaires de la base et le rebord antérieur, et formant ordinairement une saillie anguleuse à la partie antérieure de ses côtés : la bordure flave marquée d'un point noir. Elytres obtusément arrondies postérieurement; munies d'une tranche presque réduite au rebord; ornées chacune de cinq gouttes ou points flaves : le 1er voisin de l'écusson : les 2e et 3e en rangée transversale vers le tiers : l'interne sur le disque : l'externe près de la tranche : le 4e vers les deux tiers : le 5e subapical : les 4e et 5e presque en rangée longitudinale un peu oblique avec le 2e et avec le calus.

Coccinella conspicillata (REICHE). — *Daulis conspicillata*.. MULSANT, Spec. p. 333. 28.

Long. 0m,0059 (2 l. 2/3). — Larg. 0m,0059 (2 l. 2/3).

Patrie : Cayenne (Buquet, Deyrolle, Reiche); la vallée de l'Amazone (Backwell).

35. **Daulis mæander**; MULSANT.

Hémisphérique. Prothorax et élytres d'un blanc flavescent : le premier, paré de sept taches brunes : trois près de la base : quatre en rangée transversale au devant de celles-ci : les cinq médiaires souvent unies ou presque confondues ensemble. Elytres arrondies postérieurement; munies d'une tranche horizontale égale au huitième de leur largeur; parées d'une bordure suturale, et chacune d'une bordure extérieure et de cinq grosses taches brunes : la première, en ovale transverse, entaillée en devant, paraissant formée de deux taches unies, étendue du calus presque jusqu'à la suture : les 2e, 3e et 4e, en rangée transversale un peu arquée en arrière vers le tiers de leur longueur : la 5e obtriangulaire : celles de la rangée, parfois unies et confondues jusqu'à la suture avec la première : la 2e souvent commune et avancée jusqu'à l'écusson. Dessous du corps et pieds d'un roux livide.

Coccinella maeander (Lacordaire, Dejean). — *Daulis maeander*. Mulsant, Spec. p. 335. 29.

Long. 0m,0045 à 0m,0056 (2 l. à 2 l. 1/2). — Larg. 0m,0045 à 0m,0056 (2 l. à 2 l. 1/2).

Patrie : Cayenne (Buquet, Dejean); le Mexique (Hope); le Brésil (Backwell, Deyrolle).

36. **Daulis Darestei**; Mulsant.

Hémisphérique. Dessous du corps d'un flave pâle. Prothorax marqué de sept taches brunes ou d'un brun roussâtre : trois près de la base (l'antéscutellaire souvent obsolète) : quatre, en rangée plus antérieure. Elytres arrondies postérieurement; munies d'une tranche étroite un peu en gouttière; ornées chacune de huit taches brunes ou d'un brun roussâtre : les 1re et 2e, près de la base : la 1re, grosse, en forme de V, paraissant formée de deux taches unies : la 2e petite, ponctiforme, en dessous du calus : les 3e, 4e et 5e, en rangée transversale, vers les deux cinquièmes : la 3e subarrondie, émettant en avant une bordure suturale jusqu'à l'écusson : la 4e subtriangulaire : la 5e oblongue : les 6e et 7e en rangée transversale, vers les deux tiers : la 6e transverse, échancrée presque en demi-cercle à son bord postérieur, liée ordinairement à la suture : la 7e tronquée à son côté interne : la 8e subapicale, semi-lunaire. Dessous du corps et pieds d'un flave orangé.

Long. 0m,0045 (2 l.). — Larg. 0m,0045 (2 l.).

Patrie : Brésil (Backwell).

Dédiée à M. Dareste de la Chavanne, correspondant de l'Institut, doyen de la Faculté des sciences de Lyon, et l'un des membres les plus remarquables de notre Académie.

37. **Daulis lorata**; Mulsant.

Subhémisphérique. Prothorax et élytres d'un blanc flavescent : le premier, paré de sept taches brunes ou d'un roux testacé : trois basilaires, triangulaires : quatre plus antérieures, en rangée transversale ; les juxta-latérales et l'antéscutellaire, parfois peu marquées : les élytres arrondies postérieurement ; munies d'une tranche étroite, un peu en gouttière ; ornées chacune de quatre sortes de bandes brunes ou d'un roux testacé, longitudinales ou un peu obliques, séparées par des lignes étroites ; la 1re bande juxta-suturale, prolongée jusqu'aux deux tiers ou trois cinquièmes ; la 2e dépassant à peine la moitié, presque enclose par la 1re et la 3e : celle-ci, passant sur le calus et prolongée presque jusqu'à l'angle sutural, mais fortement entaillée à son côté interne près de l'extrémité : la 4e aussi longuement prolongée, trilobée à son côté externe.

Coccinella lorata (Germar et Schaum). — *Daulis lorata*. Mulsant, Spec. p. 338. 30.

Long. $0^m,0045$ (2 l.). — Larg. $0^m,0042$ (1 l. 7/8).

Patrie : le Brésil (Deyrolle, Germar et Schaum, Muséum de Paris).

38. **Daulis Carolinæ**; Mulsant.

Hémisphérique. Prothorax d'un flave rougeâtre, offrant les traces d'une bordure basilaire nébuleuse, couvrant les deux tiers médiaires de sa base, paraissant formé de deux triangles unis par leur sommet et de deux taches ponctiformes noires, plus antérieures, près de la ligne médiane. Elytres arrondies postérieurement ; munies d'une tranche étroite, un peu en gouttière ; d'un roux orangé, sans taches. Dessous du corps et pieds d'un flave ou jaune rougeâtre.

Obs. La bordure basilaire du prothorax, à peine apparente sur l'individu que j'ai eu sous les yeux, doit être très-marquée chez d'autres exemplaires.

Long. $0^{m},0045$ (2 l.). — Larg. $0^{m},0039$ (1 l. 3/4).

Patrie : les Indes-Orientales (Backwell).

Dédiée à Mme Caroline Monfalcon.

39. **Daulis rubida**; Mulsant.

Hémisphérique. Prothorax d'un rouge carmin sur sa partie médiane, d'un blanc flave sur les côtés : la partie médiane élargie postérieurement en courbe rentrante, couvrant les trois cinquièmes médiaires de la base. Elytres arrondies postérieurement ; munies d'une tranche réduite au rebord ; d'un rouge carmin, sans taches. Dessous du corps et pieds d'un rouge testacé.

Coccinella rubida (Reiche). — *Daulis rubida*. Muls., Spec. p. 349. 31.

Long. $0^{m},0045$ (2 l.). — Larg. $0^{m},0045$ (2 l.).

Patrie : Cayenne (Reiche, Deyrolle).

40. **Daulis vigilans**; Mulsant.

Hémisphérique. Prothorax d'un rouge carmin, avec les côtés d'un blanc flavescent, marqués d'une pupille d'un rouge carmin ou souvent d'un rouge carmin, avec les côtés parés d'une bordure d'un blanc flavescent, un peu étendue en devant et sur les côtés de la base. Elytres arrondies postérieurement ; munies d'une tranche étroite presque réduite au rebord, ou un peu en gouttière ; d'un rouge carmin, sans taches. Dessous du corps d'un rouge carmin pâle ou flavescent. Pieds roses ou blanchâtres.

Daulis vigilans. Muls., Spec. p. 340. 32.

Long. 0m,0045 (2 l.). — Larg. 0m,0045 (2 l.).

Patrie : la Colombie (Buquet, Melly) ; la vallée de l'Amazone (Backwell).

Obs. Dans l'état le plus complet, le prothorax est d'un rouge carmin sur sa région médiane : celle-ci élargie en courbe rentrante, couvrant les deux trois cinquièmes médiaires de la base, laissant de côté un cercle d'un blanc flavescent avec une pupille d'un rouge carmin ; mais souvent la couleur rouge envahit la majeure partie interne du cercle blanchâtre.

Genre *Isora*, Isore ; Mulsant.

Caractères. *Plaques abdominales* en forme d'arc régulier, dépassant à peine les trois cinquièmes de l'arceau. *Ongles* munis d'une dent basilaire. *Prothorax* non creusé de fossettes sur son repli.

1. **Isora anceps** ; Mulsant.

Hémisphérique ; d'un jaune pâle, en dessus. Prothorax marqué de six gros points noirs : deux, basilaires : quatre, en rangée transversale plus antérieure : points souvent dilatés et unis par trois. Elytres subarrondies postérieurement ; munies d'une tranche étroite ; ornées d'une bordure suturale, d'une bordure externe couvrant la tranche, et chacune de neuf taches suborbiculaires, noires : trois près de la base, en rangée transversale arquée en avant (l'intermédiaire sur le calus) : trois en rangée transversale, vers la moitié : deux, en rangée transversale, vers les deux tiers : une subapicale. Dessous du corps noir. Pieds d'un jaune testacé. Cuisses souvent obscures.

Coccinella unceps (Dejean, *type*). — *Isora anceps*. Muls., Spec. p. 341. 1.

Long. 0m,0033 (1 l. 1/2). — Larg. 0m,0028 (1 l. 1/4).

Patrie : le Cap de Bonne-Espérance (Dejean, Deyrolle) ; la Cafrerie Muséum de Stockholm).

SEPTIÈME BRANCHE.

LES ALÉSIAIRES.

Caractères. *Antennes* très-sensiblement plus longues que la largeur du front; à massue obtriangulaire. *Epistome* faiblement bidenté. *Ecusson* petit, parfois à peine distinct, à peine aussi long que le douzième de la base d'une élytre. *Prothorax* élargi en ligne un peu courbe sur plus de la moitié antérieure de ses bords latéraux. *Elytres* d'un cinquième au moins plus large en devant que le prothorax. *Ongles* munis d'une dent basilaire.

Cette branche se partage en deux genres :

		Genre.
Corps	subhémisphérique. Elytres extérieurement relevées en une tranche plane, subhorizontale ou peu inclinée	*Alesia.*
	ovale. Élytres extérieurement relevées en une tranche formant une gouttière assez étroite aux épaules, postérieurement affaiblie, et réduite au rebord vers l'angle apical.	*Verania.*

Genre *Alesia*, Alésie; Mulsant.

Corps subhémisphérique. *Elytres* extérieurement relevées en une tranche nettement limitée, plane, subhorizontale ou peu inclinée.

1. **Alesia torquata**; Mulsant.

Subhémisphérique; d'un blanc sale ou roussâtre, en dessus. Prothorax paré ordinairement d'une bordure basilaire subgraduellement renflée vers le quart extérieur de sa largeur, et de deux taches discales, ponctiformes, noires. Elytres bordées d'une bordure suturale et d'une externe, noires. Pieds d'un blanc sale.

Micrapsis torquata (Chevrolat). — *Alesia torquata*. Muls., Spec. p. 344. 1.

Long. $0^m,0051$ à $0^m,0056$ (2 l. 1/4 à 2 l. 1/2). — Larg. $0^m,0045$ (2 l.).

Patrie : le Cap de Bonne-Espérance (Chevrolat, Muséum de Paris); la Cafrerie (Muséum de Stockholm).

2. **Alesia Gabilloti**; Mulsant.

Subhémisphérique; d'un flave roussâtre, en dessus. Prothorax paré d'une bordure basilaire et de deux taches ponctiformes, près de la ligne médiane, noires. Elytres munies d'une tranche égale au douzième de leur largeur; ornées d'une bordure suturale étroite, et d'une bordure externe réduite au rebord, noires. Dessous du corps, noir. Pieds d'un flave roussâtre.

Long. 0^{m},0056 (2 l. 1/2). — Larg. 0^{m},0050 (2 l. 1/4).

Patrie : la Cafrerie (Deyrolle).

Dédiée à M. Gabillot, entomologiste lyonnais plein de zèle.

3. **Alesia Guerini**; Mulsant.

Brièvement ovale; d'un jaune roux, en dessus. Prothorax orné sur les trois cinquièmes médiaires de sa base d'une bordure à trois dents, dont la médiane courte; marqué d'un trait oblique aux angles postérieurs, et noté sur le disque de deux taches obtriangulaires, noires. Elytres parées d'une bordure suturale, d'une bordure marginale et d'un point sur le disque de chacune, également noirs. Pieds noirs : genoux, extrémité des jambes et des tarses d'un jaune roux.

Long. 0^{m},0042 (1 l. 7/8). — Larg. 0^{m},0033 (1 l. 1/2).

Patrie : ? (Guérin).

4. **Alesia Bohemani**; MULSANT.

Subhémisphérique ; flave en dessus. Prothorax paré d'une bordure basilaire à cinq dents et de deux taches discales subponctiformes, noires : celles-ci parfois liées entre elles et aux médiaires de la base. Elytres ornées d'une bordure suturale, d'une marginale et d'un réseau, noirs : celui de chacune offrant un anneau naissant sur le calus et largement ouvert à son côté antéro-externe ; liées postérieurement à une bande longitudinale dirigée, en se courbant, vers les quatre cinquièmes, et de deux rameaux : l'un, parfois nul, prolongé du côté postéro-interne de l'anneau à la suture : l'autre, de la bande, vers les trois quarts de leur longueur, aux cinq sixièmes du bord externe.

Alesia Bohemani. MULS., Spec. p. 346. 3.

Long. $0^m,0045$ (2 l.). — Larg. $0^m,0036$ (1 l. 2/3).

Patrie : la Cafrerie (Muséum de Stockholm).

5. **Alesia annulata**; REICHE.

Subhémisphérique ; flave, en dessus. Prothorax paré d'une bordure basilaire à cinq dents et de deux taches discales subponctiformes, noires : ces dernières souvent unies entre elles et aux trois dents médiaires. Elytres ornées d'une bordure suturale, d'une marginale couvrant la tranche, et d'un réseau, noirs : celui de chaque étui formé d'une bande, naissant du milieu de la base, divisée bientôt pour former un anneau sur la moitié antérieure, puis réunie de nouveau pour se partager en deux branches, aboutissant : l'une aux cinq sixièmes de la suture : l'autre aux cinq septièmes du bord externe : ce réseau laissant, de couleur foncière, une bande juxta-marginale et quatre grosses taches : trois voisines de la bordure suturale (à la base, après la moitié, avant l'extrémité) : une discale : avant la moitié.

Alesia annulata. REICHE. — MULS., Spec. p. 348. 4.

Long. 0m,0061 à 0m,0067 (2 l. 3/4 à 3 l.). — Larg. 0m,0052 à 0m,0056 (2 l. 1/3 à 2 l. 1/2).

Patrie : l'Abyssinie (Reiche, Deyrolle).

6. **Alesia inclusa**; MULSANT.

Subhémisphérique; flave ou roussâtre, en dessus. Prothorax paré d'une bordure basilaire à cinq dents, et de deux taches discales subponctiformes, noires : celles-ci souvent unies en une courte bande transverse et aux trois dents médiaires. Elytres ornées d'une bordure suturale, d'une marginale, et chacune d'une bande, noires : celle-ci naissant du milieu de la base, divisée un peu après le calus pour former un anneau parfois incomplet au côté externe, et prolongé en se courbant, vers les six septièmes de la bordure suturale, à laquelle elle se lie.

Alesia inclusa. MULS., Spec. p. 348. 4.

Long. 0m,0053 (2 l. 1/3). — Larg. 0m,0045 (2 l.).

Patrie : le Cap de Bonne-Espérance (Chevrolat, Deyrolle, Hope, Reiche); la Californie (Muséum de Stockholm).

7. **Alesia larvalis**; MULSANT.

Subhémisphérique. Prothorax flave, paré d'une bordure basilaire à cinq dents, dont la médiaire forme le pied d'une tache presque en forme de coupe, noires. Elytres ornées d'une bordure suturale, d'une marginale, et chacune d'une bande longitudinale, noires : celle-ci obliquement coupée en devant, naissant du milieu de la base et prolongée jusqu'aux trois quarts de leur longueur; parées, de chaque côté de cette bande noire, d'une bande d'un rouge testacé sur un fond flave. Ventre noir. Cuisses en partie noires.

Alesia larvalis. MULS., Spec. p. 536. 8.

Long. 0m,0048 (2 l. 7/8). — Larg. 0m,0042 (1 l. 7/8).

Patrie : la Cafrerie (Muséum de Stockholm).

8. **Alesia bidentata** ; MULSANT.

Subhémisphérique. Prothorax d'un blanc flavescent, orné d'un réseau noir, constituant une bordure basilaire couvrant les deux tiers médiaires de la base et quadrifestonné en devant, divisant les deux tiers postérieurs de sa longueur en quatre aréoles. Elytres parées d'une bordure suturale, d'une externe, et chacune d'une bande bidentée, noires : la bande, prolongée en se courbant postérieurement vers la bordure suturale à laquelle elle se lie vers les cinq sixièmes de leur longueur, émettant à son côté interne deux dents : l'une au sixième, recourbée : l'autre vers la moitié, en triangle transverse ; ordinairement d'un rouge carminé, avec la partie basilaire comprise entre l'écusson, la bande et la dent antérieure, et une bande au côté interne de la bande noire, d'un blanc flavescent.

Alesia bidentata. MULS., Opusc. entom. t. III. p. 48. 5.

Long. 0m,0067 à 0m,0078 (3 l. à 3 l. 1/2). — Larg. 0m,0056 à 0m,0061 (2 l. 1/2 à 2 l. 3/4).

Patrie : le Cap de Bonne-Espérance (Deyrolle).

9. **Alesia hamata** ; SCHŒNHERR.

Subhémishérique. Prothorax flave, paré d'une bordure basilaire à cinq dents, dont l'externe est aussi complètement liée à sa voisine que les autres, et de deux taches ponctiformes discales, noires. Elytres ornées d'une bordure suturale, d'une marginale et d'une bande longitudinale, noires : cette dernière, naissant du calus, courbée en croc à son côté externe et prolongée en se courbant jusqu'aux huit neuvièmes de la bordure suturale à laquelle elle se lie : parées, de chaque côté de cette bande noire, d'une bande d'un rouge testacé sur le fond flave, ou ce dernier parfois uniformément d'un rouge testacé. Côtés du ventre, au moins, et pieds de cette dernière couleur.

Coccinella hamata (SCHŒNHERR, *type*). — *Alesia hamata.* MULS. Spec. p. 351. 6.

10. **Alesia striata**; FABRICIUS.

Subhémisphérique. Prothorax flave, paré d'une bordure basilaire grêle, à cinq dents, dont l'externe en forme de trait oblique et presque complètement séparée de sa voisine, et de deux taches discales ponctiformes, noires. Elytres ornées d'une bordure suturale, d'une marginale, et chacune d'une bande longitudinale, noires : la bande, naissant du calus sans courbure à celui-ci, prolongée jusqu'aux huit neuvièmes de leur longueur, à égale distance de la suture et du bord externe; souvent parées, de chaque côté de cette bande noire, d'une bande d'un rouge testacé, ou parfois ayant le fond uniformément d'un rouge ou d'un roux testacé. Ventre et au moins partie des cuisses postérieures, noirs.

Coccinella striata. FABR. — *Alesia striata.* MULS., Spec. p. 354. 7.

Long. 0m,0048 (2 l. 1/8). — Larg. 0m,0042 (1 l. 7/8).

Patrie : le Cap de Bonne-Espérance (Chevrolat, Dejean, etc.); la Cafrerie, le Port-Natal (Dorhn, Muséum de Paris, Muséum de Stockholm) ; la Guinée (Germar et Schaum).

Obs. Quelquefois les dents de la base du prothorax et surtout le trait antérieur sont peu marqués.

J'ai vu dans la riche collection de M. Deyrolle une *Alesia* ayant la plus grande analogie avec la *striata*, dont elle diffère par la bande des élytres recourbée en croc du côté externe, à son origine sur le calus. Cet individu semblerait par ce caractère constituer une espèce très-voisine (*A. adunca*), mais peut-être n'est-il qu'une variété de la *striata*.

Patrie : le Sénégal (Deyrolle).

12. **Alesia inconsiderata**; MULSANT.

Subhémisphérique. Prothorax flave, paré d'une bordure couvrant les deux tiers médiaires de la base, munie d'une dent vers chaque quart externe de celle-ci, et de deux points sur le disque, parfois peu marqués. Elytres d'un roux flave, ornées d'une bordure suturale, d'une bordure externe réduite au rebord de la tranche, et chacune d'une bande, noires : la bande étroite, naissant un peu avant le calus, longitudinalement prolongée jusqu'aux quatre cinquièmes ou cinq sixièmes de leur longueur. Dessous du corps, noir. Côtés du ventre et pieds, d'un roux jaune. Cuisses postérieures en partie noires.

Long. 0^{m},0036 (1 l. 2/3). — Larg. 0^{m},0033 (1 l. 1/2).

Patrie : le Népaul (Deyrolle).

Obs. Elle avait été envoyée à M. Deyrolle, comme étant la *Coccinella univittata* de Hope. Elle diffère de la suivante par la bordure basilaire du prothorax, moins développée en largeur et d'arrière en avant, et par la bordure externe noire des élytres, ne couvrant que le rebord de la tranche.

M. Hope aurait-il confondu deux espèces? Ou sa *Cocc. univittata* varierait-elle au point de présenter des différences si sensibles ?

13. **Alesia circumflua**; MULSANT.

Hémisphérique. Prothorax noir, paré, sur les côtés d'une bordure blanche graduellement plus étroite depuis les angles de devant presque jusqu'aux angles postérieurs, et étendue en devant jusqu'à la sinuosité postoculaire ou même plus étroitement sur tout le bord antérieur. Elytres munies d'une tranche égale au sixième de la largeur de chacune ; d'un roux jaune ; parées d'une large bande suturale, et chacune d'une bordure externe et d'une large bande, noires : la bordure suturale naissant au niveau de l'extrémité de l'écusson, couvrant au tiers de leur longueur le quart de leur largeur, graduellement rétrécie : la bande, passant sur le calus, unie en devant à la bordure suturale et courbée et unie à elle postérieurement vers les six septièmes de leur longueur, égale, vers la moitié de leur longueur, au tiers de la largeur de chacune : ces parties noires laissant de couleur jaune : 1° une bande étroite, naissant au côté externe de l'écusson, passant en dehors du calus et prolongée entre la bordure externe et la bande de chaque étui, jusqu'à la bordure suturale; 2° une bande prolongée du cinquième aux quatre cinquièmes, entre la bande et la bordure suturale de chaque étui.

Long. 0,0056 (2 l. 1/2). — Larg. 0m,0048 (2 l. 1/8).

Patrie : le Sénégal (Chevrolat).

Obs. Elle a un peu le port d'une *Verania*; mais la largeur de sa tranche la rattache à ce genre.

Il faut rapporter à ce genre, ou au suivant, la véritable

Alesia univittata; Hope.

Subhémisphérique. Prothorax flave, paré d'une bordure basilaire noire, couvrant sur les côtés les deux cinquièmes postérieurs, unie à deux points, sur le disque, également noirs. Elytres d'un rouge jaune, parées d'une bordure suturale, d'une bordure marginale couvrant la tranche, et d'une bande étroite et longitudinale, noires : celle-ci, naissant presque de la base, passant sur le calus, prolongée jusqu'aux quatre cinquièmes de leur longueur. Dessous du corps, noir. Epimères flaves. Pieds d'un roux flave. Cuisses en partie noires.

Coccinella univittata (Hope). — *Alesia univittata.* Muls., Spec. p. 357.

Long. 0m,0036 (1 l. 2/3). — Larg. 0m,0033 (1 l. 1/2).

Patrie : le Népaul.

Genre *Verania*, VÉRANIE; Mulsant.

Corps ovale ou ovalaire. *Elytres* un peu en ogive postérieurement; extérieurement relevées en une tranche formant une gouttière assez étroite aux épaules, postérieurement affaiblie et réduite au rebord à l'angle apical.

1. **Verania comma**; THUNBERG.

Ovale; médiocrement convexe; d'un jaune d'ocre, en dessus. Prothorax paré d'une bordure basilaire à cinq dents, et de deux points sur le disque, noirs. Elytres ornées d'une bordure suturale, renflée après l'écusson, puis graduellement rétrécie, et chacune d'une bordure marginale et d'une bande longitudinale, noires : la bordure élargie des deux cinquièmes aux deux tiers, et réduite à la tranche avant et après : la bande, naissant sur le calus, extérieurement courbée en croc à sa naissance, égale au quart de la largeur d'un étui, longitudinalement prolongée jusqu'aux sept huitièmes de leur longueur.

Coccinella comma (THUNBERG). — *Verania comma.* MULS., Spec. p. 338. 1.

Long. $0^m,0045$ à $0^m,0051$ (2 l. à 2 l. 1/2). — Larg. $0^m,0033$ (1 l. 1/2).

Patrie : le Cap de Bonne-Espérance, le Port-Natal, la Cafrerie (Dejean, Deyrolle, Dohrn, Hope, Muséum de Stockholm).

2. **Verania lineata**; THUNBERG.

Ovale : assez convexe. Prothorax flave, paré d'une bordure basilaire couvrant le tiers postérieur de sa longueur, et de deux points sur le disque, souvent liés à la bordure, noirs. Elytres d'un flave ou rouge testacé, ornées d'une bordure suturale, et chacune d'une bordure externe et d'une bande longitudinale, noires : la bordure suturale un peu ovalairement renflée vers le cinquième de sa longueur, puis graduellement rétrécie : la bordure marginale réduite à un rebord : la bande naissant sur le calus, prolongée un peu au delà des trois quarts de leur longueur, égale environ à la moitié de leur largeur, vers la moitié de leur longueur.

Coccinella lineata (THUNBERG). *Verania lineata.* MULS., Spec. p. 460. 2.

Long. 0m,0045 (2 l.). — Larg. 0m,0036 (1 l. 2/3).

Patrie : Java (Deyrolle, Westermann, Dejean, etc.); l'Australie (Doué) ; le Cap de Bonne-Espérance (Muséum de Copenhague).

3. **Verania Gauthardi** ; MULSANT.

Ovale ; assez convexe. Dessous du corps d'un jaune un peu pâle. Prothorax paré d'une bordure et de deux points sur le disque, noirs : la bordure, couvrant les deux cinquièmes postérieurs de la base : les points parfois liés à celle-ci. Elytres ornées d'une bordure suturale et chacune de deux bandes noires, en devant, et d'une tache ponctiforme, noires : la bordure, aussi étroite en devant que l'écusson, graduellement renflée vers les deux cinquièmes, puis graduellement rétrécie et postérieurement étendue en dehors de l'angle sutural : la bande interne, naissant par un gros point sur le calus, rétrécie après celui-ci, puis élargie, égale au cinquième de la largeur d'un étui, et prolongée d'une manière presque uniforme jusqu'aux cinq sixièmes : la bande externe linéaire, en devant, à son union à l'interne, graduellement élargie, aussi longuement prolongée et presque unie postérieurement à celle-ci : le point situé entre le calus et la bordure suturale. Dessous du corps et majeure partie des pieds, noirs. Epimères flaves.

Long. 0m,0056 (2 l. 1/2). — Larg. 0m,0045 (2 l.).

Patrie : l'Afrique méridionale (de Gauthard, Backwell) ; l'Australie (Chevrolat).

Dédiée à M. de Gauthard, de Vevey (Suisse), entomologiste plein de talent.

4. **Verania frenata**; Erichson.

Ovale ; médiocrement convexe. Prothorax flave, paré d'une bordure basilaire noire, quadrilobée en devant et avancée au moins jusqu'à la moitié de sa longueur. Elytres variant du jaune pâle au jaune testacé, parées d'une bordure suturale, d'une bordure marginale réduite à la tranche étroite, et chacune d'une bande longitudinale, noires : celle-ci, naissant sur le calus, prolongée au moins jusqu'aux quatre cinquièmes de leur longueur, égale environ au quart de la largeur d'un étui, comme unie à un point, ou coudée à angle droit près de chaque angle antéro-interne et extérieurement coudée en croc à son extrémité postérieure.

Coccinella frenata (Erichson). — *Verania frenata*. Muls., Spec. p. 362. 3.

Long. $0^{m},0045$ (2 l.). — Larg. $0^{m},0033$ (1 l. 1/2).

Patrie : la Nouvelle-Hollande (Dejean, Melly) ; Van Diemen (Erichson); Australie (Chevrolat, Deyrolle (Muséum de Paris).

5. **Verania trivittata**; Reiche.

Ovale ; médiocrement convexe ; d'un flave roussâtre ou rougeâtre, en dessus. Prothorax paré d'une bordure basilaire bidentée, couvrant la moitié ou les deux tiers médiaires de la base, et de quatre taches ponctiformes plus antérieures, disposées en rangée transversale, et souvent unies à la bordure basilaire, noires. Elytres ornées d'une bordure suturale, d'une bordure marginale réduite à l'étroite tranche, et chacune d'une bande longitudinale, noires : la bordure suturale elliptiquement renflée sur les trois cinquièmes antérieurs, égale vers les deux cinquièmes de leur longueur au cinquième de leur largeur : la bande, naissant sur le calus, longitudinalement prolongée jusqu'aux neuf dixièmes, égale au tiers ou aux deux cinquièmes de la largeur d'un étui, terminée extérieurement en forme de hameçon.

Obs. Quelquefois la bordure suturale et la bande prennent un tel développement, qu'elles s'unissent sur presque toute leur longueur.

Verania trivittata (Reiche). — Muls., Spec. p. 364. 4.

Long. $0^m,0051$ à $0^m,0058$ (2 l. 1/4 à 2 l. 2/5). — Larg. $0^m,0036$ (1 l. 2/3).

Patrie : l'Abyssinie (Reiche, Deyrolle).

6. **Verania strigula**; Boisduval.

Ovale; médiocrement convexe; d'un roux testacé en dessus. Prothorax paré de deux taches triangulaires, noires, liées souvent entre elles et formant une bordure basilaire bidentée, et de quatre points disposés en rangée transversale arquée, et parfois indistincts. Elytres ornées d'une bordure suturale de la largeur de l'écusson, d'une bordure marginale étroite, et d'une bande longitudinale, noires : celle-ci, naissant sur le calus, prolongée jusqu'aux cinq sixièmes de leur longueur, à peine égale au huitième de la largeur d'un étui.

Coccinella strigula. Boisduval. — *Verania strigula,* Muls., Spec. p. 366. 5.

Long. $0^m,0045$ (2 l.). — Larg. $0^m,0033$ (1 l. 1/2).

Patrie : la Nouvelle-Hollande (Chevrolat, Dupont, Muséum de Paris, *type*).

7. **Verania striola**; Schœnherr.

Ovale; médiocrement convexe, d'un roux testacé, en dessus. Prothorax paré d'une bordure basilaire bidentée et de deux points, sur le disque, noirs. Elytres ornées d'une bordure suturale, d'une bordure marginale plus étroite, et chacune d'une ligne longitudinale, noires : la ligne naissant du calus, aboutissant près de l'angle sutural, interrompue sur les trois cinquièmes médiaires de sa longueur.

Coccinella lineola (Fab., *type*). — *Coccinella striola.* Schoenherr. — *Verania striola.* Muls., Spec. p. 367. 6.

Long. 0m,0056 (2 l. 1/2). — Larg. 0m,0045 (2 l.).

Patrie : la Nouvelle-Hollande (Banks).

8. **Verania uniramosa**; Hope.

Ovale; médiocrement convexe; d'un flave testacé, en dessus. Elytres parées d'une bordure suturale étroite, d'une bordure basilaire, et chacune d'une ligne longitudinale, noires : celle-ci naissant du calus, prolongée jusqu'aux trois quarts, émettant au côté interne, à partir du cinquième de sa longueur, un rameau terminé aux trois sixièmes de la longueur et au milieu de la largeur d'un étui.

Coccinella uniramosa. Hope. — *Verania uniramosa.* Muls., Spec. p. 368. 7.

Long. 0m,0059 (2 l. 2/3). — Larg. 0m,0050 (2 l. 1/4).

Patrie : le Népaul (Muséum britannique, *type*).

9. **Verania crux**; Thunberg.

Ovale; médiocrement convexe; d'un flave ou jaune testacé, en dessus. Prothorax paré d'une bordure basilaire et ordinairement de trois taches, noires : les latérales, situées chacune près du milieu des bords latéraux, ponctiformes, unies à l'angle antéro-externe : l'intermédiaire, en forme de croissant ou parfois subcordiforme, située avant la moitié de la ligne médiane et unie par un pédicule à la bordure. Elytres ornées d'une bor-

dure suturale, d'une courte bande transverse, et chacune d'une ligne ou bande longitudinale, noires : la bande longitudinale prolongée depuis le calus jusqu'aux cinq sixièmes de leur longueur : la bande transverse croisant la bordure suturale un peu avant le milieu de leur longueur, paraissant parfois formée de deux points liés ensemble, étendue ou à peu près jusqu'à la bande longitudinale.

Coccinella crux. THUNBERG. — *Verania? crux*. MULS., Spec. p. 372.

Long. 0m,0056 (2 l. 1/2). — Larg. 0m,0045 (2 l.).

Patrie : le Cap de Bonne-Espérance (Muséum de Berlin).

10. **Verania artensis**; MONTROUZIER.

Subhémisphérique. Tête, antennes et palpes jaunes. Yeux noirs. Prothorax marqué d'une tache basilaire quadrilobée en devant, avec la partie antérieure jaune, émettant en arrière cinq dents inégales. Ecusson noir. Elytres jaunes, parées d'une bordure suturale, d'une bordure marginale légère, et chacune d'une tache, noires : la bordure suturale élargie vers la base et à l'extrémité : la tache munie de trois pointes obtuses en devant, offrant en arrière une autre pointe atteignant la suture et le bord extérieur et envoyant une dent obtuse sur le limbe. Poitrine noire. Ventre annelé de roux et de noir. Pieds noirs.

Verania artensis. MONTR., Ann. de la Soc. entom. de Fr. 4e série. t. I (1861). p. 305. 293.

Long. 0m,0050 (2 l. 1/4).

Patrie : Balade, Art. (Montrouzier).

Je n'ai pas vu l'espèce.

11. **Verania discolor**; FABRICIUS.

Brièvement ovale; assez convexe. Prothorax paré souvent de sept taches subponctiformes, noires : trois près de la base : quatre, en rangée transversale plus antérieure : les deux latérales et l'antéscutellaire souvent nulles : offrant alors tantôt une bordure basilaire couvrant la moitié ou les deux tiers médiaires de la base, graduellement dilatée de la ligne médiane à son extrémité, et deux points sur le disque, noirs : tantôt une bordure unie aux points et constituant une plaque basilaire quadrilobée, arquée en devant et avancée dans sa partie médiane près du bord antérieur. Elytres rousses ou d'un roux flave, ornées d'une bordure suturale assez étroite, et d'une bordure marginale ne couvrant ordinairement que le rebord : ces bordures parfois nulles ou décolorées. Dessous du corps et partie au moins des cuisses, noirs : côtés du ventre, tibias et tarses, d'un roux testacé.

Long. 0^m,0039 à 0^m,0045 (1 l. 3/4 à 2 l.). — Larg. 0^m,0027 à 0^m,0033 (1 l. 1/4 à 1 l. 1/2).

Patrie : les Indes (Muséum de Copenhague, type décrit par Fabricius, Deyrolle); Ceylan (Bakwell, Deyrolle); Java (Dejean, etc.); Malacca (Deyrolle); Tanquebar (Westermann); les Iles Philippines (Chevrolat); la Nouvelle-Hollande (Muséum de Paris); la Chine (Westermann).

12. **Verania afflicta**; Mulsant.

Brièvement ovale; assez convexe. Prothorax flave, paré d'une bordure couvrant les trois cinquièmes ou deux tiers médiaires de sa base, et, sur le disque, de deux taches ponctiformes, noires : ces taches souvent unies à la bordure. Elytres à tranche étroite; d'un noir brillant, sans taches. Dessous du corps noir. Epimères du médipectus, flaves. Pieds d'un flave rougeâtre. Cuisses en majeure partie noires, du moins chez la ♀.

Coccinella nigrita (Dejean, *type*). — *Verania afflicta*. Muls., Spec. p. 372. 9.

Long. 0^m,0033 (1 l. 1/2). — Larg. 0^m,0026 (1 l. 1/8).

Patrie : le Cap de Bonne-Espérance (Dejean, etc.); Java (Westermann); Sumatra (Muséum de Copenhague).

HUITIÈME BRANCHE.

LES CŒLOPHORAIRES.

Caractères. *Antennes* très-sensiblement plus longues que la largeur du front. *Prothorax* profondément échancré en devant; creusé, vers l'angle antéro-interne de son repli, d'une fossette généralement subarrondie, couvrant ordinairement plus de la moitié de la largeur de ce repli. *Elytres* au moins d'un sixième ou d'un cinquième plus larges en devant que le prothorax. *Mésosternum* en général assez profondément échancré. *Plaques abdominales* irrégulières, arquées au côté interne et prolongées ou à peu près jusqu'au bord postérieur de l'arceau. *Ongles* munis d'une dent basilaire.

Ces insectes se répartissent dans les genres suivants :

Genres.

- Epistome
  - échancré presque en demi-cercle, aussi avancé sur les côtés que le labre dont il voile les bords latéraux. Fossette prothoracique n'atteignant pas le bord extérieur du repli. . . . . *Synia.*
  - bidenté ou à peine échancré, laissant à découvert les côtés du labre.
    - Antennes à massue grêle et allongée. Écusson subsinueux sur les côtés.
      - Élytres sans fossettes marquées sur leur repli; à tranche assez large et sensiblement concave. . . . . *Lemnia.*
      - Élytres creusées sur leur repli de fossettes plus ou moins prononcées. Prothorax légèrement échancré au côté externe des angles de devant.
        - Corps orbiculaire. Tranche assez large. . . *Artemis.*
        - Corps moins large que long, à tranche assez étroite. . . . . . *Cœlophora.*
    - Antennes assez courtes; à massue obtriangulaire ou subfusiforme.
      - Fossette prothoracique atteignant le bord extérieur du repli. *Procula.*
      - Fossette prothoracique n'atteignant pas le bord extérieur du repli.
        - Repli des élytres creusé de fossettes profondes. . . *Dysis.*
        - Repli des élytres non creusé de fossettes.
          - Fossette prothoracique prolongée sur toute la longueur du repli . . . . *Bura.*
          - Fossette prothoracique subarrondie, non prolongée sur la longueur du repli. .

Genre *Synia*, Synie ; Mulsant.

Caractères. *Epistome* échancré presque en demi-cercle, offrant ses dents ou angles antérieurs aussi avancés à peu près que le labre dont il voile les bords latéraux. *Antennes* à massue assez courte. *Fossette* du repli prothoracique n'atteignant pas le bord externe. *Ecusson* subsinueux sur les côtés et terminé en pointe. Elytres arrondies postérieurement, à tranche déclive. *Corps* subhémisphérique ; très-convexe.

1. **Synia melanaria** ; Mulsant.

Subhémisphérique ; d'un noir luisant, en dessus. Labre, bord de l'épistome, des yeux et des angles de devant du prothorax, d'un roux testacé. Dessous du corps d'un roux testacé, souvent avec l'antépectus d'un roux jaune.

Synia melanaria. Muls., Spec. p. 375. 1.

Long. 0m,0062 (3 l. 2/3). — Larg. 0m,0056 (2 l. 1/2).

Patrie : les Indes orientales (Germar et Schaum, Muséum de Paris, Trobert, Deyrolle).

2. **Synia melanopepla** ; Mulsant.

Subhémisphérique. Prothorax noir sur son tiers médiaire, d'un jaune pâle sur les côtés. Elytres d'un noir brillant, sans taches. Dessous du corps et pieds d'un jaune pâle ou d'un flave roussâtre.

Synia melanopepla. Muls., Spec. p. 376. 2.

Long. 0m,0067 à 0m,0074 (3 l. à 3 l. 1/2). — Larg. 0m,0059 (2 l. 2/3).

Patrie : les Indes orientales (Westermann, Deyrolle).

Genre *Lemnia*, Lemnie ; Mulsant.

Caractères. *Epistome* bidenté ; laissant à découvert les bords latéraux du labre. *Antennes* à massue grêle et allongée. *Prothorax* parfois émoussé au devant de l'écusson. *Ecusson* sinué sur les côtés. *Elytres* sans fossette marquée sur leur repli ; à tranche assez large et sensiblement en gouttière. *Corps* subhémisphérique ou parfois brièvement ovale et dans ce cas peu fortement convexe.

1. **Lemnia dissecta** ; Sant.

Ovale ; médiocrement convexe. Prothorax flave, paré d'une bordure basilaire, sur les deux tiers de la base, unie à quatre points plus antérieurs et formant une bordure noire, quadrilobée en devant, avancée au delà de la moitié. Elytres flaves ou d'un flave roussâtre, ornées d'une bordure suturale et de trois bandes liées à celle-ci, et extérieurement étendues environ jusqu'aux quatre cinquièmes de leur largeur : l'antérieure, au quart, subtriangulairement dilatée à son extrémité, couvrant le calus de son angle antéro-externe, enclosant presque entre cet angle et l'écusson un espace ovalaire de couleur foncière : la 2e, presque aux deux tiers, ovalairement renflée à son extrémité : la 3e naissant vers l'angle sutural : ces bandes, noires, parfois réduites à deux taches subponctiformes, représentant les extrémités des 1re et 2e bandes.

Lemnia dissecta. Muls. Spec p. 377. 1.

Long. 0m,0042 (1 l. 7/8). — Larg. 0m,0033 (1 l. 1/2).

Patrie : les Indes orientales (Reiche, Westermann) ; Shang-Haï (Deyrolle).

2. **Lemnia Allardi** ; Mulsant.

Brièvement ovale ; d'un jaune testacé en dessus. Prothorax marqué de deux taches noires liées chacune au quart externe de la base. Elytres à tranche égale au huitième de la largeur d'un étui; marquées chacune de deux taches noires, situées sur le milieu de leur largeur : la 1re un peu obliquement transverse, vers le tiers : la 2e subarrondie, aux deux tiers. Dessous du corps en partie noir, en partie d'un flave testacé livide. Pieds de cette dernière couleur.

Long. 0^m,0045 (2 l.). —Larg. 0^m,0033 (1 l. 1/2).

Patrie : les régions septentrionales des Indes.

Dédiée à M. Allard.

Obs. Elle diffère des variétés par défaut de la *V. dissecta* par la forme et la position des taches des élytres.

3. **Lemnia mystacea**; Mulsant.

Ovale. Prothorax paré d'une grosse tache noire, couvrant les deux tiers médiaires de la base, dilatée sur les côtés comme si elle était unie à un point noir, tantôt avancée jusqu'au bord antérieur, tantôt seulement jusqu'aux deux tiers antérieurs, et alors bilobée en devant : flave ou d'un flave roussâtre sur le reste. Elytres d'un roux flave ou d'un jaune orangé, ornées d'une bordure suturale noire, et chacune d'un cercle et d'une tache noirs : le cercle, naissant au côté interne de la base dont il borde la moitié interne, passant sur le calus et se courbant vers le quart ou un peu moins de la suture en enclosant une tache orbiculaire d'un flave pâle : la tache, subponctiforme, rapprochée de la tranche aux deux tiers de leur longueur : la bordure parfois réduite au rebord sutural à partir du cinquième de sa longueur : le cercle noir, quelquefois réduit à une tache sur le calus, ou même nul : la tache postérieure parfois nulle.

Lemnia mystacea. Muls. Opusc. entom. t. III. p. 50.

Long. 0^m,0052 (2 l. 1/3). — Larg. 0^m,0036 (1 l. 2/3).

Patrie : les contrées septentrionales des Indes (Deyrolle).

4. **Lemnia melanota** ; Mulsant.

Subhémisphérique. Prothorax d'un roux de nuances diverses sur sa partie médiane, flave ou d'un jaune pâle sur les côtés : la partie médiane élargie en courbe rentrante, formant sur la base une bordure noire ou brune, couvrant les trois cinquièmes médiaires de celle-ci, et offrant une tache plus antérieure transverse, noire ou obsolète. Elytres d'un rouge jaune, ornées chacune d'un dessin noir figurant sur la droite une sorte de gros C, rejeté en sens opposé sur la gauche : ces signes unis sur le tiers ou la moitié médiaire de la surface, offrant la branche antérieure avancée jusqu'au côté externe du calus ou jusqu'au bord externe : la branche postérieure transversale, couvrant presque des deux tiers aux cinq sixièmes de leur longueur.

Obs. La partie médiaire du prothorax est parfois sans tache et seulement un peu plus roussâtre que les côtés. La branche antérieure du C est souvent nébuleuse, interrompue et réduite à une tache sur le calus : dans ce cas, la bordure suturale va ordinairement en se rétrécissant d'arrière en avant jusqu'au tiers antérieur.

Coccinella melanota (Latreille). — *Coccinella decipiens* (Dejean). — *Lemnia melanota.* Muls. Spec. p. 381. 4.

Long. 0m,0067 (3 l.). — Larg. 0m,0056 (2 l. 1/2).

Patrie : les Indes orientales (Bakwell, Dejean, Hope, Westermann, Muséum de Paris).

5. **Lemnia fraudulenta** ; Mulsant.

Subhémisphérique. Prothorax d'un jaune pâle, paré sur la moitié médiaire de sa base d'une bordure noire bidentée et d'une tache plus antérieure, transverse, paraissant formée de deux taches liées : ces signes noirs parfois unis. Elytres d'un roux flave, ornées d'une bordure suturale commençant au sixième antérieur, d'une bordure marginale, et chacune de deux taches, noires : l'antérieure peu nettement limitée, sur le calus : la postérieure, aux trois quarts, près de la tranche.

Lemnia fraudulata. MULS. Spec. p. 379. 2.

Long. 0m,0062 à 0m,0067 (2 l. 3/4 à 3 l.). — Larg. 0m,0054 (2 l. 2/5).

Patrie : Java (Deyrolle, Westermann).

Obs. Cette espèce ne diffère de l'une des variétés par défaut de la précédente que par sa bordure marginale noire ; et, malgré cette bordure, peut-être n'est-elle qu'une variation de l'espèce précitée.

6. **Lemnia saucia** ; MULSANT.

Subhémisphérique. Prothorax noir sur sa partie médiane, flave sur les côtés : la partie noire, élargie en courbe rentrante sur sa seconde moitié, couvrant environ les deux tiers de la base. Elytres d'un noir luisant, parées chacune d'une tache ou bande un peu obliquement transverse, d'un rouge jaune ; prolongées du septième externe au cinquième interne de la largeur d'un étui, couvrant au côté externe des deux septièmes à la moitié, et au côté interne des deux cinquièmes aux quatre septièmes de leur longueur. Pieds noirs, avec les tarses et parfois l'extrémité des jambes d'un roux testacé.

Lemnia saucia. MULS., Spec. p. 380. 3.

Long. 0m,0062 à 0m,0067 (2 l. 3/4 à 3 l.). — Larg. 0m,0056 à 0m,0059 (2 l. 1/2 à 2 l. 2/3).

Patrie : le Népaul (Guérin, Hope).

7. **Lemnia biplagiata** ; SCHŒNHERR.

Subhémisphérique. Prothorax noir (avec le bord de l'échancrure souvent flave), paré de chaque côté d'une tache presque quadrangulaire flave couvrant les deux tiers antérieurs des côtés. Elytres d'un noir luisant, parées chacune d'une tache ou sorte de bande un peu obliquement transverse, étendue du bord interne de la tranche au sixième interne de la largeur d'un étui, et couvrant du cinquième aux quatre septièmes au moins, au côté externe, et des trois septièmes presque aux deux tiers de leur longueur, au côté interne. Ventre noir sur son tiers médiaire, roux jaune, sur les côtés. Pieds noirs. Tarses fauves.

Coccinella biplagiata (SCHOENHERR). SWARZ. — *Lemnia bipligiata.* MULS., Spec. p. 383. 5.

Long. 0m,0067 (3 l.). — Larg. 0m,0859 (2 l. 2/3).

Patrie : la Chine (Schœnherr (*type*), Dejean); les Indes orientales (Deyrolle, Trobert).

8. **Lemnia Henricae** ; MULSANT.

Ovale. Prothorax noir sur la partie médiane, d'un blanc flave sur les côtés : la partie noire élargie dans sa seconde moitié, couvrant les deux tiers médiaires de la base. Elytres noires, ornées ordinairement chacune de deux taches jaunes ou orangées : l'antérieure plus grosse, tantôt suborbiculaire, tantôt étendue du côté interne, plus rapprochée sur le bord externe que de la suture, du sixième ou cinquième aux trois septièmes de leur longueur : la seconde, assez petite, subarrondie, plus rapprochée de la suture que du bord externe, vers les quatre cinquièmes de leur longueur; chargées d'un pli transverse, après cette seconde tache. Dessous du corps et pieds, au moins en majeure partie, d'un roux flave.

Long. 0m,0067 à 0m,0078 (3 l. à 3 l. 1/2). — Larg. 0m,0051 à 0m,0056 (2 l. 1/2 à 2 l. 1/2).

Patrie : la Chine (Chevrolat, Deyrolle, Muséum de Munich).

Dédiée à ma chère fille Henriette,

Obs. Cette espèce est remarquable par le pli postérieur de ses élytres. Les taches varient de couleur : la première surtout varie d'étendue. Quelquefois la seconde est nulle et semblerait par son absence constituer une espèce particulière (*D. insidiosa*). Quelquefois le pli est peu ou point marqué.

J'ai vu dans la collection de M. Chevrolat une variété plus singulière : les élytres sont rousses, avec les trois quarts internes de la tranche marginale, et le cinquième basilaire de leur longueur, noires : cette partie basilaire, irrégulière à son bord postérieur.

9. **Lemnia mœsta**; Mulsant.

Subhémisphérique. Prothorax flave ou d'un flave rougeâtre, paré de deux sortes de bandes noires, liées à la base, avancées de chaque côté de la ligne médiane jusqu'au sixième antérieur, irrégulièrement rétrécies d'arrière en avant. Elytres noires ; ornées chacune d'une tache flave, subréniforme ou postérieurement entaillée dans son milieu, couvrant environ le tiers médiaire de leur longueur, obliquement étendue presque du milieu de la gouttière externe au cinquième voisin de la suture. Côtés du ventre d'un flave testacé. Pieds d'un blanc sale.

Coccinella mœsta (Melly). — *Lemnia mœsta.* Muls., Spec. p. 386. 7.

Long. 0m,0056 (2 l. 1/2). — Larg. 0m,0048 (2 l. 1/8).

Patrie : Java (Melly).

10. **Lemnia desolata**; Mulsant.

Subhémisphérique. Prothorax d'un flave roux, paré de deux taches noires, couvrant les trois cinquièmes médiaires de la base, étroitement séparées sur la ligne médiane, rétrécies presque à angle droit au milieu de leur côté externe, avancées presque jusqu'au bord antérieur. Elytres noi-

res, marquées, vers les cinq sixièmes de la longueur de la tranche, d'une tache rousse peu apparente. Dessous du corps et pieds d'un flave roussâtre: arrière-poitrine et partie médiaire du premier arceau ventral, d'un rouge testacé ou brunâtre.

Lemnia desolata. MULS., Spec. p. 387. 8.

Long. 0m,0039 (1 l. 3/4). — Larg. 0m,0033 (1 l. 1/2).

Patrie : la Nouvelle-Hollande (Hope).

Lemnia? circumvelata; MULSANT.

Suborbiculaire; convexe. Prothorax noir, paré en devant et moins étroitement sur les deux tiers antérieurs des côtés; d'une bordure d'un testacé livide. Elytres d'un roux jaune, parées d'une bordure marginale noire, égale au quart de la largeur, vers la moitié de la longueur.

Coccinella cincta. HOPE. — *Lemnia circumvelata.* MULS., Spec. p. 388.

Long. 0m,0056 (2 l. 1/2). — Larg. 0m,0045 (2 l.).

Patrie : le Népaul.

Genre *Artemis*, ARTEMIS; Mulsant.

CARACTÈRES. *Antennes* à peine bidentées. *Antennes* grêles, à massue allongée : les 9e et 11e articles au moins plus longs que larges : celui-ci arrondi à l'extrémité. *Prothorax* arqué sur les côtés, subsinué aux angles de devant. *Ecusson* subsinué sur les côtés. *Elytres* à tranche assez large et peu inclinée; creusées de fossettes sur leur repli. *Corps* orbiculaire; plus ou moins convexe.

1. **Artemis circumusta**; Mulsant.

Hémisphérique. Entièrement rousse ou d'un roux testacé, avec la tranche des élytres, noire.

Coccinella circumusta (Melly). — *Artemis circumusta.* Muls., Spec. p. 389. 1.

Long. 0^m,0056 (2 l. 1/2). — Larg. 0^m,0056 (2 l. 1/2).

Patrie : Hong-Kong, Chine (Melly).

2. **Artemis mandarina**; Mulsant.

Hémisphérique. Tête et Prothorax roux ou d'un roux testacé. Elytres noires, ornées chacune d'une grande tache rousse ou d'un roux testacé, en forme de virgule sur l'élytre gauche, courrant presque les deux tiers médiaires de leur base; prolongées obliquement, et d'une manière sensiblement courbée, jusque près de la tranche, aux trois cinquièmes de leur longueur.

Coccinella mandarina (Melly). — *Artemis mandarina.* Muls., Spec. p. 289. 9.

Long. 0^m,0060 (2 l. 3/4). — Larg, 0^m,0060 (2 l. 3/4).

Patrie : Hong-Kong (Melly).

3. **Artemis rufula**; Mulsant.

Hémisphérique. Entièrement rousse ou d'un roux testacé.

Coccinella rufula (Melly). — *Artemis rufula.* Muls., Spec. p. 389. 2.

Long. 0^m,0060 (2 l. 3/4). — Larg. 0^m,0060 (2 l. 3/4).

Patrie : Hong-Kong (Melly).

Obs. Ces trois espèces ont entre elles une grande analogie : les deux dernières ne diffèrent que par la couleur. Peut-être ne sont-elles que des variations d'un même type spécifique.

Genre *Cœlophora ;* Cœlophore ; Mulsant.

Caractères. *Epistome* simplement bidenté. *Antennes* à massue grêle et allongée ; à 9e et 11e articles généralement plus longs que larges : celui-ci émoussé ou subarrondi. *Prothorax* arqué sur les côtés ; ordinairement subsinueux au côté externe des angles de devant. En arc dirigé en arrière et souvent émoussé ou tronqué au devant de l'écusson, à la base. *Ecusson* subsinueux sur les côtés. *Elytres* à tranche assez étroite ; creusées, sur leur repli, de fossettes plus ou moins prononcées. *Corps* subhémisphérique.

1. **Cœlophora Westermanni ;** Mulsant.

Subhémisphérique. Prothorax rouge ou d'un rouge tirant sur le jaune testacé. Elytres d'un noir luisant, parées chacune d'une tache rouge, en demi-cercle un peu allongé et dirigé en arrière, liée à la base, d'après les côtés de l'écusson, jusqu'aux angles postérieurs du prothorax. Dessous du corps et pieds d'un jaune orangé, plus jaune sur les côtés du ventre.

Cœlophora Westermanni. Muls., Spec. p. 391. 1.

Long. 0m,0057 (2 l. 1/2). — Larg. 0m,0028 (2 l. 1/8).

Patrie : le Bengale (Westermann).

Dédiée à M. Westermann de Copenhague, dont les voyages ont enrichi la science de nombreux insectes nouveaux.

2. **Cœlophora Desjardini**; Mulsant.

Subhémisphérique. Prothorax roux ou d'un roux orangé, paré en devant et sur les côtés d'une étroite bordure d'un blanc flavescent. Elytres noires, ornées d'une tache rousse ou d'un roux orangé, commune, couvrant près de la moitié interne de la base de chaque étui, et prolongée en se rétrécissant de moitié, jusqu'à la moitié de la suture. Ecusson de même couleur. Dessous du corps et pieds d'un flave rougeâtre.

Long. 0m,0056 (2 l. 1/2). — Larg. 0m,0045 (2 l.).

Patrie : le Sénégal (Deyrolle).

Dédiée à M. Desjardin, architecte en chef de la ville de Lyon et l'un des membres les plus distingués de notre Académie.

3. **Cœlophora oculata**; Fabricius.

Subhémisphérique. Prothorax noir sur sa partie médiaire, d'un jaune pâle sur les côtés : la partie noire égale en devant au bord postérieur de l'échancrure, élargie postérieurement en courbe rentrante et couvrant au moins les deux tiers de la base. Elytres d'un noir luisant, ornées chacune d'une tache jaune ou orangée, suborbiculaire ou en ovale transverse, plus rapprochée du bord externe que de la suture, couvrant du quart aux deux cinquièmes de la largeur et le cinquième médiaire ou un peu plus de la longueur. Repli, pieds et partie médiaire du ventre, noirs : côtés de celui-ci, d'un roux jaune.

Coccinella oculata. Fabricius. — *Lemnia oculata.* Muls.. Spec. p. 385. 6.

Long. 0m,0060 à 0m,0067 (2 l. 3/4 à 3 l.). — Larg. 0m,0056 à 0m,0061 (2 l. 1/2 à 2 l. 3/4).

Patrie : les Indes orientales (Dejean, Westermann); Manille (Trobert); la Chine (Deyrolle).

4. **Cœlophora reniplagiata**; Mulsant.

Subhémisphérique. Prothorax noir sur sa partie médiaire, jaune rouge ou rouge jaune sur les côtés : la partie noire, égale en devant au bord postérieur de l'échancrure, couvrant les trois cinquièmes médiaires de la base. Elytres noires, ornées chacune d'une tache d'un rouge jaune, étendue de la moitié ou un peu plus de la largeur jusqu'à la tranche, des deux cinquièmes ou un peu plus aux trois cinquièmes de leur longueur : cette tache paraissant parfois formée de deux. Dessous du corps et pieds, d'un rouge testacé.

Coccinella reniplagiata (Dejean). — *Cœlophora reniplagiata.* Muls., Spec. p. 392. 2.

Long. 0m,0056 (2 l. 1/2). — Larg. 0m,0046 (2 l.).

Patrie : Java (Dejean).

5. **Cœlophora congener**; Mulsant.

Subhémisphérique. Prothorax et élytres noirs : le premier, paré en devant et sur les côtés d'une bordure pâle à peine prolongée jusqu'aux angles postérieurs : les secondes, ornées chacune d'une tache suborbiculaire d'un rouge transverse jaune, occupant plus du tiers médiaire de la largeur, du cinquième à la moitié de leur longueur.

Coccinella congener. Schoenherr (décrite par Bilberg). — *Cœlophora congener.* Muls., Spec. p. 392. 9.

Long. 0m,0039 à 0m,0036 (1 l. 1/2 à 1 l. 2/3). — Larg. 0m,0026 à 0m,0030 (1 l. 1/2 à 2 l. 2/5).

Patrie : la Chine (Dejean); les Indes orientales (Schœnherr, *type*).

6. **Cœlophora Dumortieri**; Mulsant.

Hémisphérique. Prothorax presque tronqué au devant de l'écusson; noir, paré en devant et sur les côtés d'une bordure étroite, d'un blanc sale ou flavescent : la partie noire, moins obscure près de cette bordure. Ecusson et élytres d'un noir luisant; moitié interne du repli, dessous du corps et pieds d'un flave cendré.

Long. 0^m,0045 (2 l.). — Larg. 0^m,0045 (2 l.).

Patrie : les Indes (Backwell).

Dédiée à M. Dumortier, l'un de nos plus savants géologues lyonnais.

Obs. Peut-être faut-il rapporter à cette espèce la *C. caliginosa*. Muls. (Spec. p. 404. 20), ayant le dessus du corps brun ou d'un brun noir, la taille un peu plus petite (0^m,0039 (1 l. 3/4) et le prothorax paraissant moins ou peu émoussé au devant de l'écusson.

7. **Cœlophora vidua**; Mulsant.

Subhémisphérique. Prothorax et élytres d'un noir luisant : le premier, orné de chaque côté d'une bordure d'un jaune rouge, étendue en devant jusqu'à la sinuosité postoculaire et couvrant le cinquième externe de la base : les secondes, sans taches. Dessous du corps et pieds d'un roux jaune : postpectus et partie médiaire du premier arceau ventral souvent noirâtre.

Cœlophora vidua. Muls., Spec. p. 393. 4.

Long. 0^m,0051 à 0^m,0056 (2 l. 1/4 à 2 l. 1/2). — Larg. 0^m,0039 à 0^m,0045 (1 l. 3/4 à 2 l.).

Patrie : Java (Buquet).

8. **Cœlophora Dupasquieri**; MULSANT.

Suborbiculaire. Prothorax noir, avec le bord antérieur et les côtés d'un blanc flavescent : la partie noire, tronquée en devant et de la largeur du bord postérieur de l'échancrure, avancée jusqu'au tiers antérieur, parallèle jusqu'aux trois cinquièmes de la longueur du segment, puis élargie en courbe rentrante jusqu'aux angles postérieurs. Elytres d'un noir luisant, sans taches : moitié interne du repli, dessous du corps et pieds d'un blanc flavescent.

Long. 0m,0033 à 0m,0036 (1 l. 1/2 à 1 l. 2/3). — Larg. 0m,0028 (1 l. 1/4).

Patrie : ? (Backwell).

Dédiée à mon ami M. Louis Dupasquier, architecte, membre de l'Académie. auteur de la magnifiqne monographie de l'église de Brou.

9. **Cœlophora versipellis**; MULSANT.

Brièvement ovale; convexe; rousse ou d'un roux d'ocre en dessus. Prothorax paré d'une bordure basilaire noire, grêle, couvrant les trois cinquièmes médiaires de la base. Elytres ornées d'une bordure suturale et d'une marginale, noires : ces bordures ou l'une d'elles parfois nulles.

Cœlophora versipellis. MULS., Spec. p. 394. 5.

Long. 0m,0056 à 0m,0059 (2 l. à 2 l. 2/3). — Larg. 0m,0048 (2 l. 1/8).

Patrie : Java (Buquet, Westermann) ; la Nouvelle-Hollande (Deyrolle).

Obs. Dans l'état le plus complet, les médi et postpectus, les quatres cuisses postérieures et partie des jambes postérieures, sont noires : dans les variétés par défaut, tout le dessus du corps et des pieds sont d'un roux pâle ou testacé.

10. **Cœlophora partita**; Mulsant.

Brièvement ovale; convexe; rousse ou d'un jaune fauve, en dessus. Prothorax paré de deux taches noires, obtusément triangulaires, couvrant les deux tiers médiaires de la base, avancées presque jusqu'au bord antérieur, et étroitement séparées par la ligne médiane. Elytres ornées d'une bordure suturale, d'une marginale, et d'un réseau, noirs : celui-ci divisant la surface de chacune en cinq aréoles : deux subbasilaires : deux après les trois septièmes (l'interne, obtriangulaire, plus postérieurement prolongée : l'externe en ovale transversal) : la cinquième longeant la bordure marginale, depuis les trois quarts de la longueur jusqu'à l'angle sutural. Dessous du corps et pieds d'un roux jaune : disque du postpectus et de la base du ventre obscurs ou noirs.

Cœlophora partita. Muls., Spec. p. 395. 6.

Long. 0m,0059 (2 l. 2/3). — Larg. 0m,0045 (2 l.).

Patrie : Java (Westermann); les Célèbes (Deyrolle).

11. **Cœlophora ochracea**; Mulsant.

Subhémisphérique; d'un jaune d'ocre, en dessus. Prothorax marqué de deux points noirs rapprochés de la base. Elytres ornées chacune de cinq points noirs : les 1er et 2e rapprochés de la base (l'externe sur le calus) : les 3e et 4e en rangée transversale vers la moitié : le 5e sur le milieu, vers les cinq sixièmes de leur longueur. Dessous du corps et pieds d'un roux testacé. Epimères du médipectus, flaves.

Long. 0m,0067 (3 l.). — Larg. 0m,0061 (2 l. 3/4).

Patrie : la Nouvelle-Hollande (Muséum de Berlin).

12. **Cœlophora Newporti**; MULSANT.

Subhémisphérique ; d'un roux rouge ou testacé, en dessus. Prothorax sinueux sur les côtés ; paré de deux taches ponctiformes noires, liées chacune au quart externe de la base. Elytres à tranche inclinée, ornées chacune de cinq taches ponctiformes noires : la 1re, basilaire, unie à celle du prothorax : les 2e, 3e et 4e, en rangée un peu obliquement transversale du tiers interne aux deux cinquièmes externes : la 5e, aux cinq sixièmes, disposée avec la 1re et la 3e en une rangée longitudinale droite. Dessous du corps et pieds d'un rouge testacé.

Cœlophora Newporti. MULS., Spec. p. 396. 7.

Long. 0m,0061 (2 l. 3/4). — Larg. 0m,0056 (2 l. 1/2).

Patrie : les îles Philippines (Muséum britannique).

Dédiée à feu G. Newport, l'un des plus savants entomologistes et physiologistes de notre époque.

13. **Cœlophora pupillata**; SCHŒNHERR.

Subhémisphérique ; d'un rouge testacé, en dessus. Elytres parées chacune de cinq points noirs, ocellés : les 1er et 2e subbasilaires : l'externe, sur le calus : l'interne ou 1er à peine plus antérieur : les 3e et 4e vers la moitié de leur longueur : l'interne, aux quatre septièmes, plus voisin de la suture que le 1er : l'externe, un peu plus près du bord externe que celui du calus : le 5e, aux quatre cinquièmes, sur le milieu de l'étui. Dessous du corps et pieds, d'un rouge jaune.

Coccinella pupillata. SCHŒNHERR (décrite par Swartz). — *Cœlophora pupillata.* MULS., Spec. p. 397. 8.

Long. 0m,0056 à 0m,0063 (2 l. 1/2 à 2 l. 7/8).

Patrie : la Chine (Schœnherr, *type*); Java (Dejean); les Indes (Deyrolle, Westermann).

14. **Cœlophora novem-maculata**; Fabricius.

Subhémisphérique; d'un rouge ou roux jaune ou testacé, en dessous. Prothorax paré de deux taches subponctiformes, noires, presque liées à chaque quart externe de la base, et souvent peu distinctes. Elytres ornées, vers les cinq sixièmes de la suture, d'une tache commune, parfois divisée en deux, et chacune de quatre autres ponctiformes et disposées en croix, noires : la 1re, sur le calus : les 2e et 3e, vers les deux cinquièmes : la 2e, vers les deux tiers : ces taches souvent ocellées. Dessous du corps et pieds, d'un roux flave.

Coccinella 9-*maculata*. Fabricius. — *Cœlophora* 9-*maculata*. Muls., Spec. p. 398. 9.

Long. 0^m,0050 à 0^m,0056 (2 l. 1/4 à 2 l. 1/2). — Long. 0^m,0045 à 0^m,0048 (2 l. à 2 l. 1/8).

Patrie : la Nouvelle-Hollande (Banks, *type*); les Philippines (Muséum de Paris); l'île du Prince-de-Galles (Hope); Java (Dejean, Deyrolle, Westermann, etc.).

Obs. Quelquefois la 3e tache des élytres s'unit à la 1re ou la 2e à sa pareille, et dans ce cas rare la matière noire forme une bordure suturale prolongée presque depuis l'écusson jusqu'à la tache commune.

15. **Cœlophora bissellata**; Mulsant.

Subhémisphérique; jaune ou d'un jaune rougeâtre, en dessus. Prothorax orné de quatre taches noires : l'une ponctiforme, parfois nulle, près de chaque angle postérieur : deux médianes, liées à la base, plus grosses, obtusément triangulaires, souvent unies et constituant une tache bilobée, parfois liée aux ponctiformes. Elytres parées de deux taches suturales, subarrondies, au quart et aux cinq sixièmes, et chacune de quatre autres, noires : la 1re sur le calus : les 2e et 4e, liées à la tranche : au tiers et au deux tiers : la 3e, près de la suture, aux quatre septièmes : quelques-unes de ces taches rarement unies.

Cœlophora bissellata. Muls., Spec. p. 400. 10.

Long. 0m,0051 à 0m,0056 (2 l. 1/4 à 2 l. 1/2). — Larg. 0m,0045 à 0m,0048 (2 l. à 2 l. 1/8).

Patrie : les Indes (Deyrolle, Dupont, Hope) ; Java (Deyrolle, Reiche).

Obs. La tranche marginale est variablement noire ou de couleur foncière, suivant le développement de la matière noire. Quelquefois les taches sont peu marquées.

La poitrine, la partie médiane du ventre et partie des cuisses sont noires : les côtés du ventre, les tibias et tarses ordinairement d'un roux jaune.

16. **Cœlophora placens**; Mulsant.

Subhémisphérique; d'un rouge testacé, en dessus. Prothorax paré de deux taches noires subbasilaires et juxta-médiaires. Elytres ornées, du septième aux deux septièmes, d'une tache suturale postérieurement bilobée, et chacune de quatre gros points disposés en croix, noirs : le 1er, sur le calus : les 2e et 3e, formant avec leurs pareils une rangée un peu arquée en arrière, vers la moitié : le 4e, subdiscal, aux quatre cinquièmes de leur longueur. Dessous du corps orangé. Pieds plus foncés.

Cœlophora placens. Muls., Opusc. entom. t. III. p. 54.

Long. 0m,0084 (3 l. 3/4). — Larg. 0m,0078 (3 l. 1/2).

Patrie : Java (Chevrolat).

17. **Cœlophora psi**; Thunberg.

Subhémisphérique ; jaune en dessus. Prothorax paré de deux taches ba-

silaires noires, séparées par la ligne médiane, obtusément triangulaires et plus ou moins avancées. Elytres ornées d'une bordure suturale renflée en losange ou suborbiculairement, aux cinq sixièmes, d'une bordure marginale, et chacune de quatre taches disposées en croix, noires : la 1re, sur le calus : les 2e et 3e, en rangée transversale : la 2e subarrondie, juxtasuturale, vers les deux cinquièmes : la 3e, presque carrée, un peu plus antérieure, liée à la bordure marginale : la 4e, suborbiculaire, voisine de la tranche, aux deux tiers : ces taches, parfois déformées, ou liées soit entre elles, soit aux bordures. Dessous du corps et pieds d'un jaune rouge : disque du postpectus et du premier arceau ventral, souvent noirs.

Coccinella psi. THUNBERG. — *Cœlophora psi.* MULS., Spec. p. 402. 11.

Long. 0m,0045 à 0m,0056 (2 l. à 2 l. 1/2). — Larg. 0m,0042 à 0m,0051 (1 l. 7/8 à 2 l. 1/4).

Patrie : le Cap de Bonne-Espérance (Thunberg) ; Java (Dejean, Deyrolle, Guérin, Westermann, etc.) ; le Japon (Muséum de Paris).

18. **Cœlophora inaequalis** ; FABRICIUS.

Subhémisphérique ; jaune ou d'un jaune rougeâtre, en dessus. Prothorax paré d'une bordure basilaire, noire, quadrilobée en devant et souvent divisée par la ligne médiane. Elytres ornées d'une bordure suturale un peu ovalairement renflée de l'écusson au tiers, et formant sur le dernier quart une tache obtriangulaire ou en losange, commune, d'une bordure marginale, et chacune de quatre taches, disposées en croix, noires : la 1re, liée au côté interne du calus, souvent liée à la 3e : les 2e et 3e aux deux cinquièmes : la 2e ponctiforme, rapprochée de la bordure suturale : la 3e un peu plus antérieure, liée à la bordure marginale : la 4e ordinairement comme composée de deux taches unies, dont l'externe moins avancée, ou presque en carré oblique, vers les deux tiers, liée à la bordure marginale : ces taches souvent déformées ou en partie unies soit aux bordures, soit entre elles.

Coccinella inaequalis. FABR. — *Cœlophora inaequalis.* MULS., Spec. p. 404. 12.

Long. 0^m,0045 à 0^m,0056 (2 l. à 2 l. 1/2). — Larg. 0^m,0039 à 0^m,0045 (1 l. 3/4 à 2 l.).

Patrie : la Nouvelle-Hollande (Banks, *type*, Deyrolle, Doué, Muséum de Paris) ; Manille (Hope); les îles Philippines (Dejean); Timor (Deyrolle) ; les Indes (Reiche) ; le Cap (Muséum de Saint-Pétersbourg).

19. **Cœlophora Mariae ;** MULSANT.

Subhémisphérique. Prothorax noir, paré aux angles de devant d'une tache quadrangulaire d'un flave ou jaune d'ocre, couvrant les deux tiers antérieurs du bord latéral : la partie noire parfois bidentée en devant et non avancée jusqu'au bord antérieur. Elytres d'un jaune d'ocre, ornées d'une bordure suturale, et chacune d'un réseau, noirs : la bordure suturale, dilatée au tiers et aux deux tiers, et formant une bordure apicale à l'extrémité : le réseau, formé de deux bandes transversales un peu arquées, sur chaque élytre : l'une au tiers : l'autre aux deux tiers, et d'une bande longitudinale naissant du milieu de la base, passant sur le calus et prolongée jusqu'au milieu de la 2e bande transversale : ce réseau dilaté aux intersections et divisant les surfaces de chaque étui en cinq aréoles ; mais souvent interrompu : la bande transversale antérieure souvent réduite à une tache coudée sur le calus : la bande longitudinale souvent nulle à la base et entre les bandes.

Cœlophora Mariae. MULS , Opusc. entom. t. III. p. 30.

Long. 0^m,0051 (2 l. 1/4). — Larg. 0^m,0039 (1 l. 3/4).

Patrie : les régions boréales des Indes (Deyrolle). A la mémoire de Marie Wachanru, dont l'entomologie regrette la perte.

Obs. Il faut probablement rattacher à cette espèce l'*Œnepia luteo-pustulata,* MULS., Spec. p. 421.

20. **Cœlophora pedicata**; Mulsant.

Subhémisphérique ; jaune ou d'un flave orangé, en dessus. Prothorax paré d'une bordure basilaire noire, couvrant les deux cinquièmes postérieurs des côtés, et bidenté en devant, dans la direction des sinuosités postoculaires. Elytres parées d'une bordure suturale et chacune d'un réseau, noirs : celui-ci, formé 1° d'une bande transversale formant avec sa pareille un léger arc, vers les deux tiers de leur longueur ; 2° d'une bande longitudinale naissant du milieu de la base, passant sur le calus et prolongée jusqu'au milieu de la bande transversale précitée ; 3° d'une bande transversale, située au tiers, prolongée depuis la tranche jusqu'à la bande longitudinale : ce réseau dilaté aux intersections (quelquefois incomplet), divisant la surface de chaque étui en quatre aréoles. Dessous du corps en majeure partie noir.

Cœlophora pedicata. Muls., Opusc. entom. t. III. p. 52.

Long. 0m,0051 (2 l. 1/4). — Larg. 0m,0045 (2 l.).

Patrie : les Indes orientales (Deyrolle).

21. **Cœlophora sexaerata**; Mulsant.

Subhémisphérique. Prothorax noir sur la partie médiaire, flave sur les côtés : la partie noire couvrant le bord postérieur de l'échancrure, élargie postérieurement en courbe rentrante et formant une bordure basilaire étendue jusqu'aux angles postérieurs. Elytres d'un jaune d'ocre, ornées chacune d'une bordure périphérique et d'un réseau, noirs, celui-ci formé : 1° d'une bande transversale commune, arquée en devant, naissant aux trois cinquièmes du bord externe, passant aux quatre septièmes de la suture ; 2° d'une bande longitudinale naissant du milieu de la base, passant sur le calus et prolongée jusqu'à la bande transversale précitée, vers le milieu de chaque étui ; divisant la surface de chacune de ceux-ci en trois aréoles. Dessous du corps noir.

Cœlophora sex-aerata. Muls., Opusc. entom. t. III. p. 83.

Long. 0m,0048 (2 l. 1/8). — Larg. 0m,0042 (1 l. 7/8).

Patrie : les régions boréales des Indes (Deyrolle).

22. **Cœlophora symbolica**; Mulsant.

Subhémisphérique : d'un jaune testacé, en dessus. Prothorax paré de deux gros points noirs, liés à la base, et situés chacun près de la ligne médiane. Elytres ornées d'une bordure suturale étroite, ovalairement dilatée aux cinq sixièmes de leur longueur, liée, vers le tiers, à une tache dilatée jusqu'au tiers de la largeur ; parées d'un gros point sur le calus et d'une bande longitudinale prolongée, près de la tranche, depuis les deux jusqu'aux cinq septièmes de leur longueur, noires.

Cœlophora symbolica. Muls., Opusc. entom. t. VII. p. 146.

23. **Cœlophora Victoriae**; Mulsant.

Subhémisphérique. Prothorax noir, paré, aux angles de devant, d'une tache d'un flave roussâtre irrégulièrement quadrangulaire, couvrant des deux tiers antérieurs des bords latéraux. Elytres orangées, parées d'une bordure suturale réduite au rebord, et chacune de cinq points noirs : le 1er, sur le calus : les 2e et 3e, en rangée transversale aux deux septièmes de leur longueur : le 2e au 3e, interne, aussi rapprochée de la suture que le 3e du bord externe : les 4e et 5e, en rangée transversale, aux trois cinquièmes ou un peu plus : le 4e, le plus gros, sur le disque : le 5e, entre celui-ci et le bord externe. Dessous du corps et pieds, noirs : tarses d'un roux fauve.

Long. 0m,0056 (2 l. 1/2). — Larg. 0m,0045 (2 l.).

Patrie : les régions boréales des Indes (Deyrolle).

Dédiée à ma chère petite fille Victoire.

24. **Cœlophora pentas**; Mulsant.

Subhémisphérique ; d'un jaune d'ocre, ou d'un flave roussâtre, en dessus. Prothorax marqué de cinq points noirs, liés ou presque liés à sa base. Ecusson également noir. Dessous du corps d'une teinte moins claire ou rougeâtre.

Cœlophora pentas. Muls., Opusc. entom. t. III. p. 58.

Long. 0m,0045 (2 l.). — Larg. 0m,0036 (1 l. 2/3).

Patrie : ? (Chevrolat).

25. **Cœlophora octo-signata**; Mulsant.

Subhémisphérique ; jaune en dessus. Prothorax paré d'une bordure noire, couvrant les trois cinquièmes médiaires de sa base. Elytres ornées d'une bordure suturale, égale à la largeur de l'écusson, plus ou moins sensiblement renflée près de l'extrémité, et chacune de quatre taches, noires : la 1re, subarrondie, liée au côté interne du calus : la 2e, aux deux cinquièmes, rapprochée du bord interne de la tranche, souvent déformée : la 3e, aux trois cinquièmes ou un peu plus, subarrondie, à égale distance de la suture que la 1re : la 4e, aux trois quarts, entre la 3e et le bord interne de la tranche. Dessous du corps et pieds d'un roux jaune.

Cœlophora 8-signata. Muls., Spec. p. 407. 13.

Long. 0m,0042 à 0m,0045 (1 l. 7/8 à 2 l.). — Larg. 0m,0036 (1 l. 2/3).

Patrie : Java (Deyrolle, Westermann).

26. **Cœlophora mendica**; Mulsant.

Subhémisphérique ; jaune en dessus. Prothorax paré d'une bordure basi-

laire bidentée, couvrant les deux tiers médiaires de sa base, et de quatre points noirs disposés en rangée transversale antérieure : la bordure étendue parfois jusqu'au bord externe, et liée ou confondue avec le point juxtalatéral, et unie en outre avec chaque point juxta-médiaire. Elytres ornées d'une bordure suturale, d'une marginale, et chacune de deux taches sublinéaires noires : la bordure suturale, tantôt uniformément large jusqu'au dernier quart, où elle offre un renflement plus ou moins prononcé, tantôt un peu elliptiquement renflée depuis l'écusson jusqu'aux deux cinquièmes : la marginale dilatée ou comme unie à une tache, vers les deux cinquièmes : les taches, une fois au moins plus longues que larges : l'antérieure, liée par son angle antéro-externe au côté interne du calus : la postérieure, prolongée dans la même direction des quatre septièmes aux quatre cinquièmes : ces taches parfois unies en une bande longitudinale

Cœlophora inæqualis, Var.? Muls., Spec. p. 407.

Long. $0^m,0052$ à $0^m,0056$ (2 l. à 2 l. 1/2).

Patrie : la Nouvelle-Hollande (Deyrolle).

27. **Cœlophora Perrotteti** ; Mulsant.

Subhémisphérique ; jaune en dessus. Prothorax paré d'une bordure basilaire bidentée, couvrant les deux tiers de la base, et de quatre points disposés en rangée transversale antérieure, noirs. Elytres ornées d'une bordure suturale, et chacune de deux lignes ou bandes longitudinales, à peine plus larges chacune que la bordure suturale, noires : l'externe naissant sur le calus, prolongée presque jusqu'aux cinq sixièmes, un peu arquée en dehors, incourbée ou liée à un point plus interne ; l'autre, entre celle-ci et la bordure suturale, naissant aussi avant, prolongée en ligne droite jusqu'aux trois cinquièmes ou deux tiers. Dessous du corps et pieds d'un jaune rouge.

Cœlophora Perrotteti. Muls., Spec. p. 409. 14.

Long. $0^m,0045$ (2 l.). — $0^m,0036$ (1 l. 2/3).

Patrie : Pondichéry (Chevrolat); Coromandel (Deyrolle).

28. **Cœlophora sanguinosa**; Mulsant.

Subhémisphérique. Prothorax d'un rouge pâle, étroitement bordé de jaune en devant et sur les côtés. Elytres noires, sur leur majeure partie médiaire, d'un rouge pâle en devant et postérieurement : la partie antérieure, prolongée jusqu'au tiers de leur longueur, graduellement plus détachée de la suture, depuis l'écusson jusqu'à son extrémité : la partie postérieure commençant aux deux tiers du bord externe et aux trois quarts internes de leur longueur, offrant sur la suture, et plus sensiblement au tiers externe, une saillie anguleuse. Dessous de corps et pieds d'un rouge flave.

Cœlophora sanguinosa. Muls. Spec. p. 410. 15.

Patrie? (Dupont).

29. **Cœlophora coronata**; Mulsant.

Subhémisphérique. Prothorax d'un rouge testacé ou d'un roux fauve; orné en devant d'une bordure flave, étroit, à peine prolongée latéralement jusqu'aux angles postérieurs. Elytres parées d'une étroite bordure suturale et d'une bordure marginale, couvrant la tranche, d'un rouge testacé ou d'un roux ou rouge fauve; ornées d'un réseau noir divisant la surface de chacun en trois grosses taches jaunes : la 1re, couvrant presque la moitié interne de la base, en parallélipipède allongé, parfois unie à la 2e : celle-ci, subarrondie, voisine du bord interne de la tranche, à peine étendue jusqu'à la moitié de la largeur, du cinquième presque à la moitié de leur longueur : la 3e, suborbiculaire, presque liée à la bordure suturale, étendue jusqu'aux cinq septièmes de la largeur, de la moitié aux quatre cinquièmes de leur longueur. Dessous du corps et pieds, d'un roux fauve ou testacé.

Coccinella coronata (Dejean). — *Cœlophora coronata.* Muls. Spec. p. 411. 16.

Long. 0m,0051 à 0m,0056 (2 l. 1/4 à 2 l. 1/2). — Larg. 0m,0039 à 0m,0045 (1 l. 3/4 à 2 l.).

Patrie : le Sénégal (Dejean (*type*), Dupont) ; la Sénégambie (Deyrolle).

30. **Cœlophora decora**; Mulsant.

Subhémisphérique. Prothorax d'un rouge testacé, orné, en devant, d'une bordure flave étroite, à peine prolongée latéralement jusqu'aux angles postérieurs. Elytres noires, parées d'une bordure marginale d'un rouge testacé, presque uniformément large, ornées chacune de deux taches jaunes : l'antérieure, ovalaire, prolongée du dixième à la moitié de leur longueur, sur les trois cinquièmes médiaires de la partie noire : la seconde, moins grosse, voisine de la suture, presque des deux tiers aux cinq sixièmes de leur longueur. Dessous du corps et pieds d'un rouge testacé.

Cœlophora decora. Muls., Spec. p. 412. 17.

Long. 0m,0045 (2 l.). — 0m,0036 (1 l. 2/3).

Patrie : le Sénégal (Buquet).

31. **Cœlophora Romani** ; Mulsant.

Subhémisphérique. Prothorax noir (ou d'un roux testacé), paré aux angles de devant d'une tache quadrangulaire flave pâle, couvrant les deux tiers antérieurs des bords latéraux. Elytres parées d'une bordure suturale et d'un réseau, noirs : ce réseau laissant d'un roux orangé deux grosses taches orbiculaires, situées l'une après l'autre de chaque côté de la bordure suturale, étendues jusqu'aux deux tiers de la largeur de chaque étui ; la 1re, depuis la base presque jusqu'au tiers ; la 2e, depuis la moitié jusqu'aux trois quarts de leur longueur, et quelques traces de taches roussâtres, près de la tranche. Dessous du corps et pieds d'un flave rougeâtre.

Long. 0m,0048 (2 l. 1/3). — Larg. 0m,0045 (2 l.).

Patrie : les régions boréales des Indes (Deyrolle).

Dédiée à M. Roman, jeune entomologiste lyonnais plein de zèle.

32. **Cœlophora Flachati**; Mulsant.

Subhémisphérique; orangée, en dessus. Prothorax sans taches. Elytres parées d'une bordure suturale étroite, d'une bordure marginale réduite à la tranche, et chacune de deux points, noirs : la 1re, sur le calus : la 2e, dans la même direction longitudinale, aux cinq septièmes de leur longueur. Dessous du corps et cuisses, noirs : tibias et tarses, d'un roux testacé.

Long. 0m,0051 (2 l. 1/4). — Larg. 0m,0036 à 0m,0039 (1 l. 2/3 à 1 l. 3/4).

Patrie : ? (Deyrolle).

Dédiée à M. Flachat, de la Société Linnéenne de Lyon, et l'un de nos plus habiles peintres d'histoire naturelle.

33. **Cœlophora laeta**; Mulsant.

Subhémisphérique; rousse, en dessous. Elytres ornées chacune de trois points noirs : le premier, très-petit, placé près du tiers interne de la base, sur une tache jaune, à limites indécises : les deux autres, plus gros, ocellés, formant avec leurs semblables une rangée transversale en arc, dirigé en arrière ; le 3e, vers le cinquième externe ; le 2e, un peu plus postérieur, vers les trois septièmes internes. Dessous du corps et pieds, d'une teinte un peu plus jaune.

Cœlophora laeta. Muls., Spec. p. 413. 18.

Long. 0^m,0045 (2 l.). — Larg. 0^m,0036 (1 l. 2/3).

Patrie : Java (Westermann).

34. **Cœlophora unicolor**; FABRICIUS.

Subhémisphérique. Prothorax roux ou d'un roux testacé. Elytres parées à la base et extérieurement d'une bordure rousse ou d'un roux testacé, trois fois environ aussi large que la tranche ; ordinairement noires sur le reste, mais parfois faiblement plus colorées que la bordure. Dessous du corps et pieds d'une teinte un peu plus jaune.

Coccinella unicolor. FABRICIUS. — *Cœlophora unicolor.* MULS. Spec. p. 413. 19.

Long. 0^m,0036 à 0^m,0045 (1 l. 2/3 à 2 l.). — Larg. 0^m,0033 à 0^m,0036 (1 l. à 1 l. 2/3).

Patrie : les Indes orientales (Deyrolle, Reiche), Muséum de Paris.

35. **Cœlophora coccea**; DEYROLLE.

Subhémisphérique. Entièrement d'un roux jaune ou orangé, avec les yeux noirs.

Cœlophora coccea. DEYROLLE.

Long. 0^m,0045 (2 l.). — Larg. 0^m,0036 (1 l. 2/3).

Patrie : la Guinée (Deyrolle).

Obs. Elle a beaucoup d'analogie avec les variétés par défaut de la *C. versipellis* et de la *C. unicolor*; mais elle a la tranche plus étroite et la ponctuation plus fine.

36. **Cœlophora patruelis**; Boisduval.

Subhémisphérique ou brièvement ovale. Prothorax noir sur sa partie médiaire, jaune ou d'un roux orangé sur les côtés : la partie noire atteignant ordinairement le bord postérieur de l'échancrure, élargie postérieurement en courbe rentrante, couvrant les trois cinquièmes médiaires de la base, ou même étendue jusqu'aux angles postérieurs. Elytres jaunes ou d'un roux orangé ; ornées d'une sorte de tache ou bande transversale noire, commune, couvrant sur les côtés presque du tiers aux trois quarts, ordinairement anguleusement avancée sur la suture jusqu'à l'écusson, et prolongée en se rétrécissant jusqu'à l'angle sutural : cette bande parfois incomplète sur le disque de chaque étui et réduite à deux ou trois taches plus ou moins unies.

Obs. La couleur foncière varie du beau jaune au roux orangé. La partie noire du prothorax ne s'avance quelquefois pas jusqu'au bord antérieur et couvre à peine plus de la moitié de la base; d'autres fois elle s'étend jusqu'aux angles postérieurs. La bande noire parfois ne s'avance pas jusqu'à l'écusson et se trouve réduite sur le disque à deux ou trois taches plus ou moins unies et n'arrivant pas à la tranche : celle-ci est ordinairement de couleur foncière; elle se montre noire dans les variations par excès.

Coccinella patruelis (Dejean). Boisduval. — *Cœlophora patruelis.* Muls., Spec. p. 415. 21.

Long. 0m,0045 (2 l.). — Larg. 0m,0036 (1 l. 2/3).

Patrie : la Nouvelle-Hollande (Deyrolle, Dupont) ; Vanikoroo (Muséum de Paris, *type*) ; Nouvelle-Hybernie (Dejean).

Obs. La *C. gratiosa*, Muls. (Opusc. t. III. p. 59), ne semble qu'une variété de cette espèce, ayant la couleur foncière d'un beau jaune et la tranche des élytres noire.

37. **Cœlophora Petrequini.**

Subhémisphérique. Prothorax d'un roux orangé ; offrant les traces d'une bordure basilaire obscure ou noirâtre, couvrant les trois cinquièmes médiaires de sa base. Ecusson d'un rouge testacé. Elytres en majeure partie noires, avec la base et le bord externe irrégulièrement d'un roux jaune : la partie noire commune, naissant au côté de l'écusson, dirigée de là sur le calus, offrant sur les côtés deux dilatations presque jusqu'au bord interne de la tranche : l'une, au tiers : l'autre aux deux tiers et prolongée en bordure suturale étroite sur le cinquième postérieur. Dessous du corps et pieds, d'un rouge jaune.

Long. 0^m,0045 à 0^m,0048 (2 l. à 2 1/8). — Larg. 0^m,0039 (1 l. 3/4).

Patrie : les provinces boréales des Indes (Deyrolle).

Dédiée à M. le docteur Pétrequin, l'un de nos premiers médecins de Lyon.

Obs. Cette espèce ne semble qu'une variation par excès d'une espèce dont le type m'est inconnu ; les dilatations de sa partie noire semblent les représentants de points noirs situés sur le calus, au tiers et aux deux tiers de ses côtés.

Genre *Procula* ; Mulsant.

Caractères : *Epistome* bidenté ou presque échancré en demi-cercle. *Antennes* à massue obtriangulaire. *Prothorax* creusé sur son repli d'une fossette atteignant le bord externe de celui-ci. *Ecusson* en triangle subéquilatéral. *Elytres* étroitement rebordées ou relevées en rebord ; sans fossette sur leur repli. *Corps* brièvement ovale, convexe.

1. **Procula Douei** ; Mulsant.

Subhémisphérique ou brièvement ovale. Prothorax noir, paré d'une bordure basilaire d'un rouge jaune égale au moins au tiers de sa longueur ; bordé de blanc flave au côté interne des angles de devant. Elytres d'un rouge jaune, ornées chacune de trois taches noires : la 1re en virgule renversée, prolongée des côtés de l'écusson au tiers de leur longueur : la 2e, suborbiculaire, à l'épaule : la 3e, plus grosse, obtriangulaire, de la moitié jusqu'à l'angle apical, couvrant les deux tiers médiaires de la largeur de chaque étui. Dessous du corps d'un jaune orangé. Pieds noirs : tarses, et parfois extrémité des jambes, d'un jaune roux.

Procula Douei. Muls., Spec. p. 417. 1.

Long. 0m,0045 (2 l.). — Larg. 0m,0036 (1 l. 2/3).

Patrie : la Jamaïque (Doué, Muséum britannique).

Dédiée à M. Doué, l'un des membres les plus distingués de la Société entomologique de France.

Genre *Dysis*, Dysis; Mulsant.

Caractères. *Epistome* simplement bidenté à ses deux angles antérieurs. *Antennes* à massue courte et subfusiforme. *Prothorax* creusé sur son repli d'une fossette n'atteignant pas le bord extérieur. *Ecusson* triangulaire à côtés non sinueux. *Elytres* sans tranche marginale. *Corps* subhémisphérique.

1. **Dysis bis-quatuor-guttata**; Mulsant.

Subhémisphérique. Prothorax d'un rouge brunâtre sur sa partie médiane, jaune sur les côtés : la partie d'un rouge brunâtre aussi large en devant que le bord postérieur de l'échancrure, élargie postérieurement en courbe rentrante et couvrant les deux tiers médiaires de sa base. Elytres d'un brun rouge ou d'un rouge brun, ornées chacune de quatre taches jaunes : la 1re, sur les côtés de l'écusson : les 2e et 3e en rangée transversale vers le tiers ou les deux cinquièmes : la 4e, voisine de la suture, presque aux trois quarts de leur longueur.

Coccinella bis-4-guttata (LATREILLE, DEJEAN). — *Dysis bis-4-guttata*. MULS., Spec. p. 418. 1.

Long. 0m,0033 à 0m,0045 (1 l. 1/2 à 2 l.). — Larg. 0m,0028 à 0m,0036 (1 l. 1/4 à 1 l. 2/3).

Patrie : l'Australie (Muséum de Paris); l'Ile de France (Dejean, Deyrolle).

Genre *Bura*, BURA; Mulsant.

CARACTÈRES. *Epistome* à peine bidenté. *Palpes maxillaires* allongés, peu fortement sécuriformes. *Antennes* assez courtes; à massue assez allongée, subfusiforme. *Tête* large. *Prothorax* creusé sur son repli d'une fossette étendue à peu près sur toute la longueur de ce dernier. *Elytres* étroitement rebordées; très-convexes. *Corps* hémisphérique.

1. **Bura cuprea**; MULSANT.

Hémisphérique; d'un vert bronzé brillant, en dessus. Prothorax pointillé, étroitement rebordé. Elytres pointillées et plus superficiellement sur le disque; parsemées, excepté près de la base et des bords latéraux, de points assez gros. Dessous du corps et pieds, noirs.

Chilocorus cupreus (MANNERHEIM, *teste* D. Reiche). — *Bura cuprea*. MULS., Spec. p. 419. 1.

Genre *Œnopia*, ŒNOPIE; Mulsant.

CARACTÈRES. *Epistome* simplement bidenté ou échancré, n'offrant pas des dents aussi avancées que les angles antérieurs du labre. *Antennes* à massue courte, obtriangulaire ou fusiforme, à articles moins longs que larges. *Prothorax* creusé sur son repli d'une fossette arrondie, non prolongée sur toute la longueur du repli. *Repli des Elytres* non creusé de fossettes. *Corps* ovale ou brièvement ovale, et, dans le premier cas, médiocrement convexe.

1. **Œnopia luteo-pustulata**; Mulsant.

Brièvement ovale; convexe. Prothorax noir, paré aux angles de devant d'une tache orangée, presque carrée, couvrant les deux tiers antérieurs du bord latéral. Elytres ornées chacune de cinq taches orangées; les 1re et 2e, basilaires, presque en carré long, prolongées jusqu'au quart; les 3e et 4e, du tiers au quatre septièmes (l'interne, obtriangulaire; l'externe, arrondie); la 5e, orbiculaire, près de la suture, étendue jusqu'au bord externe : ces taches, séparées par un réseau noir, n'existant. au côté externe qu'entre la 1re et la 2e bande transversale, noires. Dessous du corps noir : épimères flaves, pieds noirs; jambes en partie d'un roux testacé.

Œnopia luteo-pustulata. Muls., Spec. p. 421. 1.

Long. 0m,0052 (2 l. 1/3). — Larg. 0m,0039 (1 l. 3/4).

Patrie : Assam (Hope).

2. **Œnopia addicta**; Mulsant.

Brièvement ovale; convexe. Prothorax noir, paré aux angles de devant d'une tache flave, irrégulièrement quadrangulaire, couvrant les deux tiers du bord latéral. Elytres ornées chacune de cinq ou six taches d'un jaune orangé, séparées par un réseau noir : trois le long du bord externe jusqu'à l'angle sutural : trois liées à la bordure suturale jusqu'aux trois quarts de leur longueur : les deux premières de celles-ci incomplètement séparées : les 2e et 3e internes en quinconce avec l'intermédiaire externe Dessous du corps noir : épimères du médipectus, blanches. Pieds roux : partie au moins des cuisses et tibias postérieurs, noirs.

Œnopia addicta. Muls., Spec. p. 422. 2.

Long. 0^m,0039 à 0^m,0045 (1 l. 3/4 à 2 l.). — Larg. 0^m,0027 à 0^m,0033 (1 l. 1/4 à 1 l. 1/2).

Patrie : l'Égypte (Deyrolle). Muséum de Paris.

3. **Œnopia Sauzeti**; Mulsant.

Assez brièvement ovale. Prothorax noir sur sa partie médiaire et sur les cinq sixièmes médiaires de sa base, flave sur le reste : la bordure basilaire égale au tiers de la longueur du bord latéral : la partie médiane, parallèle, à peine aussi large que le bord postérieur de l'échancrure. Elytres flaves, parées d'une bordure suturale, et chacune de deux taches noires : la bordure suturale, offrant deux dilatations en forme de taches subarrondies : l'une, vers la moitié de sa longueur : l'autre, avant l'extrémité ; les taches, subarrondies, au moins égales à la moitié de la largeur d'un étui : l'une attenant au calus par sa partie antérieure : l'autre, un peu plus rapprochée du bord externe, de la moitié aux trois quarts de leur longueur. Dessous du corps noir : pieds d'un roux orangé : cuisses au moins en partie, noires.

Long. 0^m,0045 (2 l.) — Larg. 0^m,0033 (1 l. 1/2).

Patrie : les Indes orientales (Deyrolle).

Dédiée à M. Paul Sauzet, le premier de nos orateurs lyonnais.

4. **Œnopia Kirby**; Mulsant.

Brièvement ovale. Prothorax noir, orné aux angles de devant d'une tache flave, irrégulièrement quadrangulaire, couvrant près des trois quarts du bord latéral. Elytres flaves ou d'un jaune d'ocre, parées chacune d'une bordure périphérique et de deux grosses taches noires : la bordure suturale sensiblement renflée aux deux cinquièmes : la bordure basilaire très-étroite : la marginale un peu inégale, presque égale au sixième de la largeur d'un étui : les taches, placées l'une après l'autre, couvrant la moitié médiaire de la largeur d'un étui : la première presque carrée, couvrant le calus de son angle antéro-externe : l'autre, prolongée des quatre septièmes aux trois quarts. Dessous du corps noir ; pieds d'un roux orangé ; cuisses au moins en partie, noires.

Œnopia Kirbyi. Muls., Spec. p. 425. 4.

Long. 0m,0033 à 0m,0045 (1 l. 1/2 à 2 l.). — Larg. 0m,0028 à 0m,0033 (1 l. 1/4 à l. 1/2).

Patrie : les Indes orientales (Hope, Deyrolle).

5. **Œnopia litterata** ; Reiche.

Ovale. Prothorax flave, orné d'un réseau quadrifestoné en devant, divisé en quatre arcades. Elytres flaves, parées chacune d'une bordure marginale et chacune d'un réseau, et ordinairement du rebord externe, noirs : le réseau formé : 1°, d'une branche principale, naissant du milieu de la base, passant sur le calus, prolongée presque parallèlement au bord externe jusqu'aux six septièmes de la bordure suturale, ordinairement ensanglantée extérieurement : 2, d'une branche plus interne, formant un angle saillant à sa naissance, près de l'écusson, unie à la bande précédente, en courbe rentrante, aboutissant au calus : ces bandes liées, vers leur milieu. par un rameau oblique : ce réseau laissant de couleur foncière une bande longitudinale juxta-uturale, renflée à son extrémité : une bande externe prolongée jusqu'à l'angle sutural, et trois taches : la basilaire unie à la bande juxta-suturale.

Œnopia litterata. Reiche, *Voyage en Abyssinie* de Ferret et Galinier, p. 414. 1. pl. 26. fig. 5. — Muls, Spec. p. 427, 6. — Muls., *Alesia sibyllina.* Opusc. entom. t. III. p. 46.

Long. 0m,0056 (2 l. 1/2). — Larg. 0m,0045 (2 l.).

Patrie : l'Abyssinie (Deyrolle) Reiche (*type*).

NEUVIÈME BRANCHE.

LES CYDONIAIRES.

CARACTÈRES. *Antennes* à peine aussi longues que la largeur du front. *Epistome* plus ou moins échancré en arc, en devant. *Plaques abdominales* courbées à leur côté interne et prolongées ou à peu près jusqu'au bord de l'échancrure, vers le quart extérieur de celui-ci. *Ongles* munis d'une dent basilaire.

Les espèces de cette branche semblent jusqu'à ce jour particulières aux chaudes contrées de l'Afrique et de l'Asie. Elles se répartissent dans les genres suivants :

			GENRES.
Elytres	d'un sixième au moins plus larges en devant que le prothorax; à repli non creusé de fossettes. Prothorax des trois quarts environ aussi long sur les côtés que sur la ligne médiane.	Repli du prothorax creusé d'une fossette vers l'angle antéro-interne . .	*Cydonia*.
		Repli du prothorax sans fossettes.	*Cheilomenes*.
	à peine aussi larges en devant que les angles du prothorax, à repli creusé de fossettes. Prothorax en arc fortement dirigé en arrière, à la base; à peine de moitié aussi long sur les côtés que sur la ligne médiane; à repli creusé d'une fossette vers l'angle antéro-interne. . .		*Elpis*.

Genre *Cydonia*, CYDONIE; Mulsant.

CARACTÈRES. *Elytres* d'un sixième au moins plus larges en devant que le prothorax; à repli non creusé de fossettes. *Prothorax* aussi long sur les côtés que les deux tiers ou les trois quarts de sa ligne médiane; creusé d'une fossette vers l'angle antéro-interne de son repli. *Elytres* à tranche horizontale un peu inclinée, peu ou médiocrement large. *Corps* subhémisphérique ou brièvement ovale.

1. **Cydonia circumclusa**; MULSANT.

Subhémisphérique. Prothorax noir, paré en devant d'une bordure étroite liée de chaque côté à une tache prolongée presque jusqu'aux angles postérieurs, flaves. Elytres à tranche assez inclinée et assez large; d'un roux testacé; parées d'une bordure suturale à peu près égale au quart de la largeur d'un étui, et d'une bordure externe couvrant la tranche, noires. Dessous du corps et pieds, d'un roux livide.

Cheilomenes circumclusa (CHEVROLAT). — *Cydonia circumclusa*. MULS. Spec. p. 430. 1.

Long. 0m,0056 (2 l. 1/2). — Larg. 0m,0052 (2 l. 1/3).

Patrie : le royaume de Benin (Chevrolat).

2. **Cydonia lunata**; FABRICIUS.

Subhémisphérique. Prothorax noir, paré aux angles de devant d'une tache quadrangulaire d'un blanc flavescent, couvrant les deux tiers antérieurs du bord latéral. Elytres soit flaves, soit en partie couleur de chair ou d'un rouge roux; parées d'une bordure suturale, d'une bordure externe couvrant la tranche, et d'un réseau, noirs : celui-ci formé, 1° de trois bandes transversales, aboutissant à la bordure suturale : la 1re, naissant du calus : la 2e, des deux cinquièmes ou un peu plus du bord externe : la 3e, des deux tiers de la largeur, vers les trois quarts de la longueur : 2° de deux bandes longitudinales : la 1re ou interne, presque au tiers interne de la largeur, prolongée de la 1re à la 3e bande transverse : la 2e, du milieu de la base, passant sur le calus, ordinairement interrompue après celui-ci, prolongée jusqu'à l'extrémité de la 3e bande transverse : ce réseau souvent interrompu, divisant la surface en cinq aréoles rondes : trois près de la suture : deux après le calus, et en deux bandes juxta-marginales.

Coccinella lunata. FABR. — *Cydonia lunata*. MULS., Spec. p. 431. 2.

Long. 0m,0051 à 0m,0070 (2 l. 1/4 à 3 l. 1/8). — Larg. 0m,0045 à 0m,0059 (2 l. 1/4 à 2 l. 2/3).

Patrie : le Sénégal (*type*); Sainte-Hélène (Bancks (*type*), Deyrolle); le Cap (Reiche, etc.); la Cafrerie (Dohrn); Madagascar (Muséum de Paris); Bourbon (Dejean); Ile de France (Guérin); les Indes (Olivier); Java (Boisduval, Dejean).

3. **Cydonia vittata**; Fabricius.

Brièvement ovale. Prothorax noir, bordé de jaune pâle en devant et sur les côtés. Elytres d'un jaune roux, ornées d'une bordure suturale brusquement dilatée après l'écusson jusqu'au tiers de la largeur, puis subsinueusement rétrécie, d'une bordure externe, et chacune d'une bande prolongée sur leur milieu, du sixième aux neuf dixièmes, incourbée à ses extrémités jusqu'à la bordure suturale, noire.

Coccinella vittata. Fabricius (*type*). — *Cydonia vittata*. Muls., Spec. p. 435. 3.

Long. 0m,0059 (2 l. 2/3). — Larg. 0m,0052 (2 l. 1/3).

Patrie : la Guinée (Muséum de Copenhague).

4. **Cydonia propinqua**; Mulsant.

Brièvement ovale. Prothorax paré d'une bordure basilaire plus grosse à ses extrémités, et d'une partie médiaire égale en largeur au bord postérieur de l'échancrure et non avancée jusqu'à lui, noires; flaves sur le reste. Elytres flaves ou d'un flave rougeâtre, ornées d'une bordure suturale, d'une bordure externe couvrant la tranche, et chacune d'une bande longitudinale, noires : la bande, naissant presque au milieu de la base, passant sur le calus, et prolongée jusqu'aux deux tiers de leur longueur.

Cheilomenes propinqua (Dejean). — *Cydonia propinqua*. Mulsant. Spec. p. 437. 4.

Long. 0m,0033 à 0m,0056 (1 l. 1/2 à 2 l. 1/2).). — Larg. 0m,0030 à 0m,0045 (1 l. 2/5 à 2 l.)

Patrie : le Cap de Bonne-Espérance (Dejean, Deyrolle).

5. **Cydonia triangulifera** ; Mulsant.

Subhémisphérique. Prothorax d'un flave blanchâtre ou rougeâtre, paré d'une tache largement obtriangulaire, liée par un pédicule à une bordure basilaire, noires. Elytres d'un flave roux ou d'un roux flave, ornées d'une bordure suturale, d'une bordure externe, et ordinairement d'un point sur le calus, noirs. Dessous du corps noir, pieds d'un roux flave.

Cheilomenes triangulifera. Guérin. — *Cydonia triangulifera*. Muls., Spec. p. 438. 5.

Long. 0m,0056 à 0m,0059 (2 l. 1/2 à 2 l. 2/3). — Larg. 0,0051 à 0m,0056 (2 l. 1/4 à 2 l. 1/2).

Patrie : Madagascar (Guérin, Deyrolle); Malabar (Chevrolat, Reiche).

Obs. J'en ai vu dans la collection de M. Deyrolle un exemplaire, ayant le prothorax paré d'une bordure basilaire noire, ne couvrant que les deux tiers médiaires de la base. — La tache, un peu incomplète ; les élytres sans bordure marginale, sans point noir sur le calus, et offrant la bordure suturale réduite en rebord depuis l'écusson jusqu'au huitième de sa longueur ; le dessous du corps d'un roux pâle comme les pieds. Cet exemplaire, qui semblerait à première vue constituer une Cydonie particulière (*Cyd. inops*), n'est vraisemblablement qu'une variété par défaut de la *triangulifera*. Patrie : les Indes.

6. **Cydonia quadrilineata**; Mulsant.

Subhémisphérique. Prothorax paré d'une bordure basilaire et d'une partie médiane égale en largeur au bord postérieur de l'échancrure, non avancée jusqu'à ce bord, et un peu anguleuse en devant, noires; flave sur le reste. Elytres d'un flave roussâtre, ornées d'une bordure suturale, d'une bordure marginale, et chacune de deux lignes ou bandes longitudinales, noires : ces lignes liées à leur naissance vers le milieu de la base, et entre elles un peu avant de s'unir à la bordure suturale, vers les neuf dixièmes de celle-ci. Dessous du corps noir : côtés du ventre d'un flave rougeâtre : épimères flaves. Pieds d'un flave roux.

Cydonia quadrilineata. Muls, Spec. p. 439. 6.

Long. 0m,0052 (2 l. 1/3). — Larg. 0m,0042 (1 l. 7/8).

Patrie : le Cap (Melly), la Cafrerie (Muséum de Stockholm).

7. Cydonia vicina ; Mulsant.

Brièvement ovale. Prothorax flave, orné d'une tache obtriangulaire ou cupiforme rapprochée du bord postérieur de l'échancrure dont elle égale la largeur, et liée par un pédicule à une bordure basilaire, noires. Elytres roussâtres, à rebord extérieur obscur, parées d'une bordure suturale, et chacune d'une ligne longitudinale, noires : celle-ci naissant du milieu de la base, prolongée, en passant sur le calus, jusqu'aux cinq dixièmes ou même huit neuvièmes de leur longueur, et parfois en se rapprochant de la suture. Poitrine noire. Ventre et pieds d'un roux flave.

Cheilomenes vicina (Dejean). *Cydonia vicina* (Muls.), Spec. p. 441. 7.

Long. 0m,0033 à 0m,0045 (1 l. 1/2 à 2 l.). — Larg. 0m,0026 à 0m,0033 (1 l. 2/5 à 1 l. 1/2).

Patrie : le Sénégal (Dejean), la Guinée (Muséum de Stockholm) la Nubie (Muséum de Paris) ; l'Egypte (Deyrolle, Reiche).

8. Cydonia cuppigera; Mulsant.

Ovale. Prothorax flave, paré d'une tache cupiforme, liée par un pédi-

cule à une bordure basilaire, couvrant les trois quarts médiaires de la base, noires. Elytres d'un roux flave, à tranche pâle et subtranslucide; parées, à partir de l'extrémité de l'écusson, d'une bordure suturale noire d'abord ovalairement renflée, puis graduellement rétrécie. Dessous du corps et pieds, d'un roux livide.

Cydonia nilotica. Muls., Spec. p. 442. 8.

Long. 0m,0045 (2 l.). — Larg. 0m,0033 (1 l. 1/2).

Patrie : l'Égypte (Reiche).

9. **Cydonia nilotica**; Mulsant.

Ovale. Prothorax flave; paré d'une tache noire, en forme de coupe ou presque obtriangulaire, avancée en forme de dent au milieu de son bord antérieur, liée postérieurement par un pédicule à une bordure basilaire couvrant les deux tiers médiaires de sa base, noirs. Elytres rousses, à rebord sutural obscur, à tranche pâle et subtranslucide.

Cydonia nilotica. Muls., Spec. p. 443. 9.

Long. 0m,0042 (1 l. 7/8). — Larg. 0m,0033 (1 l. 1/2),

Patrie : l'Égypte (Muséum de Paris).

Obs. Elle n'est peut-être qu'une variété par défaut de la précédente.

Genre *Cheilomenes*, Cheilomène; Chevrolat.

Caractères. *Elytres* au moins d'un sixième plus larges en devant que le prothorax; à repli non creusé de fossettes. *Prothorax* à bords latéraux aussi longs que les trois quarts de sa ligne médiane; sans fossette sur son repli.

1. **Cheilomenes osiris**; MULSANT.

Ovale. Prothorax noir, paré aux angles de devant d'une tache quadrangulaire prolongée presque jusqu'aux angles postérieurs, unie à une bordure antérieure médiaire, flaves. Elytres noires, offrant une tache elliptique rousse, un peu obliquement longitudinale, prolongée depuis les trois cinquièmes de leur longueur, presque jusqu'à l'angle sutural, en laissant une bordure suturale et une externe plus larges, noires. Dessous du corps et pieds, d'un roux flave livide. Postpectus noir.

Cheilomenes Osiris MULS., Opusc. entom. t. VII. p. 63.

Long. 0m,0052 (2 l. 1/3). — Larg. 0m,0042 (1 l. 7/8).

Patrie : l'Egypte (Deyrolle, Mannerhein).

2. **Cheilomenes sex-maculata**; FABRICIUS.

Ovale. Prothorax et élytres couleur de chair ou d'un flave à peine rosé : le 1er paré d'une tache obtriangulaire ou transverse de la largeur du bord postérieur de l'échancrure et non avancée jusqu'à ce bord, liée par un pédicule à une bordure basilaire, noirs : les 2e, ornées d'une bordure suturale et chacune de deux bandes onduleuses et d'une tache ponctiforme, noires : la 1re bande, courte, en forme d'accent circonflexe sur le calus : la 2e, vers les quatre septièmes, plus étendue en largeur ou transversale : le point sur le disque, aux trois quarts : la matière noire parfois étendue au point de ne laisser qu'une bande, vers les deux cinquièmes, ou même que quelques traces de la couleur foncière.

Coccinella sex-maculata. FABR. — *Cheilomenes 6-maculata.* MULS., Spec. p. 444. 1.

Long. 0m,0039 à 0m,0059 (1 l. 3/4 à 2 l. 2/3). — Larg. 0m,0031 à 0m,0048 (1 l. 2/5 à 2 l. 1/8).

Patrie : le Cap (Muséum de Copenhague) ; l'Ile de France (Dejean) ; les Indes (Banks, *type*), Muséum de Copenhague (Deyrolle) ; Java (Westermann, etc.) ; Manille (Hope) ; l'île du Prince-de-Galles (Hope) ; Nouvelle-Hollande (Deyrolle).

Obs. Peu d'espèces offrent de plus nombreuses variations que celle-ci. Dans les variations par défaut, la tache du prothorax est réduite à une ligne transverse et la bordure basilaire n'atteint pas les côtés : la 2e bande des élytres n'arrive ni au bord externe, ni à la suture (*Cocc. interrupta*, Fabr.). Quand, au contraire, la matière noire a abondé, les élytres sont souvent noires depuis la seconde bande jusqu'à l'extrémité ; d'autres fois la bande antérieure s'unit à la 2e, et les élytres n'offrent alors de couleur foncière que leur partie basilaire, et une bande transversale, située entre la 2e bande et le quart postérieur qui est noir ; plus ordinairement la bande antérieure s'avance jusqu'à la base, en laissant à ses deux extrémités, c'est-à-dire entre elle et la bordure suturale d'une part et le bord extérieur, de l'autre, un espace de couleur foncière, ainsi que l'intervalle la séparant de la seconde bande. Rarement les élytres sont noires avec une bordure assez large joignant la tranche d'un roux orangé ; enfin, les élytres peuvent être noires, en n'offrant que de légères traces de la couleur foncière

3. **Cheilomenes quadri-plagiata** ; Schœnherr.

Ovale. Prothorax d'un rouge flave, paré d'une tache obtriangulaire, liée par un pédicule à une bordure basilaire, noirs ; ou noir, ornée en devant d'une bordure étroite, liée à une tache suturale flave prolongée jusqu'aux angles postérieurs. Elytres d'un rouge jaune, parfois flaves, ornées d'une bordure suturale, d'une bordure marginale et d'une large bande transversale un peu avant la motié de leur longueur ; souvent noires, ornées d'une tache antérieure et d'une postérieure subarrondie, plus ou moins petite, flave ou d'un rouge jaune.

Coccinella 4-plagiata. Schœnherr (décrite par Swartz). — *Cheilomenes quadriplagiata*. Muls., Spec. p. 447. 2.

Long. 0m,0045 à 0m,0059 (2 l. à 2 l. 2/3). — Larg. 0m,0026 à 0m,0051 (1 l. 2/3 à 2 l. 1/4).

Patrie : Madagascar (Deyrolle) ; les Indes (Schœnherr, *type*, Deyrolle) ;

les Célèbes (Deyrolle); la Chine et le Japon (Dejean, Westermann); la Nouvelle-Hollande (Hope).

Obs. Elle subit comme la précédente des variations qui rendent méconnaissable le dessin primitif. Dans l'état normal les élytres sont d'un roux orangé à rebord obscur, parées d'une bande transversale commune, couvrant des deux aux quatre septièmes du bord externe, plus développée en devant en s'étendant vers la suture, anguleusement avancée jusqu'à l'écusson, entaillée dans le milieu de son bord postérieur : la suture parée d'une bordure suturale après cette bande, c'est-à-dire à partir des quatre septièmes.

Telle est la *Coccinella Westermanni*. Dejean.

Mais à mesure que la matière noire coule plus abondante, ce dessin se modifie: la tranche devient noire; du bord postérieur de la bande aux deux tiers de leur largeur, part une ligne parallèle au bord externe qui s'incourbe vers la bordure suturale qui s'est développée davantage : les élytres sont donc alors en majeure partie noires, avec l'espace compris entre la bande et la base et deux taches postérieures, d'un roux orangé ; bientôt la tache postérieure externe disparaît : l'interne se réduit souvent à une sorte de point, et les élytres sont alors noires, parées chacune de deux taches d'un roux orangé.

Telle est la *Cocc. 4-plagiata*. Schoenherr.

Genre *Elpis*, Elpis; Mulsant.

Caractères. *Antennes* à peine moins longues que la largeur du front; à massue fusiforme. *Epistome* échancré ou bidenté. *Prothorax* en arc très-fortement dirigé en arrière; à peine aussi long sur les côtés que la moitié de sa ligne médiane. *Elytres* à peine aussi larges en devant que le prothorax; à repli creusé de fossettes, pour loger l'extrémité des cuisses intermédiaires et postérieures. *Corps* hémisphérique.

1. **Elpis dolens**; Mulsant.

Hémisphérique ; très-convexe. Prothorax et élytres d'un noir brillant : le premier, paré en devant d'une bordure d'un blanc carné, liée de chaque côté à une tache de même couleur irrégulièrement prolongée jusqu'aux angles postérieurs : les secondes, ornées chacune d'une tache rouge, orbiculaire, liée près de l'écusson, à la base, à peine égale en diamètre au quart de celle-ci.

Elpis dolens. MULS. Spec. p. 450. 1,

Long. 0m,0056 (2 l. 1/2). — Larg. 0m,0045 (2 l.).

Patrie : Madagascar (Chevrolat).

TABLE

DES COCCINELLIENS

QUATRIÈME BRANCHE.

CINQUIÈME BRANCHE.

SIXIÈME BRANCHE.

SEPTIÈME BRANCHE.

HUITIÈME BRANCHE.

NEUVIÈME BRANCHE.

Lyon. — Imp. de Pinier, 31, rue Tupin.

— Mollipennes. *Paris*, 1862, 1 vol. in-8.
— Longicornes. 1862-1863, 1 vol. in-8.
— Angusticolles. — Diversipalpes, 1 vol. in-8.
— Térédiles. 1864, 1 vol. in-8°, avec Rey.

Spéciès des Coléoptères trimères sécuripalpes. *Lyon et Paris.* 1850-51, 1 vol. en deux parties, grand in-8.

Opuscules entomologiques, grand in-8.

— 1er cahier. 1852. Mémoires divers.
— 2me cahier. 1853. Id.
— 3me cahier. 1853. Coccinellides.
— 4me cahier. 1853. Parvilabres.
— 5me cahier. 1854. Id.
— 6me cahier. 1855. Mémoires divers.
— 7me cahier. 1856. Id.
— 8me cahier. 1858. Id.
— 9me cahier. 1859. Parvilabres, etc.
— 10me cahier. 1859. Parvilabres
— 11me cahier. 1859-60. Mémoires divers.
— 12me cahier. 1861 Id.
— 13me cahier. 1863 Id.

Histoire naturelle des Punaises de France (Scutellérides).

Cours d'histoire naturelle. *Paris.* 1856 (Zoologie). — 1859 (Physiologie). — 1860 (Géologie).

Souvenirs d'un voyage en Allemagne. *Paris.* 1861. in-8.

Sous presse.

Histoire des Coléoptères de France. (Colligères. Malachides).
Monographie des Coccinellides (1re partie).
Opuscules entomologiques, 14e cahier.
Cours d'histoire naturelle (Botanique).
Histoire naturelle des Punaises de France (Pentatomides)

Lyon. Imp. Pinier, 31, rue Tupin.

www.ingramcontent.com/pod-product-compliance
Ingram Content Group UK Ltd.
Pitfield, Milton Keynes, MK11 3LW, UK
UKHW020203250726
13967UKWH00003B/1247

9 782013 370783